· 人工智能技术丛书 ·

智能移动机器人
技术与应用

张辉 钟杭 王耀南 —— 著

INTELLIGENT
MOBILE
ROBOTS
Technologies and Applications

图书在版编目（CIP）数据

智能移动机器人：技术与应用 / 张辉，钟杭，王耀南著. -- 北京：机械工业出版社，2024.12. --（人工智能技术丛书）. -- ISBN 978-7-111-77139-5

I. TP242.6

中国国家版本馆 CIP 数据核字第 20242L5J19 号

机械工业出版社（北京市百万庄大街22号　邮政编码100037）
策划编辑：李永泉　　　　　　　　责任编辑：李永泉　赵晓峰
责任校对：杜丹丹　马荣华　景　飞　责任印制：刘　媛
三河市宏达印刷有限公司印刷
2025年5月第1版第1次印刷
186mm×240mm・14.75 印张・324 千字
标准书号：ISBN 978-7-111-77139-5
定价：59.00 元

电话服务　　　　　　　　　网络服务
客服电话：010-88361066　　机　工　官　网：www.cmpbook.com
　　　　　010-88379833　　机　工　官　博：weibo.com/cmp1952
　　　　　010-68326294　　金　书　网：www.golden-book.com
封底无防伪标均为盗版　机工教育服务网：www.cmpedu.com

PREFACE

前　　言

智能移动机器人是现代科技领域的热门话题，它集成了人工智能、机器人技术等多个学科的前沿成果，实现了机器与人类的更深度融合。在工业自动化、医疗服务、生活娱乐等诸多领域，智能移动机器人的应用越来越广泛，它们能够完成各种复杂任务，提高工作效率，并为人类带来更多便利。20 世纪 50 年代以来，随着人工智能和机器人技术的不断发展，智能移动机器人逐渐进入人们的视野。近年来，随着硬件设备性能的提升和软件算法的进步，智能移动机器人的技术取得了突破性进展，它们具备了更好的感知能力、决策能力和运动能力，可以更加灵活地适应各种环境，完成更多复杂的任务。

智能移动机器人具有许多特点，如智能化、移动化、高科技化等。首先，它们集成了多种传感器和高级算法，具备强大的感知和学习能力，能够根据环境变化自主决策，调整自身行为。其次，智能移动机器人能够实现复杂的运动和导航，可在多种地形和环境下自由行动。此外，它们还采用了各种先进的技术，如激光雷达感知技术、深度学习等，使自身具备更高级的功能。

本书介绍了智能移动机器人的发展概况和技术发展趋势，并分别对智能移动机器人的感知技术、运动规划技术和控制技术进行了综述，阐述了视觉感知的关键技术及其面临的挑战、常见的五类运动规划方法以及整体控制和分类控制方法。本书章节内容安排如下。

第 1 章为绪论，主要介绍了移动机器人的发展历程，概述了移动机器人研究领域中的各项关键技术，同时描述了移动机器人的特点和基本结构，并分析了移动机器人的感知技术、运动规划技术和控制技术的发展趋势。

第 2 章讲解移动机器人的系统结构，首先介绍了移动机器人的总体结构，然后分别对移动机器人的移动机构、执行机构、感知系统、驱动系统和控制系统进行了详细的阐述。

第 3 章讲解机器人操作系统，主要介绍了移动机器人常用的开发系统 ROS，着重介绍了 ROS 的系统架构和实例，并对 ROS 2 进行了简要的介绍。

第 4 章讲解机器人感知技术，首先介绍了机器人的视觉感知方式与视觉系统，包括视觉传感器的基本参数、机器人视觉里程计和机器人末端感知技术，其次详细介绍了激光雷达感知技术，包括激光里程计和三维环境感知。

第 5 章讲解移动机器人 SLAM 与导航，主要介绍了建图、定位、路径规划和 DWA 算法四部分内容。建图部分简要介绍了 gmapping 建图、hector_slam 建图和 Cartographer 建图，路径规划部分介绍了 Dijkstra（迪杰斯特拉）算法和 A* 算法。

第 6 章讲解多移动机器人协同编队与建图，主要介绍了协同编队和协同建图两部分内容，其中协同编队部分介绍了领航机器人状态分布式估计和基于估计器的编队控制，协同建图部分详细阐述了其关键问题及解决方法，并给出实例对象。

第 7 章讲解移动机器人应用，主要介绍了移动机器人在智能配送场景中的应用、移动机器人视觉感知技术在智能车辆中的应用、服务型移动机器人应用和空地协同机器人应用，并针对不同的应用给出相应的总体结构设计、应用平台和应用实例说明。

第 8 章为移动机器人实验指导，主要介绍了 ROS 和 Rviz 等相关软件，并结合实际移动机器人进行蓝牙键盘控制、自主轨迹运动、超声波避障、相机标定和激光雷达建图等教学实验。

附录为 RoboMaster 大赛的相关介绍，主要包含赛事的相关说明、RoboMaster 机器人介绍和竞赛相关视觉算法与应用。

目　　录

前言

第1章　绪论 ………………………………… 1
1.1 移动机器人的基本概念与发展历程 ………………………………… 1
1.1.1 移动机器人的定义 ………… 1
1.1.2 移动机器人的分类 ………… 2
1.1.3 移动机器人的发展历程 …… 3
1.2 移动机器人的主要研究内容 …… 6
1.2.1 机械结构的设计与驱动 …… 6
1.2.2 环境感知系统 …………… 10
1.2.3 控制系统 ………………… 12
1.2.4 人机交互技术 …………… 15
1.2.5 应用研究 ………………… 17
1.3 移动机器人技术发展趋势 …… 18
1.3.1 移动机器人环境感知 …… 19
1.3.2 移动机器人运动规划 …… 20
1.3.3 移动机器人控制技术 …… 22

第2章　移动机器人的系统结构 …… 25
2.1 章节概述 ……………………… 25
2.2 系统结构 ……………………… 25
2.3 移动机构 ……………………… 26
2.3.1 轮式移动机构 …………… 26
2.3.2 履带式移动机构 ………… 33
2.3.3 腿足式移动机构 ………… 34
2.4 执行机构 ……………………… 34
2.4.1 自由度 …………………… 35
2.4.2 执行机构关节及自由度的构成 …………………………… 36
2.4.3 动作形态的分类 ………… 37
2.5 感知系统 ……………………… 39
2.5.1 IMU ……………………… 39
2.5.2 编码器 …………………… 40
2.5.3 测距传感器 ……………… 42
2.5.4 力觉传感器 ……………… 45
2.5.5 视觉传感器 ……………… 46
2.6 驱动系统 ……………………… 49
2.6.1 液压驱动系统 …………… 49
2.6.2 气压驱动系统 …………… 50
2.6.3 电动机驱动系统 ………… 50
2.7 控制系统 ……………………… 52
2.7.1 控制系统实现框架 ……… 52
2.7.2 人机交互界面 …………… 53

第3章　机器人操作系统 …………… 56
3.1 章节概述 ……………………… 56
3.2 ROS 简介 ……………………… 56
3.3 搭建 ROS 开发环境 …………… 57
3.4 ROS 架构 ……………………… 59
3.4.1 架构设计 ………………… 59
3.4.2 文件系统 ………………… 60
3.4.3 通信机制 ………………… 65
3.4.4 常用组件 ………………… 67

3.4.5 开源社区 ·············· 72
3.5 ROS 2 简要介绍 ·············· 73
    3.5.1 ROS 2 设计目标 ·············· 73
    3.5.2 ROS 2 架构 ·············· 73
    3.5.3 ROS 2 通信模型 ·············· 74

第 4 章 机器人感知技术 ·············· 77
4.1 章节概述 ·············· 77
4.2 机器人视觉感知方式与视觉系统 ···· 77
    4.2.1 视觉传感器基本参数 ·············· 78
    4.2.2 机器人视觉里程计 ·············· 80
    4.2.3 机器人末端感知技术 ·············· 87
4.3 激光雷达感知技术 ·············· 90
    4.3.1 激光里程计 ·············· 91
    4.3.2 三维环境感知 ·············· 97

第 5 章 移动机器人 SLAM 与导航 ··· 103
5.1 章节概述 ·············· 103
5.2 建图 ·············· 103
    5.2.1 gmapping 建图 ·············· 104
    5.2.2 hector_slam 建图 ·············· 109
    5.2.3 Cartographer 建图 ·············· 113
5.3 定位 ·············· 117
    5.3.1 蒙特卡洛定位 ·············· 117
    5.3.2 自适应蒙特卡洛定位 ······· 119
5.4 路径规划 ·············· 121
    5.4.1 Dijkstra 算法 ·············· 122
    5.4.2 A* 算法 ·············· 124
5.5 DWA 算法 ·············· 126
    5.5.1 运动模型 ·············· 127
    5.5.2 速度采样 ·············· 127
    5.5.3 评价函数 ·············· 128
    5.5.4 实验结果 ·············· 128

第 6 章 多移动机器人协同编队与建图 ·············· 129
6.1 协同编队 ·············· 129
    6.1.1 预备知识 ·············· 130
    6.1.2 领航机器人状态分布式估计 ·············· 131
    6.1.3 基于估计器的编队控制 ···· 132
6.2 协同建图 ·············· 134
    6.2.1 协同建图整体架构 ·············· 134
    6.2.2 多机通信和数据关联 ······· 137
    6.2.3 地图融合与后端优化 ······· 139
6.3 常见应用场景 ·············· 142

第 7 章 移动机器人应用 ·············· 144
7.1 移动机器人在智能配送场景中的应用 ·············· 144
    7.1.1 AGV 的总体结构 ·············· 144
    7.1.2 AGV 的应用平台 ·············· 146
    7.1.3 AGV 的实例 ·············· 147
7.2 移动机器人视觉感知技术在智能车辆中的应用 ·············· 150
    7.2.1 智能车辆的整体结构 ······· 150
    7.2.2 智能车辆的视觉感知应用平台 ·············· 152
    7.2.3 智能车辆视觉感知 ·············· 153
7.3 服务型移动机器人应用 ·············· 156
    7.3.1 服务型移动机器人的结构 ·············· 156
    7.3.2 服务型移动机器人应用实例 ·············· 159
    7.3.3 机器人定位轨迹误差分析 ·············· 165
7.4 空地协同机器人应用 ·············· 166

7.4.1 空地协同机器人的系统结构 ·········· 166

7.4.2 空地协同机器人的应用平台 ·········· 167

第8章 移动机器人实验指导 ········ 175

8.1 ROS 小实验——"圆龟" ········· 175
- 8.1.1 实验目的及意义 ········· 175
- 8.1.2 实验设备 ········· 175
- 8.1.3 实验内容 ········· 175
- 8.1.4 实验步骤 ········· 175
- 8.1.5 实验总结 ········· 179

8.2 小乌龟自主跟随运动 ········· 179
- 8.2.1 实验目的及意义 ········· 180
- 8.2.2 实验设备 ········· 180
- 8.2.3 实验内容 ········· 180
- 8.2.4 实验步骤 ········· 180
- 8.2.5 实验总结 ········· 185

8.3 用上位机查看串口数据 ········· 185
- 8.3.1 Aimibot 教育机器人 ········· 185
- 8.3.2 实验目的及意义 ········· 185
- 8.3.3 实验设备 ········· 186
- 8.3.4 实验内容 ········· 186
- 8.3.5 实验步骤 ········· 186
- 8.3.6 实验总结 ········· 186

8.4 蓝牙键盘控制机器人运动 ········· 187
- 8.4.1 实验目的及意义 ········· 187
- 8.4.2 实验设备 ········· 187
- 8.4.3 实验内容 ········· 187
- 8.4.4 实验原理 ········· 187
- 8.4.5 实验步骤 ········· 189
- 8.4.6 实验注意事项 ········· 189
- 8.4.7 实验总结 ········· 189

8.5 机器人自主轨迹运动 ········· 189
- 8.5.1 实验目的及意义 ········· 190
- 8.5.2 实验设备 ········· 190
- 8.5.3 实验内容 ········· 190
- 8.5.4 实验原理 ········· 190
- 8.5.5 实验步骤 ········· 191
- 8.5.6 实验注意事项 ········· 191
- 8.5.7 实验总结 ········· 192

8.6 超声波避障 ········· 192
- 8.6.1 实验目的及意义 ········· 192
- 8.6.2 实验设备 ········· 192
- 8.6.3 实验内容 ········· 192
- 8.6.4 实验原理 ········· 192
- 8.6.5 实验步骤 ········· 194
- 8.6.6 实验注意事项 ········· 195
- 8.6.7 实验总结 ········· 195

8.7 相机标定 ········· 195
- 8.7.1 实验目的及意义 ········· 195
- 8.7.2 实验设备 ········· 195
- 8.7.3 实验内容 ········· 195
- 8.7.4 实验步骤 ········· 195
- 8.7.5 实验注意事项 ········· 198
- 8.7.6 实验总结 ········· 198

8.8 Rviz 可视化仿真 ········· 199
- 8.8.1 Rviz 简介 ········· 199
- 8.8.2 实验目的及意义 ········· 200
- 8.8.3 实验设备 ········· 200
- 8.8.4 实验内容 ········· 200
- 8.8.5 Rviz 安装与运行 ········· 200
- 8.8.6 实验步骤 ········· 200
- 8.8.7 Rviz 界面说明 ········· 201
- 8.8.8 实验总结 ········· 201

8.9 激光雷达建图(Gazebo 仿真) ······ 202

- 8.9.1 实验目的及意义 202
- 8.9.2 实验设备 202
- 8.9.3 实验内容 202
- 8.9.4 实验步骤 202
- 8.9.5 实验总结 204
- 8.10 激光雷达建图（实地建图）...... 204
  - 8.10.1 实验目的及意义 204
  - 8.10.2 实验设备 204
  - 8.10.3 实验内容 205
  - 8.10.4 实验原理 205
  - 8.10.5 实验步骤 207
  - 8.10.6 实验总结 208

附录

附录 A　RoboMaster 大赛介绍 210

附录 B　RoboMaster 机器人介绍 215

附录 C　竞赛相关视觉算法与应用 218

参考文献 224

CHAPTER 1

第 1 章

绪　　论

本章首先简单介绍了移动机器人的定义、分类和发展历程，让读者对移动机器人有一个大致的了解；再从机械结构的设计与驱动、环境感知系统、控制系统、人机交互技术和应用研究方面分别介绍了移动机器人的主要研究内容，让读者对移动机器人的系统结构有一定的认识；然后对移动机器人技术发展趋势进行论述，主要包括环境感知、运动规划以及控制技术，让读者对当代先进移动机器人技术有一定了解。

1.1 移动机器人的基本概念与发展历程

移动机器人是一种具备自主移动能力的智能机器系统，通常配备传感器、处理器和执行器，能够感知环境、做出决策并执行任务。其发展历程始于20世纪初，经历了传感技术、控制系统和路径规划等基础技术的不断突破。在20世纪六七十年代，斯坦福研究所研发的Shakey机器人是移动机器人领域的重大突破。随着计算机技术的发展，移动机器人的智能化和自主性不断提高，应用领域也逐渐扩展到工业生产、医疗服务、紧急救援等多个领域。

1.1.1 移动机器人的定义

机器人技术发展十分迅速，从最开始的只能执行简单指令的机器人到如今能够完成许多复杂动作的机器人，经过了漫长的发展时期，机器人技术成为计算机、自动化和大数据等各个领域高精尖技术发展所需的重要科学技术之一。机器人技术可以说是高科技发展的先驱，同时也是现代化制造行业的主要发展方向。它涉及各个行业，无论是建筑业、工业还是服务业，它都能实现对人的替代，最终让人类避免伤害或更加简单方便地完成任务，让人类的双手和大脑从繁杂的工作中解放出来。

移动机器人是机器人学科下的一个分支，它是一类能够在不需要人工干预的情况下自主移动的机器人，通常通过搭载各种传感器、计算机视觉系统和导航技术来感知周围环境，并做出决策以规划和执行移动任务。移动机器人在各个领域都有广泛的应用，包括工业、医疗、军事、农业、物流、娱乐和科学研究等领域。它们能够代替人在有辐射、有毒等危险环境中或者在宇宙、水下等人所不及的环境中执行作业。移动机器人集中了传感器技术、信息处理、电子工程、计算机工程、自动化控制工程以及人工智能等多学科的研究成果，代表了在自主导航、智能决策、多感知、协作能力和适应性等多个方面的最先进水平，是目前机器人学科中最活跃的领域之一。

1.1.2 移动机器人的分类

如图1.1所示，移动机器人种类繁多、功能多样，按照不同的分类标准，移动机器人可划分为以下类型。

图1.1 移动机器人的种类

1. 按照移动方式分类

移动机器人按照移动方式的不同，可分为轮式移动机器人、步行移动机器人（单腿式、双腿式和多腿式）、履带式移动机器人、爬行机器人、蠕动式机器人和游动式机器人等。

2. 按照工作环境分类

移动机器人按照工作环境的不同特征和需求进行分类，可分为工业环境中的自动化机器人、AGV（自动导引车）、深空探测器，医疗保健环境中的手术辅助机器人、医院服务机器人、医疗图像识别机器人，农业环境中的农业机器人、牲畜管理机器人、探险机器人、搜索和救援机器人，家庭和消费者环境中的家用清洁机器人、娱乐和教育机器人，军事环境中的军事无人机、地面和水下无人车辆。

3. 按照功能和用途分类

移动机器人按照功能和用途的不同，可分为工业自动化机器人、物流和仓储机器人、农业机器人、医疗和卫生机器人、家庭和消费者机器人、探险和勘测机器人、军事和安全机器人、环境监测和科学研究机器人等。

4. 按照控制体系结构分类

移动机器人按照其控制体系结构分类，可以分为开环控制系统机器人、闭环控制系统机器人、模糊控制系统机器人、神经网络控制系统机器人和模型预测控制系统机器人。开环控制系统机器人依据预先设定的指令执行动作，缺乏对环境的实时反馈；闭环控制系统机器人通过感知环境实时调整行为；模糊控制系统机器人利用模糊逻辑处理模糊或不确定的输入；神经网络控制系统机器人利用人工神经网络学习和优化控制策略；模型预测控制系统机器人基于环境和系统行为的预测模型制定最优控制策略。

每种类型的机器人在不同应用场景下发挥着各自的优势，为各种任务提供灵活和高效的解决方案。

1.1.3 移动机器人的发展历程

国外移动机器人的研究始于 20 世纪 60 年代，Shakey 机器人是在 1966—1972 年期间研发的机器人，它被认为是世界上第一个能够对自身行为进行推理的移动机器人。Shakey 机器人可以完成以下简单的任务：从一个地方移动到另一个地方，开门、关门或是推动可移动物体等。Shakey 的诞生对机器人、人工智能以及计算机领域产生了深远影响，是当今智慧型移动机器人的先驱。

20 世纪 70 年代，全球范围内的首个人形机器人 WABOT-1 诞生，它由肢体控制系统、视觉系统与会话系统组成。WABOT-1 能够用日语与人进行交流，能够使用传感器测量到某个物体的距离和方向，它可以利用双足走路，同时能够使用带有触觉传感器的手抓住和移动物体。1984 年，WABOT-2 诞生，它可以演奏键盘乐器，因为演奏键盘乐器等艺术活动需要人的智慧和灵活性，所以可以认为 WABOT-2 是开发"人形移动机器人"的第一个里程碑，此后移动机器人朝着自动化与智能化的方向发展。

1988 年，丹伯里医院第一次使用首个服务型的机器人 HelpMate（灵魂伴侣）。HelpMate 是专门为医院及疗养院设计的一种运输型机器人，它具有协助和服务功能，利用视觉、超声波及红外线对外部的环境进行感知，从而沿着走廊进行导航和躲避障碍物，在医院里活动。

在 21 世纪，随着计算机硬件和传感技术的不断进步，移动机器人在导航、环境感知和路径规划方面取得了显著的成绩，它们开始被应用于工业、服务和军事等领域来执行更加复杂的任务。其中代表产品有 iRobot 公司的 Roomba 系列和 KUKA 的移动式机器人系列，如图 1.2 所示。Roomba 是一系列家用吸尘器机器人，采用轮式移动系统，具有避障能力，能够在室内自主清扫；KUKA 的移动式机器人系列中，KMP1500 具有在工业环境中自主移动和执行任务的能力。

轮式移动机器人已经成为各个领域中的重要工具，它们广泛应用于自动化仓储、物流、服务业、医疗、军事和家庭等各个领域，其中代表产品有波士顿动力公司（Boston Dynamics）的 HANDLE 和 Starship Technologies 的配送机器人。HANDLE 是一种具有轮式移动系统的机器人，具有快速移动和搬运能力，可用于仓储和物流任务；Starship Technologies 的自主配送机器人能够在城市中自主移动，用于食品和零售品的最后一千米配送。随着人工智能、计算机视觉和传感技术的不断创新，预计未来轮式移动机器人将继续在各个领域发挥更加重要的作用，为人们的生活和工作提供更多便利。

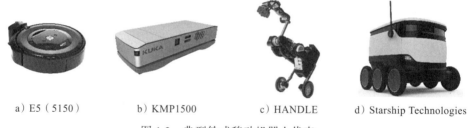

a) E5（5150）　　b) KMP1500　　c) HANDLE　　d) Starship Technologies

图 1.2　典型轮式移动机器人代表

除此之外，足式移动机器人也得到了显著发展。波士顿动力公司是全球移动机器人代表公司，专注于开发高度先进和多功能的移动机器人。如图 1.3 所示，该公司先后开发了多款机器人，主要代表为：SPOT 四足机器人，它具有卓越的动力学能力和机动性，可以在各种恶劣或复杂的环境中行走，包括建筑工地、油田等，可执行巡逻、监测、数据收集和检查设备等任务；ATLAS 双足机器人，具有令人印象深刻的人形走路和动作能力，被设计用于各种移动任务，包括搜索和救援、仓库操作、建筑施工等，可以执行多种动作，如跳跃、翻转、举重等；HANDLE 是一款双轮移动机器人，具有卓越的机动性和速度，被设计用于物流和分拣任务，可以快速搬运货物并在仓库中穿梭，它还具有跳跃和滑动的能力。这些波士顿动力公司的移动机器人代表了先进的移动机器人技术，它们具有自主导航能力、传感能力和协作能力，可用于各种领域。

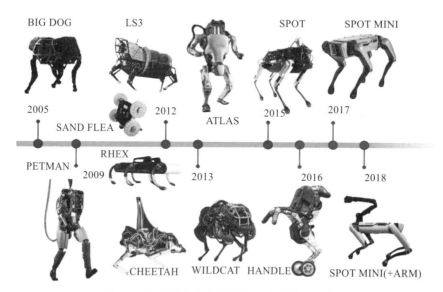

图 1.3　波士顿动力公司研发的系列移动机器人

国内对移动机器人的研究也在快速发展。2013 年，我国自主设计制造的月球车"玉兔号"成功在月球的虹湾区登陆，其外形如图 1.4a 所示，月球车用于在真空、强辐射和大温差条件下执行科学探测任务。"玉兔号"质量为140kg,外形为长方形,有6个轮子,长宽高分别为1.5m、1m和1.1m。它主要包括导航系统、移动框架、电源模块、数据传送、隔热防冻等8个单元。"玉兔号"上面搭载有太阳能电池板,具备爬坡和越障功能,并且自身搭载全景相机、红外成像光谱仪等传感器设备。图1.4b所示为我国自主研发的第二代月球车"玉兔二号",它已于2019年成功踏上月球背面并进行科学考察任务,是世界上首款在月球背面巡航的月球车。搭载"玉兔二号"的着陆器上安装了降落相机,用来记录着陆区的光学图像并传送至地面控制室,同时月球车上也搭载了全景相机,用来获取月球表面的图像并在移动过程中实时向地面传送月球地貌。"玉兔二号"还搭载了红外成像光谱仪、测月雷达等传感设备,用来更好地获取月球信息,后面的迭代为如图1.4c所示的"玉兔三号"。目前的月球车还依赖于地面控制系统的指令移动,我们有理由相信,随着科学技术的发展,未来的月球探测巡航机器人将会更多地依赖自身所搭载的视觉、激光雷达传感器进行自主移动控制。

 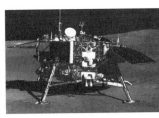 

a) 玉兔号　　　　　　　　b) 玉兔二号　　　　　　　　c) 玉兔三号

图1.4　我国研发的玉兔系列移动机器人

随着我国快递行业的快速发展,阿里巴巴集团和京东集团相继加入物流移动机器人的研制当中,分别取得了卓越成果(图1.5),推动了物流和供应链的数字化和智能化。物流移动机器人采用了自动化技术,包括自主导航和感知,以实现在仓库和分拣中心的自动化操作,能够智能地避免障碍物、规划最优路径,并进行自主的决策,同时可以执行不同的任务,如货物搬运、货架操作、快递包裹分拣等。它们最大的特点是利用大数据和云技术,以实时监测和优化物流运营。这些技术使物流管理更加智能化和可追溯,有助于提高交付效率和服务质量。总之,随着我国各行业需求的不断增大,我国移动机器人正朝着自动化、智能化、多样性、人机协作、数据驱动、互联互通、节能环保以及不断创新的方向快速发展。

a) 阿里巴巴物流移动机器人　　　　　　b) 京东物流移动机器人

图1.5　物流移动机器人代表

1.2 移动机器人的主要研究内容

移动机器人是一个多学科交叉的综合性研究领域，其研究内容多、领域广，主要涉及机械结构设计与优化、传感技术、控制技术、信息交互技术等。如图1.6所示，移动机器人的研究内容主要包括以下几个方面：人–机交互系统、感知系统、控制系统、驱动系统、机械结构系统、机器人–环境交互系统。

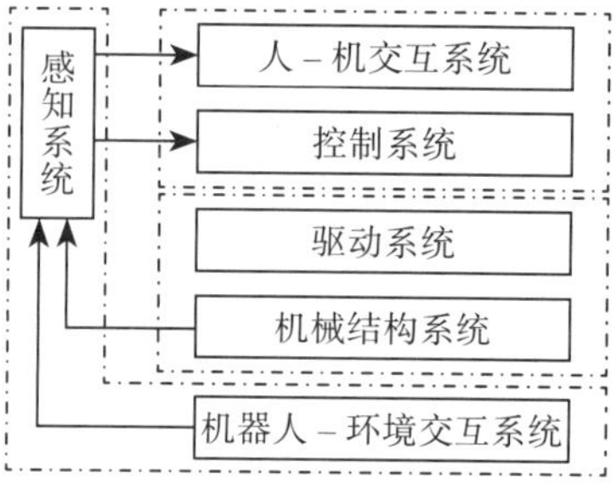

图1.6 移动机器人的系统构成

1.2.1 机械结构的设计与驱动

机械结构是移动机器人的本体，也是其实现预定功能的基础，不但决定了移动机器人能否实现预定的运动功能，同时也在某种程度上影响了其控制性能。移动机器人良好的机械结构有利于实现多样化的运动，同时能够提高对环境的适应能力。具体来讲，机械结构的设计与驱动主要包括以下几个方面。

1. 移动机器人的移动方式

如图1.7所示，移动机器人的移动方式大致可以分为：步行（腿足式）、轮式、履带式、蠕动式、泳动式以及复合式。上述移动方式都有其各自的特点及主要应用场合。

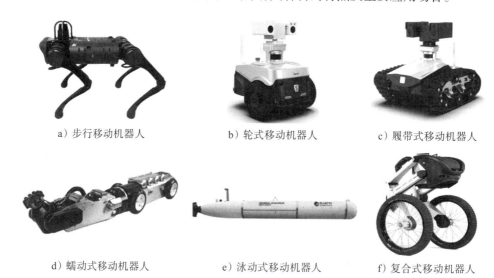

a）步行移动机器人　　b）轮式移动机器人　　c）履带式移动机器人

d）蠕动式移动机器人　　e）泳动式移动机器人　　f）复合式移动机器人

图1.7 移动机器人的移动方式

（1）步行移动　步行移动是人及大部分爬行动物的移动方式，也是机器人最复杂的一种移动方式。步行移动具有对工作环境的适应性强、避障能力强、工作效率高、移动盲区小等特点。随着工作环境及工作任务的复杂化，步行移动方式将会得到广泛应用。

如图1.8所示，传统的双足机器人多采用主动式步行移动，主要通过大力矩、高增益反馈，并结合上层的轨迹规划和姿态平衡控制等，以保证步行运动过程中的稳定性，但其控制系统比较复杂，对驱动系统的性能要求也比较高，而且效率较低。被动式步行主要通过模仿人类行走的本质特征，在转动关节处增加弹簧等储能元件，充分利用机器人自身的被动动力学特性，使被动机构具有类似自然的步态，从而提高其能量效率，增强鲁棒性。被动式步行移动中，机器人的控制系统及驱动系统相对简单，其稳定性并不依赖于复杂的轨迹规划和轨迹跟踪控制，而是充分利用本身的被动动力学特性，通过离线或在线的参数调整实现。

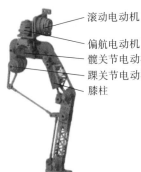

图 1.8 传统双足机器人机构

（2）轮式移动 轮式移动具有机械结构简单、运动灵活度大、稳定性高、操作性好等优点。此外，机器人借助编码器、光电传感器、超声波传感器、惯性测量单元（IMU）和激光雷达等测速传感器，可以精确和可靠地测得机器人位移、速度及加速度等运动参数。如图 1.9 所示，轮式机器人的驱动方式可以根据其轮子配置和底盘设计分为差动驱动（Differential Drive）、全向轮驱动（Omni Directional Wheels Drive）和麦克纳姆轮驱动（Mecanum Wheels Drive）三种方式。差动驱动机器人通常有两个主要驱动轮，这两个轮子可以独立控制，使机器人能够在自己的位置上旋转或沿一条弧线移动，这种结构简单且常见，适用于室内和室外的平坦地面。全向轮机器人具有多个特殊设计的轮子，这些轮子允许机器人在任何方向上移动，无须旋转，这种结构适用于需要高度机动性的应用，如室内物流。麦克纳姆轮机器人拥有特殊的轮子，其角度排列形成一个 X 形，通过控制这些轮子的速度和方向，机器人可以实现多方向移动和旋转，适合狭窄或复杂环境中的机动性应用。目前，差动轮系结构是应用最为广泛的一种轮式结构，通常包括一个平衡轮（万向轮）及两个差动驱动轮。差动轮系结构主要利用两个驱动轮之间的速度差来实现对机器人运动方位的控制。

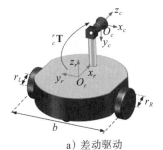
a) 差动驱动

b) 全向轮驱动

c) 麦克纳姆轮驱动

图 1.9 轮式移动机器人的三种驱动方式

（3）履带式移动 如图 1.10 所示，履带式移动是主要依靠履带与地面之间的纯滚动而产生运动的一种移动方式。同一般轮式移动方式相比较，履带式移动具有适应性强、翻越障碍能力强、允许推力大、系统稳定可靠等特点,它能通过各种复杂的地形,并可以工作在恶劣的环境下,代替人们完成危险性的工作。目前,侦察机器人、排爆机器人等广泛采用履带式结构。

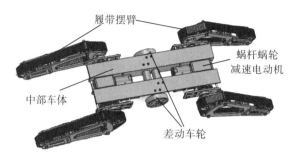

图 1.10 履带式移动机器人结构

(4)蠕动式移动 如图 1.11 所示,蠕动式移动的主要特点是无肢行走,它靠垂直机体所在平面(或曲面)的蠕动波来传递动力,实现向前运动。蠕动式移动具有无足及多点驱动等特性,使其具有稳定性好、通过截面小等优点。通常,蠕动式结构主要用于作业空间狭小的机器人,如管道检测机器人。蛇形机器人就是一种典型的通过迂回运动方式实现在其机体所在平面(或曲面)内运动的蠕动式机器人。

(5)泳动式移动 如图 1.12 所示,泳动式移动主要指在流体环境中,利用躯体或者尾部的摆动产生推力的一种移动方式。与传统的螺旋桨式推动相比,泳动式移动技术具有高效率、低噪声、高机动性、良好下潜性等特点。基于以上特点,泳动式移动技术在仿生机器鱼、血管微型机器人、海底勘探机器人中得到了广泛应用。随着流体力学理论的不断发展以及系统仿真技术的出现,在大量水洞试验的基础上,对鱼类推进机制的研究推动了泳动式移动技术的迅速发展。

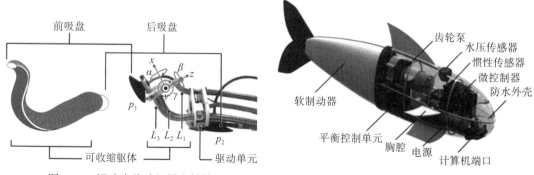

图 1.11 蠕动式移动机器人结构　　图 1.12 泳动式移动机器人结构

(6)复合式移动 如图 1.13 所示,复合式移动机器人(Hybrid Mobile Robot)是一类结合了多种不同移动方式或技术的机器人,能在各种环境和任务中提供更高的灵活性和性能。这些机器人通常可以在轮子、腿、履带等多种移动方式之间切换或同时使用,具有多模式、强适应性、高机动性的运动特点,能够应用在救援任务、探索与勘探、农业和农业自动化、工业自动化和军事应用等领域。例如,水陆两栖机器人不仅可在陆地上运动,也可在水中运动。单一的移动技术往往不能满足复杂运动任务的要求,而复合式移动技术是解决这类问题的重要途径,同时复合式移动也大大提高了移动机器人对环境的适应能力。

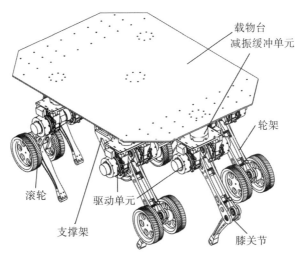

图 1.13 复合式移动机器人结构

2. 新型材料的应用

一种新型的形状记忆合金(SMA)被誉为"智能材料",其电阻随温度的变化而改变,可用来执行驱动动作,完成传感和驱动功能。新型材料的发明与应用会使现有的传感和驱动模式发生巨大变化,将来有可能出现一些类似生物肌肉的驱动方式,使移动机器人的活动更具灵活性。

3. 运动学分析

运动学问题主要研究机器人各个坐标系之间的运动关系,是机构运动误差分析、操作空间分析、轨迹规划、路径规划及运动控制的基础,同时也是进行机械动力学分析的基础。通常把机器人的运动学问题分为正向运动学问题和逆向运动学问题。正向运动学问题主要研究关节空间到末端笛卡儿坐标系之间的映射关系,这种映射是单映射关系;逆向运动学问题主要研究末端在笛卡儿空间的位姿到关节空间的映射关系,这种映射是多映射关系,即对于末端某一确定的位姿,可能存在多组关节空间解。

4. 机械结构优化

机械结构优化主要是指在运动学及动力学分析的基础上,在满足一定约束条件下,以某一个或几个运动学或动力学性能指标为目标,运用优化理论及算法对机械结构的外形、几何尺寸、截面尺寸以及材料选择方面进行优化。通过模型提取,机械结构优化被转换为纯粹的数学问题——具有约束的最优化问题。常用的优化方法有遗传算法、纵向梯度法、

Powell法、基于神经网络的优化算法、蚁群算法、粒子群优化算法等。

5. 能源供应

一般情况下，移动机器人的工作空间大，如医院的移动机器人通常要在很多房间中作业，如果利用外部电源供电，机器人通常要拖着很长的线运动，解决布线以及线的缠绕问题将是一件很困难的事情。目前，大多数移动机器人都需要自备电源。因此，电源选型、能量的合理分配、节能的新方法以及新型高效电池的研制，都是移动机器人能源供应所面临的问题。

6. 结构系统的可靠性、稳定性分析

机械结构系统的可靠性分析主要探讨机械结构的静刚度是否满足预定任务的要求。结构静刚度过大，则意味着系统质量过大；结构静刚度不足，则无法完成预定的任务。另外，在机器人的运动及作业过程中，机械结构通常要承受周期性载荷的作用，更容易发生疲劳失效，可能会导致机器人无法完成任务，甚至导致整个机器人系统的瘫痪。因此，疲劳强度分析是机械结构可靠性分析的主要内容。

结构稳定性分析主要研究机械结构系统的振动特性以及其对机器人性能的影响。机械振动的存在将会破坏机器人运行的稳定性，降低其运动精度以及控制性能。大幅度的机械振动甚至会导致系统的完全失控。为此，在设计机器人结构的过程中，需要分析机械振动对系统性能造成的影响。

1.2.2　环境感知系统

感知系统是移动机器人的重要组成部分，是指机器人使用各种传感器和技术来感知和理解其周围环境的系统。这些系统使机器人能够获取关于周围物体、障碍物、地形、温度、湿度、声音等环境信息，以便安全地导航、执行任务、与环境互动。

感知技术是移动机器人领域的研究焦点之一。在结构或者非结构环境中，为完成预定任务，要求感知系统不仅能够获取机器人本身的运动状态信息，而且能够获取外部的工作环境状态信息。通常采用的传感器分为内部传感和外部传感器，传感器的选择在很大程度上影响了机器人的自主能力。考虑到环境信息的复杂性、多样性，移动机器人可能需要数量众多、功能不同的传感器，以获取外部环境及内部状态的信息。在实际应用中，往往使用多种传感器共同工作，并采用传感器融合技术对检测数据进行分析、综合和平衡，利用数据间的冗余和互补特性进行容错处理，以形成对所需环境特性的描述。具体来说，对移动机器人感知系统的研究主要包括以下几个方面。

1. 传感器选择与集成

移动机器人的传感器选择和集成是关键的前提，直接影响感知系统的感知能力和性能。首先，明确定义机器人的任务和应用需求，这将有助于确定所需的传感器类型和性能要求。常用传感器的类型有视觉传感器、距离传感器、惯性测量单元（IMU）、GPS和GNSS接收器、温度传感器、湿度传感器、气压传感器、声音传感器、触觉传感器和化学传感器。不同的任务可能需要不同类型的传感器，例如室内导航可能需要激光雷达和视觉传感器，而农业机器人可能需要多光谱摄像头和GPS。我们需要根据任务需求和环境条件来确定传感器的选型，包括分辨率、精度、采样频率、感知范围、工作温度范围等，除满足应用功能外，还需要考虑能源管理、机器人的运行时间、传感器的位置和布局、数据处理和传输、成本和可用性、故障检测和容错性等。通常，这需要团队合作，团队中应包括机械工程师、电子工程师、计算机科学家和领域专家，以确保用最佳的感知系统配置来满足机器人的任务和性能需求。

2. 新型传感器

传感器一般由敏感元件、转换元件和基本转换电路三部分组成。敏感元件直接感受被测量，并以确定关系输出一个物理量；转换元件将敏感元件输出的非电物理量转化为电参数；基本转换电路将电信号转换为便于测量的电量，并通过A/D模块转化为数字信号。数字式传感器产生能与计算机接口连接的物理量数字输出，是较理想的测量装置，其具有信号调节简单、对电磁干扰的敏感性小、便于计算机控制等优点。传感器的发展非常迅速，各种传感器的性能不断提高，而价格却不断下降。例如，用于距离测量的超声波、红外线、激光、静电电容等距离传感器，用于视频的CCD、CMOS摄像头，基于光纤陀螺惯性测量的三维运动传感器，以及一些用于触觉等的新型传感器。图1.14所示为一些先进的新型传感器。

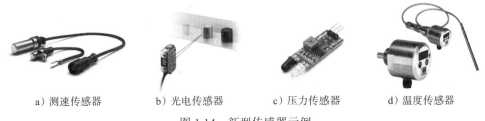

a) 测速传感器　　b) 光电传感器　　c) 压力传感器　　d) 温度传感器

图1.14　新型传感器示例

3. 多传感数据信息融合

信息融合是机器人准确、实时地感知外界环境、完成预定任务的主要手段，也是机器人适应环境、不断学习进化的前提。快速、准确地对环境建模和理解是机器人领域具有挑战性的研究方向，为进一步提高机器人的智能性和适应性，采用多种传感器进行融合处理是一种有效的途径。信息融合的研究热点集中于有效可行的多传感器融合算法，特别是在非线性、非平稳及非正态分布等情形下。多传感器信息融合的实质就是对多源不确定性信息的分析与综合，目前常用的信息融合方法主要有加权平均法、卡尔曼滤波、贝叶斯估计、D-S证据推理、统计决策推理、模糊几何理论、人工神经网络、遗传进化算法、模糊逻辑推理和强化学习等。

4. 多模态感知

移动机器人多模态感知技术是一种利用多个感知模态（如视觉、声音、触觉等）来获取环境信息的方法,以提高机器人的感知能力和对环境的理解能力。在多模态感知中,不同传感器可能提供不同类型的信息,如图像、声音、触觉等。跨模态感知涉及将来自不同模态的信息进行关联和融合,以更全面地理解环境。例如,机器人可以使用视觉和声音传感器来定位并与人类用户进行交互。如图 1.15 所示的非视觉导航系统将距离信息、位置信息、声音信息和电磁信息进行多模态融合,实现定位导航功能。

a)声音导航　　　　　　　　　b)电磁导航

图 1.15　非视觉导航系统

1.2.3　控制系统

对控制系统性能的基本要求主要包括:系统稳定性好、快速响应性好、控制精度高。控制系统设计的基本任务是:首先,根据系统总体性能的要求,选择合适的各个子系统部件组成系统;其次,协调各子系统之间的关系,使其能够稳定、可靠地工作;最后,利用一定的控制算法及控制策略,使系统处于最佳工作状态。控制技术包括控制系统构成、驱动装置设计、控制算法、多智能体控制技术、控制系统仿真等。

1. 控制系统构成

移动机器人控制系统由传感器系统(如摄像头、激光雷达)、定位和导航模块(包括定位、地图构建、路径规划)、运动控制系统(电动机、舵机控制)、感知与决策系统(感知处理、决策制定、控制策略)、用户界面与远程操作、自主性与自动化以及通信与互联互通组成,以实现机器人的自主移动、任务执行和与环境的互动。设计一个合理的控制系统时主要考虑以下几个方面。

1)确定设计方案,根据系统的运动及动力学分析,确定电动机的类型及其驱动器、减速器、位置检测装置的型号和规格。

2)电动机与传动机构的搭配。

3)选择合适的系列运动控制器,通常根据伺服电动机、编码器的类型和数量进行选择。

4)电动机的运行负载校核。

5)开发应用程序,根据工作时的运动轨迹和速度、位置等参数,通过对运动控制器 API 函数的调用,实现所需的运动控制。

2. 驱动装置设计

作为运动控制中的执行部件,驱动装置一般分为电动式、液压式及气动式三类。电动式驱动器由于具有动作灵敏、性能优良、控制方便的特点，并且容易实现小型化、模块化，因此在移动机器人系统中得到了广泛的应用，最常用的电动式驱动系统如图 1.16 所示。

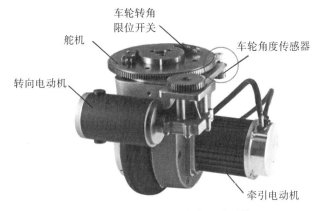

图 1.16　最常用的电动式驱动系统

3. 控制算法

根据控制量的不同，可以把控制系统分为位置控制系统、速度控制系统、加速度控制系统、力控制系统、力与位置的混合控制系统、柔顺控制系统等。常用的控制算法主要包括 PID 控制、变结构控制、自适应控制、模糊控制、神经元网络控制、视觉伺服控制等算法。目前，在机器人控制系统中应用最为广泛的是 PID 控制算法。

移动机器人控制算法是用于实现机器人自主移动、导航和执行任务的计算方法。这些算法涵盖多个领域，包括路径规划、感知处理、决策制定和运动控制等。常见的移动机器人控制算法分为路径规划算法、感知处理算法、决策制定算法、运动控制算法和协同控制算法。路径规划算法包括：A* 算法（广泛应用的搜索算法，用于找到最短路径，适用于静态环境）、Dijkstra 算法（用于确定到达目标的最短路径，但在处理权重较大的图时性能可能较差）、RRT 算法（又称快速随机树算法，用于非确定性环境中的路径规划，适用于机器人需要避开障碍物的情况）、SLAM 算法（同时定位与地图构建算法，用于在未知环境中构建地图并同时定位机器人的算法）。感知处理算法包括：对象检测与识别算法［包括卷积神经网络（CNN）和基于深度学习的方法，用于检测和识别周围环境中的对象］、障碍物检测与避障算法（使用传感器数据，如激光雷达和摄像头，来检测障碍物并采取避免策略）、地图构建算法（构建环境地图的算法，包括概率地图和栅格地图）。决策制定算法包括：行为树算法（用于描述机器人的行为和决策树，以根据感知信息采取适当的动作）、状态机算法（将机器人的行为分解为一系列状态和转换，以制定复杂的行为控制策略）、强化学习算法（机器人通过与环境的交互，学习最佳行为策略，适用于部分可观测和动态环境）。运动控制算法包括：PID 控制算法（用于控制机器人的位置或速度，并使其跟踪目标）、模型预测控制算法（使用机器人的运动模型来预测其未来轨迹，并做出相应的控制决策）、轨迹跟踪算法（将规划好的路径转化为机器人的具体轨迹，以实现精确的移动控制）。协同控制算法主要是多机器人协同控制算法,用于协调多台机器人的行动,以完成复杂任务,如搜索救援或集体探测。通常会根据移动机器人的具体应用领域和任务需求选择和组合这些算法,以实现其自主控制和高效运动。

4. 多智能体控制技术

多智能体控制技术是目前机器人研究的一个崭新领域。其产生背景主要包括以下两个方面:一方面,面对复杂的、需要并行处理的任务时,单个机器人有时无法满足任务要求,在这种情况下,就需要多个移动机器人协调作业来完成预定的任务;另一方面,由于生活需求的多样化,在一个空间环境中将会出现多个移动机器人共同作业的局面。多智能体控制技术主要对多智能体的群体体系结构、相互间的通信与磋商机理、感知与学习方法、建模和规划、群体行为控制等问题进行研究,使多个机器人在同一环境中能够合作有序地执行任务。

5. 控制系统仿真

系统仿真是20世纪40年代末以来伴随着计算机技术的发展而逐步形成的一门新兴学科。系统仿真是建立在控制理论、相似理论、信息处理技术和计算机理论等基础上,以计算机和其他专用物理效应设备为工具,利用系统模型对真实或假设的系统进行试验,并借助于专家的经验知识、统计数据和信息资料对实验结果进行分析研究,进而做出决策的一门综合性实验性学科。现代系统仿真技术已成为高技术产业系统不可缺少的分析、研究、设计、评价、决策和训练的重要手段。移动机器人控制系统仿真是通过计算机模拟环境和机器人行为,评估、测试和验证机器人控制系统性能的过程。这种仿真有助于在实际硬件开发之前进行系统设计和算法优化,降低了开发成本和风险。移动机器人控制系统仿真的一些关键方面包括:仿真软件的选择,现在有多种仿真软件和平台可供选择,一些流行的移动机器人仿真工具有 ROS(Robot Operating System)、Gazebo、CoppeliaSim、Unity 3D、Webots 等,这些工具提供了模拟机器人、传感器、环境和物理交互的功能;建模机器人,在仿真平台中,需要准确地建模机器人的外观、传感器和动力学特性,包括创建机器人的3D模型、传感器模型和动力学参数;建模环境,仿真环境的建模也很关键,这可能包括室内或室外环境的地图、障碍物、光照、气候条件等,一些仿真工具提供了现成的环境模型,也可以创建自定义的仿真场景;传感器模拟,仿真需要模拟机器人的传感器数据,如摄像头、激光雷达、超声波传感器等,这些数据可以是从环境模型中生成的,也可以是实际传感器数据的模拟;运动控制和路径规划,仿真中需要实现运动控制算法和路径规划算法,以模拟机器人的自主移动和导航能力,这些算法需要与仿真环境集成,以便机器人可以对仿真环境做出反应;性能评估,仿真可以用于评估机器人控制系统的性能,如导航准确性、避障性能、执行任务的效率等,通过收集仿真数据并进行分析,可以识别和解决潜在问题;算法开发和测试,仿真是开发和测试新控制算法的重要工具,研究人员和工程师可以在仿真环境中快速迭代和优化算法,然后将其部署到实际机器人上。移动机器人控制系统仿真是一种重要的工具,用于设计、开发、测试和验证机器人控制系统,它提供了一个安全、经济和高效的方式来探索不同算法和方案,以满足不同应用领域的需求。

1.2.4 人机交互技术

移动机器人的人机交互技术是指机器人与人类用户之间进行信息传递、沟通和协作的一系列技术和界面，旨在使机器人更加友好、易于操作，并能够满足用户的需求。人机工程的设计原则包括用户控制原则、易用性原则、直观性原则、简洁性原则、可视性原则等。由于移动机器人直接和人打交道，因此实现人与机器人之间的互助以及信息传递非常重要，主要包括视觉和语音交互、力觉和触觉交互、多通道交互以及新型人机交互，以便提供友好的用户界面，以及多层次、可选择的用户输入和方便的用户操作。同时，怎样实现人与机器人各自的智能划分以及保证机器人的使用不对人类造成危害等，都是必须解决的问题。此外，移动机器人的不断推广和应用，将给当今人类社会的形成模式、法律责任和管理机制等方面造成不可估量的影响与冲击，这也是在发展移动机器人过程中必须解决的问题。具体来说，人机交互技术主要包括以下几个方面。

1. 基于硬件设备的交互技术

在移动机器人中，基于传统硬件设备的人机交互技术包括使用鼠标、键盘、手柄等交互工具，用户可以通过鼠标或键盘选中图像中的某个点或区域，完成移动机器人对该点或区域的任务执行。除此之外，还包括摄像头、激光雷达、麦克风和触摸屏等传感器设备，以实现与用户的有效互动，这些传感器允许机器人感知用户的姿态、面部表情、语音命令和触摸输入，从而能够执行任务、回应用户请求、提供个性化服务，并增强用户体验。这些传统硬件设备为移动机器人赋予了感知和交互的能力，使其更具智能和适应性。

2. 基于语音识别的交互技术

语言是人类最直接的沟通交流方式。语言交互信息量大，效率高。因此，语音识别也成为增强现实系统中重要的人机交互方式之一。近年来，人工智能的发展及计算机处理能力的增强，使得语音识别技术日趋成熟并被广泛应用于智能终端，其中最具代表性的是苹果公司推出的 Siri 和微软公司推出的 Cortana，它们均支持自然语言输入，通过语音识别获取指令，根据用户需求返回最匹配的结果，实现自然的人机交互，很大程度上提升了用户的工作效率。例如，在餐厅和酒店的移动机器人中，语音识别技术可用于点菜、结账、提供服务建议等，增强了自助服务的便捷性；在家庭移动机器人中，使用智能助手通过语音识别技术允许用户与家庭机器人进行对话，命令其执行任务，如播放音乐、设定提醒、回答问题，并控制智能家居设备。如图 1.17a 所示，iRobot Roomba 智能吸尘器机器人配备了语音识别功能，用户可以使用声音命令来启动、停止、调度和定位机器人的清扫任务。图 1.17 中的案例突显了语音识别技术在移动机器人中的广泛应用，为用户提供了更自然、更便捷和更智能的交互方式，提高了机器人的实用性和用户体验。

3. 基于触控的交互技术

基于触控的交互技术是一种以人手为主的输入方式，它较传统的键盘鼠标输入更为人性化。智能移动设备的普及使得基于触控的交互技术发展迅速，同时更容易被用户认可。

近年来，基于触控的交互技术从单点触控发展到多点触控，实现了从单一手指点击到多点或多用户交互的转变，用户可以使用双手进行单点触控，也可以通过识别不同的手势实现单击、双击等操作。在移动机器人中，基于触控的人机交互技术允许用户使用触摸屏或其他触摸界面设备与机器人进行互动。其中一些典型的技术包括：触摸屏界面，移动机器人通常配备触摸屏界面，用户可通过触摸屏上的按钮、图标或手势来执行命令，可用于控制机器人的运动、导航和任务执行；多点触控，多点触控技术允许用户同时使用多个手指或触控点与机器人进行交互，可用于执行复杂的手势命令或进行地图导航；手写输入，用户可以使用手写笔或手指在触摸屏上进行手写输入，以书写文字或绘制路径，控制机器人的行动或进行绘图操作；虚拟键盘，移动机器人可以在触摸屏上显示虚拟键盘，用户可以使用触摸屏键盘进行文本输入、命令输入和参数设置。这些技术在教育和娱乐移动机器人中应用广泛，如儿童可以通过触摸屏界面与教育移动机器人进行互动学习，用户可以通过触摸屏界面与娱乐机器人玩游戏。例如，如图 1.17b 所示，VGo Telepresence 机器人搭载触摸屏界面，用于远程医疗和教育应用，用户可以通过触摸屏来导航机器人，与他人交流并进行远程协作。触摸屏界面技术使用户能够直观地与移动机器人进行互动，并且在各个应用领域都具有广泛的用途，这些技术提供了用户友好的方式来控制机器人、输入命令和执行任务，从而增强了机器人的实用性和可用性。

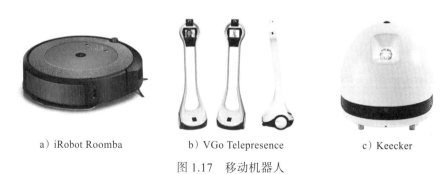

a) iRobot Roomba　　b) VGo Telepresence　　c) Keecker

图 1.17　移动机器人

4. 基于动作识别的交互技术

基于动作识别的交互技术，通过对动作捕获系统获得的关键部位的位置进行计算、处理，分析出用户的动作行为并将其转化为输入指令，实现用户与计算机之间的交互。微软公司的 Hololens 采用深度摄像头获取用户的手势信息，通过手部追踪技术操作交互界面上的虚拟物体。Meta 公司的 Meta2 与 Magic Leap 公司的 Magic Leap One 同样允许用户使用手势进行交互。这类交互方式不但降低了人机交互的成本，而且更符合人类的自然习惯，较传统的交互方式更为自然、直观，是目前人机交互领域关注的热点。基于眼动追踪的交互技术，通过捕获人眼在注视不同方向时眼部周围的细微变化，分析确定人眼的注视点，并将其转化为电信号发送给计算机，实现人与计算机之间的互动，这一过程中无须手动输入。如图 1.17c 所示，Keecker 智能移动机器人具备动作识别技术，可用于室内导航、娱乐和多媒体投影，用户可以通过手势控制机器人的移动和操作，将其用于家庭娱乐和多媒体体验。

1.2.5 应用研究

功能需求是移动机器人设计的根本目的，也是移动机器人应用研究的首要问题。制定并完善系统性能评价体系，评估机器人综合性能是移动机器人得以推广应用的先决条件。在实际应用中，移动机器人能否达到预定的功能、如何提高完善移动机器人的实用性能，都是应用研究所面临的问题。此外，由于移动机器人的设计样式及功能更加趋于多样化，制定移动机器人的发展规划很有必要，将有助于移动机器人技术健康快速的发展。具体来讲，移动机器人的应用研究主要涉及以下两个方面。

1. 系统性能评价体系

尽管在移动机器人的研究方面取得了不少的研究成果，不少科研单位设计出各种各样的机器人，但是由于移动机器人的形式多样化、功能多样化以及应用领域的不同，至今仍没有形成一个系统的、完善的性能评价体系对移动机器人的性能进行量化，完成对移动机器人整体性能的评价。移动机器人系统的评价体系可以根据具体应用和需求而异，但通常包括以下关键方面的评估。

1）导航性能：评估机器人的导航能力，包括定位精度、地图构建质量、障碍物避免性能和路径规划效率。可以测量机器人在不同环境中的定位准确性和导航稳定性。

2）感知技术：评估机器人的感知系统，包括视觉、激光雷达、超声波传感器等的性能。检查机器人是否能够准确地检测和识别环境中的障碍物和目标。

3）任务执行：评估机器人在执行特定任务时的性能，包括操作精度、效率和任务完成时间。例如，在工业自动化中，机器人的任务可能包括物料搬运、装配或焊接。

4）能源效率：测量机器人的能源消耗和效率，以确定其是否在执行任务时能够最大限度地延长电池寿命或减少能源成本。

5）交互性能：评估机器人的人机交互性能，包括语音识别准确性、手势识别可靠性、触摸屏界面的友好程度等。检查机器人是否能够有效地理解用户的指令并提供有用的反馈。

6）安全性：确保机器人在操作中满足安全标准，包括避免与人员或其他设备的碰撞、防止意外事件的发生以及应对紧急情况的能力。

7）用户体验：考察用户与机器人互动的体验，包括用户满意度、界面易用性和机器人的友好程度。通过用户调查和反馈来评估这些因素。

8）可维护性：评估机器人的可维护性，包括易于维修、升级和更新的能力。这可以影响机器人的寿命和总拥有成本。

9）成本效益：分析机器人的成本效益，包括购买成本、维护成本和生命周期成本。这有助于确定机器人在特定应用中是否具有经济意义。

10）合规性和法规遵从：确保机器人在法规和规定方面的合规性，尤其是在医疗、军事和安全领域的应用中，满足法律和道德要求。

这些评估构成了一个全面的移动机器人系统评价体系，可以根据具体情况进行调整和扩展。通过对这些方面的评估，可以更好地了解机器人系统的性能、可靠性和适用性，从而做出明智的决策，改进系统设计，以满足特定应用的需求。

2. 移动机器人的实用效益评估

在实际使用过程中，出现的如移动机器人能否完成预定的功能任务、完成程度如何、完成中所存在的问题有哪些、如何制订改进方案，客户对移动机器人的满意程度如何、移动机器人对环境的影响、引起的社会效应以及对经济因素的影响有哪些等问题，需要通过对移动机器人的实际使用效益进行评估解决，其实用效益评估可以根据不同的应用场景和需求来进行。以下是一些移动机器人的实用效益评估案例。

1）物流和仓储管理：一个电子商务仓库引入了自动导航机器人，以协助在仓库内移动货物和执行库存管理任务。实用效益包括减少的人工操作成本、更高的库存精度、更快的订单处理速度以及减少了潜在的错误。

2）医疗服务：一家医院引入了移动机器人来执行药物分发和送餐任务。实用效益包括提高了医疗服务的效率、减少了患者等待时间、减轻了医护人员的工作负担，从而提高了患者满意度。

3）工业自动化：一家汽车制造工厂采用了自动导航机器人来搬运零部件和执行装配任务。实用效益包括降低的人力成本、提高的生产效率、减少的产品缺陷率以及提高了工厂的灵活性和响应速度。

4）农业：农场引入了农业机器人来自动执行播种、除草和收获任务。实用效益包括减少了农业劳动力需求、提高了作物产量和质量、降低了农药和水资源的使用量，以及增加了农场的可持续性。

5）清洁服务：一家酒店采用了自动扫地机器人来清洁客房。实用效益包括减少了清洁人员的工作量、提高了客房清洁质量、提高了客户满意度，以及节省了清洁用品和能源成本。

6）搜索和救援：在灾难发生后，移动机器人被用于搜索和救援任务。实用效益包括提高了搜索效率、减少了救援人员的风险、提供了实时数据和图像，以便更好地协调救援行动。

上述示例突显了移动机器人在不同领域中的实际效益，包括降低成本、提高效率、提高安全性、提高质量和改善用户体验等。实用效益评估有助于组织和企业决定是否引入移动机器人，并为其投资提供了合理的依据。

1.3 移动机器人技术发展趋势

现在，移动机器人正从自动化变为智能化，如要提高移动作业机器人在各种环境下的自主工作能力，除了要在移动作业机器人的本体设计上有所突破外，更重要的是所构建系统的智能性。智能体系离不开更加强大的环境感知，更加精准的运动规划，更加自主的控制系统。移动机器人在未来的发展趋势中，环境感知方面将追求多模态感知，通过整合视觉、声音、激光雷达等多种传感器模式来全面理解复杂环境。运动规划将更加智能和自适应，利用深度学习、自主导航和多机器人协作等技术，以更高效、安全和协调的方式执行任务。控制技术将强调云连接、人机交互和自我监测，同时符合安全和法规合规标准，以提高机器人的智能性、可持续性和环保性，应用领域也将不断扩展至新兴领域。

这些趋势表明，未来移动机器人技术将不断演进，成为各种领域中的有力工具，提供更高级的功能和更广泛的应用。随着技术的不断进步，移动机器人将变得更加智能、自主和可靠，为人类社会带来更多的创新和便利。

1.3.1 移动机器人环境感知

移动机器人环境感知是移动机器人的核心功能之一，它涉及机器人通过传感器和软件来获取、理解和响应其周围环境的能力。移动机器人环境感知发展的一些趋势主要体现在多模态感知、深度学习和计算机视觉、实时 SLAM 技术、语义感知、长距离感知、动态环境感知、云连接和地理信息系统（GIS）、自监测和诊断、协作感知方面。

多模态感知是未来移动机器人技术发展的关键趋势，它是多种感知模态的集成，如视觉、声音、激光雷达、超声波和红外线，以提高机器人对环境的全面感知和精度。视觉传感器用于高分辨率图像和目标识别，声音传感器用于声音源定位和语音识别，激光雷达提供高精度的三维信息，超声波传感器和红外传感器用于距离测量和障碍物检测。这种多模态感知的集成使机器人更灵活、智能，并能够适应各种复杂任务和环境，从自主导航到人机互动，都将受益于这一趋势。这将推动移动机器人在各个领域的广泛应用，包括自动驾驶、物流、医疗和服务等。

深度学习和计算机视觉技术将持续推动移动机器人领域的发展。深度学习算法，如卷积神经网络（CNN）和循环神经网络（RNN），将在机器人的视觉感知任务中发挥关键作用。这些算法将用于图像识别、目标检测和场景分析，以提高机器人对其所处环境的理解能力和决策效果。通过深度学习技术，机器人能够更准确地识别物体、区分场景，并适应不同的视觉任务，从而提高在各种应用中的实用性和性能。这一趋势将继续推动移动机器人技术朝着更智能、自主和可靠的方向发展。

实时 SLAM（同步定位与地图构建）技术的不断改进是移动机器人领域的一个重要趋势。SLAM 技术允许机器人在未知环境中同时定位自身位置并构建地图，这对于自主导航、避障和路径规划至关重要。未来，SLAM 技术将变得更加精确和实时，支持机器人在复杂和动态环境中的导航。这将使移动机器人能够更可靠地定位自身，避免障碍物，并创建准确的地图，从而提高移动机器人在各种应用领域的实用性。

语义感知的发展是未来移动机器人技术的一个重要方向。机器人将逐渐具备理解场景中物体语义信息的能力，这包括识别物体的种类、属性和功能。通过语义感知，机器人能够更智能地与环境和人类互动，从而实现更高级的任务和服务。例如，在家庭服务机器人中，机器人可以理解人们的需求并根据语义信息执行任务，如寻找特定物品或执行特定的家务工作。这一趋势将推动机器人技术朝着更具人工智能和智能化的方向发展，提高了机器人在日常生活和工作中的应用潜力。

长距离感知技术的发展对于无人驾驶汽车和无人车等移动机器人至关重要。这些机器人需要更远距离的感知能力，以识别和响应远处的障碍物和物体。长距离传感器，如毫米波雷达和长焦距摄像头，将在这些应用中得到更广泛的应用。毫米波雷达能够探测远处物体的位置和速度，从而提供远程障碍物检测和跟踪能力。长焦距摄像头可以提供更远距离的高分辨率图像，用于远程目标识别和监视。这些长距离感知技术的发展将有助于提高无人驾驶汽车和无人车的安全性和性能，推动这些领域的发展。

动态环境感知对于移动机器人的安全性和避障能力至关重要。移动机器人需要更好地感知和理解周围环境中的动态元素，包括行人、车辆和其他移动物体。为实现这一目标，机器人使用各种传感器技术，如激光雷达、摄像头、雷达和超声波传感器，以实时监测和跟踪动态物体的位置和速度。通过将这些感知数据与高级算法和机器学习技术结合使用，机器人能够更准确地预测和响应动态环境中的变化，从而提高了安全性，使其能够在拥挤的城市街道、交通路口和人群中安全导航和操作。这一趋势对于自动驾驶汽车、无人车、送货机器人和服务机器人等领域都具有重要意义。

云连接和地理信息系统的整合是未来移动机器人技术的一个重要方向。机器人将与云进行更紧密的连接，以获取实时地理信息和环境数据。GIS 技术将为机器人提供高质量的地图数据和导航信息，有助于改进路径规划、环境感知和决策能力。通过与云平台的连接，机器人可以实时获取大量地理数据，包括交通信息、地形地貌、气象条件等，从而更好地适应不同的任务和环境。这将使机器人能够更智能地导航、避障和执行任务，并在自动驾驶汽车、物流管理和城市规划等领域发挥更大的作用。

自监测和诊断技术是未来移动机器人技术的一项重要发展趋势。机器人将具备自我监测能力，定期检查和评估其传感器和硬件状态，以及运行性能。通过分析这些数据，机器人可以进行自我诊断，及早发现潜在问题和故障，并采取预防性维护措施，以确保其高效运行。这一趋势不仅提高了机器人的可靠性和可维护性，还降低了维护成本，对于长时间运行和执行重要任务的机器人具有重要意义，如自动驾驶车辆和医疗机器人。

协作感知技术的发展对于移动机器人在协同工作和合作任务中的应用至关重要。机器人需要感知其他机器人和人类的存在、位置和意图，以实现安全的协同工作。这包括检测和跟踪其他机器人的运动、理解人类的姿态和动作，以及识别合作任务的需求。通过协作感知，机器人能够更好地与其他实体互动，共同完成任务，从制造业的协作机器人到医疗手术机器人的团队合作，这一趋势都具有广泛的应用前景。协作感知技术的发展将为移动机器人创造更多的合作机会，提高其在各种领域的应用能力。

这些趋势将推动移动机器人的环境感知能力不断提高，使其能够更好地适应各种复杂环境和任务。随着技术的进步，移动机器人将在自动驾驶、物流、医疗、农业和其他领域中发挥更重要的作用。

1.3.2 移动机器人运动规划

移动机器人的运动规划是指机器人如何规划和执行在环境中的运动路径和动作，以实现特定的任务和目标。运动规划的发展趋势涵盖多个方面，以提高机器人的运动效率、安全性和适应性。移动机器人运动规划发展的一些趋势主要体现在自适应路径规划、深度学习和强化学习、多层次路径规划、实时路径规划、协同路径规划、避碰与安全性、自主导航和地图更新、自我监测和诊断、人机协同规划等方面。

自适应路径规划是未来机器人技术的一个关键趋势。机器人将具备根据环境的动态变化实时调整路径规划的能力，这包括在遇到障碍物、道路封闭或其他环境变化时，机器人能够重新规划路径，以确保安全、高效地完成任务。自适应路径规划将使机器人更具适应性和鲁棒性，能够应对复杂和不可预测的环境，如城市交通、自然灾害和工业制造中的变化。这一趋势将提高机器人在各种应用中的可用性，并为自动驾驶汽车、无人机和服务机器人等领域的发展带来重要影响。

深度学习和强化学习算法的广泛应用将对机器人的运动规划产生重要影响。深度学习技术可用于高级路径规划和环境感知，通过分析复杂的感知数据来提高机器人对环境的理解能力。同时，强化学习技术将帮助机器人学习如何在未知环境中采取最佳行动，以实现任务的最优执行。这种组合可以使机器人更智能、适应性更强，能够在各种复杂场景下高效运行，如自动驾驶汽车的路径规划、机器人足球比赛中的策略选择，以及医疗机器人的手术操作等领域。深度学习和强化学习的结合将推动移动机器人技术迈向更高级别的自主性和智能性。

多层次路径规划是未来机器人技术的一个重要发展趋势。这种路径规划方法允许机器人在不同的层次上规划路径，从全局路径规划到局部障碍物避开。全局路径规划负责确定机器人从起点到终点的整体路径，而局部路径规划则负责在行进过程中避开障碍物和遵循实时环境变化。这种多层次路径规划方法提高了机器人在复杂环境中的运动能力，使其能够高效、安全地导航，特别适用于自动驾驶汽车、仓储机器人和室内导航机器人等应用。多层次路径规划有助于提高机器人的自主性和适应性，以更好地满足各种任务的要求。

实时路径规划的能力对于移动机器人在快速变化的环境中保持高效率至关重要。机器人需要更快的响应速度，以适应环境条件和任务需求的即时变化。实时路径规划允许机器人在行进过程中实时调整路径，避免障碍物、应对交通情况变化或执行紧急任务。这对自动驾驶汽车、无人机、紧急救援机器人等需要高度敏捷性和实时性的应用领域尤为关键。通过实时路径规划，机器人能够更可靠地应对各种复杂情况，提高其在多样化环境下的适应性和性能。这一趋势将推动移动机器人技术的不断进步，满足未来多样化任务的需求。

协同路径规划是未来机器人技术的一个关键趋势，特别适用于机器人团队和协作机器人。在协同工作和自主车队等场景中，多个机器人需要协调动作，避免碰撞，并有效地完成任务。协同路径规划允许机器人之间共享路径信息，协同决策，以确保各个机器人的运动轨迹不会相互干扰。这种技术对于团队协作任务、物流自动化和智能交通系统等领域具有重要意义，有助于提高机器人团队的效率和安全性。协同路径规划的发展将为机器人在复杂协同工作环境中的应用带来更多可能性。

避碰与安全性一直是机器人运动规划的核心考虑因素。未来的机器人将不断改进其避碰能力，以更好地识别危险和避开障碍物，确保安全运行。这包括使用高级传感器技术、实时环境感知和先进的路径规划算法，以减少碰撞风险。在自动驾驶汽车、人机协作机器人和无人机等应用中，避碰与安全性是至关重要的，对于保护人类和设备的安全具有重大意义。因此，未来机器人将不断提高其避碰和安全性能力，以适应各种复杂和多变的环境。

自主导航技术的成熟和地图更新的重要性将继续增长。未来，自主导航系统将更好地支持动态环境下的地图更新和路径规划。这意味着机器人可以实时或近实时地更新地图以反映环境中的变化，如道路封闭、施工工地或移动障碍物。这对于自动驾驶汽车、无人机、服务机器人和勘探机器人等应用领域至关重要，因为它们需要在未知环境中进行导航和探索。自主导航和地图更新的技术进步将使机器人更具自主性和适应性，能够在各种环境中高效运行。这一趋势有望推动机器人技术在移动性、探索性和服务性应用中的广泛应用。

自我监测和诊断技术将在未来机器人技术中扮演重要角色。机器人将能够实时监测其运动系统的状态，并自动检测故障或潜在问题。一旦发现问题，机器人可以采取预防性维护措施，以确保运动规划的可靠性和安全性。这种自我监测和诊断的能力对于长时间运行和执行关键任务的机器人至关重要，如自动驾驶汽车、医疗手术机器人和生产线上的工业机器人。通过及时发现和处理问题，机器人可以减少停工时间、降低维护成本，并提高其整体性能和可靠性。因此，自我监测和诊断技术的发展将在机器人领域发挥关键作用。

人机协同规划是未来移动机器人技术的一个关键研究方向。机器人将更加智能地与人类协同工作，包括在共享工作空间中执行任务和与人类互动。这需要机器人具备高级的规划和决策能力，以适应人类的行为和需求，确保安全、高效地完成任务。人机协同规划将在各个领域得到广泛应用，包括制造业、医疗保健、服务业和家庭助手等。机器人的协同工作能力将提高生产效率、提供更好的医疗服务、改善用户体验，并在各个领域中创造更多创新的应用。因此，人机协同规划是未来移动机器人技术发展的一个重要方向。

移动机器人的人机交互控制技术是关键的发展领域，旨在建立无缝而自然的机器人与人类之间的交互界面。这包括语音识别、自然语言处理、视觉感知、触摸和手势控制等多种技术，以使机器人能够理解和响应人类用户的需求和指令。未来，这一领域的发展趋势将包括更高级的情感感知和反馈、自适应性和学习能力的提高、多模态感知的整合、云连接和大数据的利用，以及在新兴应用领域的广泛应用，如医疗保健、教育和娱乐。这将进一步增强机器人的智能性和互动性，为人们提供更丰富的体验和服务。

这些趋势将使移动机器人能够更好地适应各种任务和环境，提高其在自主导航、服务机器人、制造业、物流和医疗领域的应用。随着技术的不断发展，机器人的运动规划能力将进一步改进，使机器人能够更灵活、更高效、更安全地与人类互动和协作。

1.3.3 移动机器人控制技术

移动机器人控制技术是移动机器人领域的核心，它涉及如何有效地控制和协调机器人的运动、感知和决策。在未来，移动机器人控制技术的发展趋势主要体现在自主性增强、高级控制算法、多机器人协作控制技术、人机协同控制技术、人机交互控制技术、环境感知和感知融合控制技术方面。

自主性增强是移动机器人控制技术的重要趋势之一。未来的机器人将具备更高级的自主性，能够更好地感知环境、做出决策并执行任务，减少人类干预的需求。这一趋势的特点为：①感知能力提升，机器人将使用先进的传感器技术，如视觉摄像头、激光雷达、声音传感器等，以实时获取环境信息，使机器人更好地理解周围的情况，包括障碍物、目标物体和动态变化；②决策制定，机器人将使用高级的决策制定算法，如深度学习和强化学习，以分析感知数据并做出智能决策，使机器人能够应对复杂情境，如路径规划、目标追踪和任务执行；③自主导航，机器人将具备更强大的自主导航能力，能够在未知环境中进行自主导航和探索，这包括对地图的实时构建和更新，以及对障碍物的避开；④自主任务执行，机器人将能够自主执行各种任务，如巡逻、勘察、物流和服务，它们将能够根据任务需求做出决策，执行复杂的操作，并适应不断变化的工作环境；⑤人机交互，自主性增强的机器人将能够更好地与人类进行互动和协作，它们可以理解人类的指令、遵循规则并适应人类行为。这些自主性增强的特点将使机器人更加灵活、适应性更强，能够在各种应用领域中发挥更大的作用，包括自动驾驶汽车、仓储物流、医疗保健和紧急救援等领域。这一趋势有望推动机器人技术的不断发展和应用拓展。

高级控制算法是移动机器人控制技术的大脑，包括深度学习、强化学习和神经网络等，将在未来移动机器人控制技术中发挥重要作用。这些算法将用于各个方面，如视觉感知，深度学习算法可用于图像和视频处理，提高机器人对环境的理解能力，包括目标识别、场景分析和物体检测；路径规划，强化学习算法可帮助机器人学习在不同情境下制定最佳路径规划策略，以避开障碍物、优化导航和节省能源；决策制定，神经网络等技术可以用于机器人的决策制定，使其能够在复杂环境中做出智能决策，包括任务分配、资源优化和危机管理；自主导航，高级控制算法将增强机器人的自主导航能力，使其能够在未知环境中自主探索、构建地图和规划路径；目标追踪和物体抓取，这些算法可用于实现机器人对运动目标的追踪和对物体的抓取，如在制造和物流中的应用。这些高级控制算法将提高机器人的智能性和适应性，使其能够更好地应对各种任务和环境，推动移动机器人技术的不断发展。

多机器人协作控制技术的发展趋势包括更高级的协同规划和决策算法，以实现多机器人团队的智能协作、更灵活的通信和信息共享机制，以提高团队之间的协同性，以及更强大的协同感知和环境理解能力，以应对复杂多变的任务和环境。这一趋势将推动多机器人协作在制造、物流、救援、农业和探索等领域的广泛应用。

人机协同控制技术在移动机器人控制技术的发展趋势中扮演着重要角色。随着人工智能和机器学习技术的不断发展，人机协同控制将更加深入地融合人类的认知和决策能力与机器人的自主行为。未来，可以预见移动机器人将更加智能地理解人类意图，并通过有效的协作和交互实现更复杂的任务，如在救援任务中与人类团队协同搜索灾区。

人机交互控制技术在移动机器人控制技术的发展中也具有重要意义。随着移动机器人在日常生活和工作中的应用不断增加，人机交互控制技术将更加关注用户体验和用户需求。未来，移动机器人将更加灵活地响应人类指令，并通过自然而直观的交互界面与人类用户进行沟通和合作，如在家庭服务机器人中实现语音交互和手势控制，以提升用户体验和机器人的普及程度。

移动机器人的环境感知和感知融合控制技术是关键的发展领域，旨在提高机器人对其周围环境的理解和适应性。这包括多模态感知技术的整合，如视觉、声音、激光雷达、超声波传感器和红外传感器，以实现更全面的环境感知和障碍物检测。未来，这一领域的发展趋势将包括更高级的语义感知、长距离感知的加强、动态环境感知的改进、云连接和地理信息系统的集成，以及自监测和诊断的增强能力。这将使移动机器人更适应复杂的任务和不断变化的环境，为各种应用领域提供更强大的解决方案。

这些发展趋势将推动移动机器人控制技术不断进步，使机器人更具自主性、智能性和适应性，有望在各种应用领域中广泛应用。总的来说，未来移动机器人控制技术将更加智能、自适应和安全，以满足各种应用领域的需求。这些趋势将有助于移动机器人在工业、服务、医疗和科学研究等领域中发挥更大的作用。

CHAPTER 2

第 2 章 移动机器人的系统结构

2.1 章节概述

本章主要介绍移动机器人的系统结构,移动机器人的系统结构主要由移动机构、执行机构、感知系统、驱动系统以及控制系统等部分组成。本章详细阐述了移动机构与执行机构的结构与类别、感知系统中所用到的传感器类型、驱动系统采用的各种驱动方式,以及控制系统所用到的操作系统、人机交互方式等。通过本章的学习,读者将会对移动机器人有进一步的了解,对移动机器人系统结构的认识更加深刻。

2.2 系统结构

移动机器人主要由移动机构、执行机构、感知系统、驱动系统和控制系统五大部分组成,如图 2.1 所示。这五大部分相当于人的大脑、感知器官、四肢躯体协同配合,使得由机械零件组成的物体成为一个能够感知、自主决策移动的"人"。接下来将详细介绍各个组成部分,使读者更加深入地理解移动机器人这一概念。

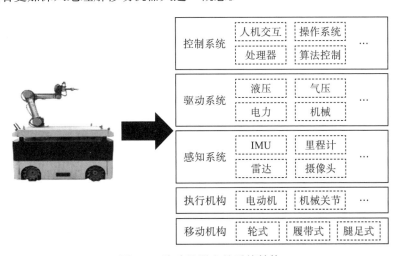

图 2.1　移动机器人的系统结构

2.3 移动机构

一般而言，移动机器人的移动机构主要有轮式移动机构、履带式移动机构及腿足式移动机构，此外还有步进式移动机构、蠕动式移动机构、蛇行式移动机构和复合式移动机构，以适应不同的工作环境和场合。一般室内移动机器人通常采用轮式移动机构，室外移动机器人为了适应野外环境的需要，多采用履带式移动机构。一些仿生机器人，通常模仿某种生物运动方式而采用相应的移动机构，如机器蛇采用蛇行式移动机构，机器鱼则采用尾鳍推进式移动机构。其中，轮式移动机构的效率最高，但适应性能力相对较差；腿足式移动机构的移动适应能力最强，但效率最低。

2.3.1 轮式移动机构

在轮式移动机器人中，车轮的形状或结构取决于地面的性质和机器人的承载需求。在轨道上运行的轮式移动机器人多采用实心钢轮，室外路面行驶的轮式移动机器人采用充气轮胎，室内平坦地面上的轮式移动机器人可采用实心轮胎。在特殊需求的情况下，还可采用全方位移动轮构建能够向任意方向移动的机器人平台。轮式移动机器人控制简单，运动单位距离所消耗的能量最小，通常比履带式和腿足式移动机器人移动速度快，反应灵敏，因此在移动机器人领域应用最为广泛。

在驱动方式上，轮式移动机构大体上可以分为以下两种。

1）导向驱动式：机器人的运动方向和运动速度由不同的轮子和驱动器控制。

2）差分驱动式：采用相同的轮子和驱动器实现机器人的运动速度和运动方向控制，运动方向的改变通过有比例地控制每个轮子的旋转速度来实现。

上述两种驱动方式可以在多种轮式移动机构中得以实现。轮式移动机构根据车轮的数量和种类可以分为独轮、双轮、三轮、四轮、多轮、全向移动机构等。

1. 独轮移动机构

独轮移动机器人只采用一个轮子构成其移动机构，由于其平衡控制问题难度较大，稳定性和可靠性较差，运行环境也受到一定限制，在实际应用中价值不大。尽管如此，出于教学和科研目的，目前国内外仍有不少科研机构在对独轮移动机器人的移动机构设计和控制方面进行研究。独轮移动机器人的主要运行原理是采用陀螺仪等传感器感知机器人的本体姿态，并将其反馈至控制系统，利用伴随陀螺仪加速、减速过程的反力矩实现机器人姿态的平衡控制。

2. 双轮移动机构

双轮移动机构与独轮移动机构相似，影响其得到广泛应用的主要障碍是稳定性问题。双轮移动机构的运动特性为两轮差速驱动，底部后方两个同构驱动轮的转动为其提供动力，前方的随动轮起支撑作用，并不推动其运动。双轮移动机构的运动学模型如图2.2所示。

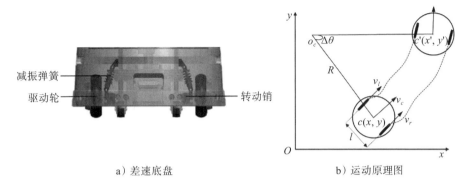

a）差速底盘　　　　　　　b）运动原理图

图 2.2　双轮移动机构的运动学模型

定义其左右驱动轮的中心分别为 W_l 和 W_r，且车体坐标系中这两点在惯性坐标系下移动的线速度为 v_l 和 v_r，理想情况下即为左右轮转动时做圆周运动的线速度。该值可以通过电机驱动接口输出的角转速 ω_l、ω_r 和驱动轮半径 r 求得，即

$$v_l = r \times \omega_l \tag{2.1}$$

令两驱动轮中心连线的中点为机器的基点 c，c 点在大地坐标系 xOy 下的坐标为 (x, y)，移动机器人的瞬时线速度为 v_c，瞬时角速度为 ω_c，姿态角 θ 即为与 x 轴的夹角。此时，机器人的位姿信息可用向量 $\boldsymbol{P}=[x, y, \theta]^T$ 表示。机器人瞬时线速度 v_c 可以表示为

$$v_c = (v_r + v_l)/2 \tag{2.2}$$

令左右轮间距为 l，机器人瞬时旋转中心为 O_c，转动半径即为点 c 到 O_c 的距离 R。机器人在做同轴（轴为左右轮到 O_c 连线）圆周运动时，左右轮及基点所处位置在该圆周运动中的角速度相同 $\omega_l = \omega_r = \omega_c$，到旋转中心的半径不同，有

$$l = \frac{v_r}{\omega_r} - \frac{v_l}{\omega_l} \tag{2.3}$$

则机器人的瞬时角速度可以表示为

$$\omega_c = \frac{v_r - v_l}{l} \tag{2.4}$$

联立式（2.2）与式（2.4），用 v_r 和 v_l 求出机器人转动半径为

$$R = \frac{v_c}{\omega_c} = \frac{l}{2} \frac{v_r + v_l}{v_r - v_l} \tag{2.5}$$

差速驱动方式，即 v_1 和 v_2 间存在的速度差关系决定了其具备不同的三种运动状态，如图 2.3 所示。

1）当 $v_1 > v_2$ 或 $v_1 < v_2$ 时，机器人做圆弧运动。
2）当 $v_1 = v_2$ 时，机器人做直线运动。
3）当 $v_1 = -v_2$ 时，机器人以左右轮中心点做原地旋转。

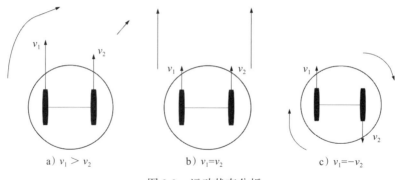

图 2.3　运动状态分析

3. 三轮移动机构

三轮移动机构具有一定的稳定性，是轮式机器人的基本移动机构之一，在机器人领域已经得到广泛应用，而且在实现方式上也呈现多样化。常用的三轮移动机构如图 2.4 所示。

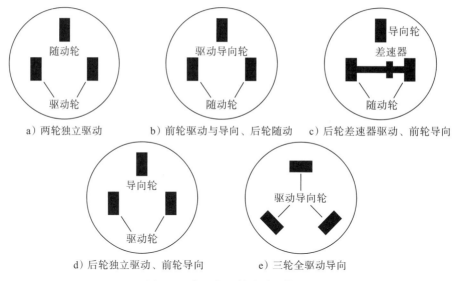

图 2.4　常见的三轮移动机构

（1）两轮独立驱动　两轮独立驱动机构是最常用的一种移动机构，由两个高精度驱动轮和一个随动轮构成。左、右两个驱动轮由两个电动机经过减速器独立驱动，随动轮可置于机器人本体的前部，也可置于本体后部。机器人的行进方向由两个驱动轮的速度差值决定，通过对两个电动机施加不同的速度控制量可实现任意方向的运动，因此属于差分驱动方式。这种结构的特点是运动灵活，机构组成简单；当两轮转速大小相等方向相反时，可以实现机器人本体的零半径回转，此时旋转中心位于连接两轮驱动轴的直线上。该机构的缺点是对伺服系统要求较高，若进行严格的直线运动则需保证左、右两个轮子的旋转速度完全一致，且在加、减速时的动态特性也应完全一致，这就要求伺服驱动系统要有足够的精度和优异的动态特性，从而会导致机器人的成本增加。

（2）前轮驱动与导向　该机构中的前轮既是驱动轮又是导向轮（操舵轮），采用两个电动机分别控制：导向电动机控制前轮的转向角度，驱动电动机控制前轮的旋转速度。因此，通过对前轮的这两个自由度进行复合控制，可以同时实现对机器人本体的运行速度和运行方向的控制。两个被动后轮没有电动机控制，完全是随动轮。这种移动机构的特点是控制比较方便，能耗低，对于伺服系统和制造装配精度要求不太高，而且旋转半径可以从零到无穷大连续变化；缺点是由于导向和驱动的驱动器均集中在前轮部分，复合运动结构设计复杂，而且车体本身的运动并不十分灵活。

（3）后轮差速器驱动　这种移动机构的导向控制电动机通过减速器控制导向前轮，决定了机器人本体的运动方向。驱动轮同驱动控制电动机通过驱动齿轮箱体连接，箱体内安装有全部传动系统的减速齿轮、差速器等传动零件，通过箱体两端的半轴带动左、右驱动轮运动。差速器的作用是在进行转弯操作时，为左、右两轮分配不同的旋转速度。这种移动机构和驱动系统可以利用一些通用的传动系统零部件，传动效率较高，制造成本较低；但在传动模式上仍是机械传动模式，结构比较复杂，体积和质量也比较大，同时运动不灵活，不能实现机器人本体的小半径回转运动。

（4）后轮独立驱动　该机构与后轮差速器驱动前轮导向机构在原理上具有相似之处，不同之处是利用两个独立的驱动电动机取代了差速器装置，用来分别控制左、右驱动轮。该机构在控制上需要按照机器人运动学模型把移动平台的整体运动分解为对三个电动机的控制命令，然后控制导向轮的转动和两个驱动后轮的差动实现本体运动。与后轮差速器驱动前轮导向机构相比，该机构采用电气传动模式，结构比较简单，体积和质量能够得到很好的控制，且方向控制精度更高，运动更为灵活；缺点是需要对三个轮子进行协调控制，同步性要求较高，且自转时的本体方向定位精度较低。

（5）三轮全驱动导向　该机构属于同步驱动的配置方式。在该机构中，三个轮子成120°放置，用齿轮或者链条将轮子同分别进行方向控制和驱动的电动机相连。每个轮子都可以独立地进行转向控制和速度控制，因此在结构和原理上类似于前轮驱动前轮导向机构中的前轮。当三个轮子保持初始位置以相同速度转动时，机器人本体做原地零半径旋转运动；当三个轮子导向角度相同并以相同速度驱动时，本体按照该导向角方向做直线运动。施加适当的控制，利用该机构实现的机器人本体能够按照任意指定的轨迹运动，具有很高的运动灵活性。但是该机构的整体结构比较复杂，完成每个动作都需对三个伺服电动机进行合理控制，且对于方向和驱动的伺服控制精度有较高要求，因此控制难度较大。

4. 四轮移动机构

四轮移动机构在驱动方式和结构上类似于三轮移动机构，其优点是驱动力和负载能力更强，具有较高的地面适应能力和稳定性。与三轮移动机构相比，四轮移动机构的缺点在于其回转半径较大、转向不灵活。常见的四轮移动机构如图2.5所示。

（1）两轮独立驱动　四轮移动机器人中的两轮独立驱动机构与三轮移动机器人中的两轮独立驱动机构在工作原理上完全相同，二者之间的唯一差别仅在于前者多用了一个随动轮，以增强平台的稳定性和负载承受能力。除图2.5a中所示的四轮布局外，两个随动轮还可平行放置于平台前端或后端。

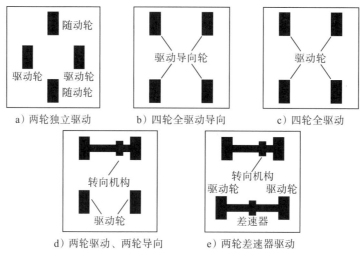

图 2.5 常见的四轮移动机构

（2）四轮全驱动导向　这种移动机构与三轮移动机器人中的三轮全驱动导向机构在工作原理上完全相同。由于增加了一个驱动导向轮，使得平台的地面适应能力、负载能力以及平衡稳定性均得到了提高。然而，这种机构的控制自由度更高，并且由于在运动过程中要求各个独立的导向机构相互协调，保持一定的相互关系，因此控制算法更为复杂。此外，更多的活动机构和过多的控制关节使系统复杂度升高、可靠性降低。

（3）四轮全驱动　与四轮全驱动导向机构相比，二者的四轮布局完全相同，差别在于：每个轮子均没有转向机构，只能进行前后方向上的旋转运动。机器人平台只能通过滑动转向方式进行方向控制，即完全靠两侧驱动轮独立驱动产生的速度差使车轮产生侧向滑动来完成转向操作。因此，这种机构的致命缺点是转向损耗较大；优点是可以实现不同半径甚至原地多半径的转向，可以满足崎岖地形移动机器人的性能要求。此外，由于该机构没有活动连接，因此结构简单可靠，具有很高的机动性。

（4）两轮驱动、两轮导向　该移动机构的两个驱动后轮分别利用独立的伺服电动机进行驱动，实现机器人本体的运动速度控制。其主要特点为：前端两个导向轮采用类似于汽车中的阿克曼转向机构相连接，利用一个转向伺服电动机实现机器人本体的方向控制。阿克曼转向是目前地面车辆最通用的转向机构，两个转向轮结构只有一个自由度，因而控制简单、可靠。

（5）两轮差速器驱动　这种机构也采用阿克曼转向机构实现机器人的运动方向控制，后面两个驱动轮则采用单伺服电动机驱动差速器的方式驱动。这种结构只利用两个电动机就能实现四轮机器人的速度和方向控制，控制更为简单，可靠性更高；但是由于转向轮角度约束与驱动轮速度差分机制均采用机械方式实现，因此机械结构也变得更为复杂，据此实现的机器人平台往往体积和质量更大。

5. 多轮移动机构

多轮移动机构的轮子数量多于四个，通常为六个，是为了增强机器人的地面适应能力和本体负载能力而提出的，适于在室外崎岖地形环境下运行。尽管多轮移动机构在轮子布局和机械结构设计上存在较大的灵活性，但由于驱动控制原理同三轮、四轮移动结构没有本质区别，且在室内环境下很少采用这种机构，本书在此不做过多解释。

6. 全向移动机构

麦克纳姆轮的物理结构由两部分组成，分别是一个轮辐以及其周围的小辊子。一般情况下，每个辊子与轮辐的轴线所形成的夹角固定为 45°，它们的外廓线整体形成一个包络面，该包络面就相当于整个轮子的圆周面，因此麦克纳姆轮能和普通轮子一样，时刻与地面保持接触，如图 2.6a 所示。每个轮子在平面上可实现三个自由度的运动，分别为绕着辊子的轴心进行转动、绕着轮子本身的轴心进行转动以及绕着轮子和地面之间的接触点进行转动，因此麦克纳姆轮可以在平面上实现全向运动。当电动机驱动每个轮子转动时，位于轮辐周边的小辊子就会将一部分轮子的转向力转化到轮子的力上，通过控制各个轮子转动的速度和方向，最终将各个轮子所形成的合力合成到任意方向上，从而实现全向运动。由于轮辐周边许多小辊子的存在，所以轮子可以横向滑动，而当每个轮子绕着其轴心转动时，小辊子的包络线就构成了圆柱面，因此轮子可以连续地滚动。

a）麦克纳姆轮　　　b）全向移动小车　　　c）全向移动作业机器人

图 2.6　全向移动机构

当麦克纳姆轮与地面接触而转动时，轮子周围的小辊子会由于受到与地面的摩擦力而转动，由于辊子的转动，此时所受到的力为滚动摩擦力，其大小可近似看作零。所以轮子受到的力是地面对辊子轴所产生的方向向上的力，且在忽略滚动摩擦力的情况下，此时轮子与地面接触而受到的力是呈现一定角度的。轮子在平面上转动的时候，除了在一个方向上受到由地面产生的摩擦力外，还在另一个方向上同样受到力的作用，因此也能自由地在另一个方向上进行移动。由四个麦克纳姆轮组成的移动结构，可以根据不同的组合形成不同的受力情况，从而实现在平面上的全向移动，如图 2.6b 和图 2.6c 所示。

从运动时的自由度考虑，每个麦克纳姆轮其实有两个自由度，分别为轮子绕着轮轴转动时的自由度和辊子绕着辊子轴转动时的自由度。轮子的驱动力是由电动机提供的，这样每个轮子就又多出了一个自由度，因此基于麦克纳姆轮的移动结构可以在平面上以任意的角度进行运动。

对麦克纳姆轮的 A、B 轮进行对角安装。当四个电动机都正向转动时，将麦克纳姆轮受到的力进行分解，A 轮获得向前和向右的分力，B 轮获得向左和向前的分力，当四个麦克纳姆轮的转速相同时，A 轮向右的分力与 B 轮向左的分力相同，则左右方向的合力为零，前后方向的合力为前进方向。小车受力分解如图 2.7 所示，即

$$V_{Ax}=V_A\cos 45° \tag{2.6}$$
$$V_{Ay}=V_A\sin 45° \tag{2.7}$$
$$V_{Bx}=V_B\cos 45° \tag{2.8}$$
$$V_{By}=V_B\sin 45° \tag{2.9}$$

其中，V_A 为 A 轮的实际线速度，V_B 为 B 轮的实际线速度，V_{Ax} 为 A 轮在 x 轴的分速度，V_{Ay} 为 A 轮在 y 轴的分速度，V_{Bx} 为 B 轮在 x 轴的分速度，V_{By} 为 B 轮在 y 轴的分速度，由于四个电动机的转速相同，则

$$V_{Ax}=V_{Ay}=V_{Bx}=V_{By} \tag{2.10}$$

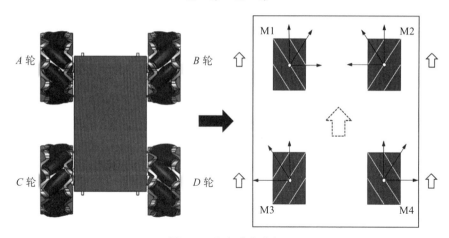

图 2.7　小车受力分解

将全导向小车看成一个整体，根据式（2.10）可得全导向小车在 x 轴的合速度为零，y 轴的合速度朝前进方向，即可实现前进控制。

对于其他的左移、右移、旋转等运动动作，则可以计算全导向小车的合速度。例如，若想使得全导向小车向左平移，则可以将两个 A 麦克纳姆轮反向转动，使得 A 轮在 y 轴的分速度等于 B 轮在 y 轴的分速度，即 $V_{Ay}=V_{By}$，则全导向小车在 y 轴方向的力全部抵消，反而在 x 轴有一个向左的合速度，即

$$V=2(V_{Ax}+V_{Bx}) \tag{2.11}$$

其中，V 为小车的合速度，由于 A 轮与 B 轮的转速相同，所以得

$$V=2(V_{Ax}+V_{Bx})=4\times\frac{\sqrt{2}}{2}V_A=2\sqrt{2}V_A \tag{2.12}$$

小车电动机转动与对应动作的关系见表2.1,该表所展示的逻辑关系是在四个电动机转速相同的条件下,在此基础上才会使得小车的运行动作更为精准,否则可能会导致小车受力不均,从而让小车不受控制或者控制不当,影响小车的运行。

表 2.1 小车电动机转动与对应动作的关系

动作	M1	M2	M3	M4
前进	正转	正转	正转	正转
后退	反转	反转	反转	反转
左转	反转	正转	正转	正转
右转	正转	反转	正转	正转
左旋转	反转	正转	反转	正转
右旋转	正转	反转	正转	反转

2.3.2 履带式移动机构

履带式移动机构的最大特征是将圆环状的无限轨道履带卷绕在多个车轮上,使车轮不直接与路面接触,利用履带可以缓冲地面带来的冲击,因此可以在各种路面条件下行走。常见的履带形状及应用如图 2.8 所示。

图 2.8 常见的履带形状及应用

履带式移动机构与轮式移动机构相比,有以下特点。

1)支承面积大,接地比压小,适合在松软或泥泞场地进行作业,下陷度小,滚动阻力小,通过性能较好。

2)越野机动性好,爬坡、越沟等性能均优于轮式移动机构。

3)履带支承面上有履齿,不易打滑,牵引附着性能好,有利于发挥较大的牵引力。

4)结构复杂,质量大,运动惯性大,减振性能差,零件易损坏。

履带式移动机构是轮式移动机构的扩展,不仅具有稳定性好、越野能力和地面适应能力高、牵引力强等优点,而且能够原地转向,同时具有一定的爬坡能力;其缺点是结构复杂、质量大,能量消耗大,减振性能差,零件易损坏。常用履带通常为方形或倒梯形。方形履带的驱动轮和导向轮兼做支撑轮,因此增大了与地面之间的接触面积,稳定性较好。梯形履带的驱动轮和导向轮高于地面,与方形履带相比具有更高的障碍穿越能力。

2.3.3 腿足式移动机构

腿足式移动机器人能够适应凸凹不平的地面环境,比其他移动机器人的应用更加普遍,但是遇到障碍物时,普通的腿足式机器人就无能为力了,必须将机器人做成弹跳式。弹跳机器人可以轻松越过障碍物,特别适用于未知、崎岖地形,在星际探索、反恐等方面有着不可替代的作用。腿足式机器人如图 2.9 所示。

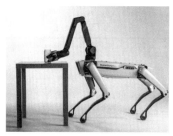

a) 双足机器人　　　　b) 四足机器人　　　　c) 多足机器人

图 2.9　腿足式机器人

双足步行系统是步行方式中自动化程度最高、最为复杂的动态系统。双足机器人具有非常丰富的动力学特性,对步行的环境要求很低,既能在平地上行走,也能在非结构性的复杂地面上行走,对环境有很好的适应性。

与其他足式机器人相比,双足机器人具有支承面积小、支承面的形状随时间变化较大、质心的相对位置高的特点。虽然双足机器人的步态是足式机器人中最复杂、控制难度最大的,但是双足机器人比其他足式机器人具有更高的灵活性,因此具有自身独特的优势,更适合在人类的生活或工作环境中与人类协同工作,而不需要专门为其对这些环境进行大规模改造。例如,代替危险作业环境(如核电站内)的工作人员,在不平整地面上搬运货物等。此外,随着社会环境的变化,双足机器人在护理老人、康复医学以及一般家务处理等方面也有很大的潜力。

行走机构是移动机器人的重要研究方向之一,由于步行运动中普遍存在结构对称性,所以要求设计双足机器人的腿部机构必须对称。为保证传动精度和效率,在设计双足机器人腿部机构时,要求其关节轴系的结构必须紧凑,并且必须保证提供必要的输出力矩和输出速度,以满足机构动态步行运动速度和承载能力。

2.4　执行机构

可以将执行机构视为一种连杆机构。设想仿人形的机器人,它包含身体在内的全部肢体(Limb)(臂、手、足)都是由杆件(Link)及关节(Joint)所构成的。在这些肢体中,手臂充当直接进行作业的部分，其机构在很大程度上影响机器人的能力。本节以手臂机构的自由度及关节为中心进行叙述。

2.4.1 自由度

机械臂由杆件和连接它们的关节构成（在有些教材中，将杆件的连接部分称为 Joint，将平移移动的 Joint 称为移动关节，将旋转的 Joint 称为旋转关节。但实际上，机器人的 Joint 基本上都被称为关节）。一个关节可以有一个或多个自由度（Degree of Freedom）。

自由度表示机器人运动灵活性的尺度，意味着独立的单独运动的数量。由驱动器产生主动动作的自由度称为主动自由度，无法产生驱动力的自由度称为被动自由度，分别将这些自由度所对应的关节称为主动关节和被动关节。

表 2.2 中给出了有代表性的单自由度关节的符号和运动方向。

表 2.2 单自由度关节

名称	符号	举例
移动		
旋转		
转动 1		
转动 2		

设可动部件的个数为 n、自由度数为 f 的关节个数为 P_f,则连杆机构的自由度数 F 可以由下式算出

$$F=6n-\Sigma(6-f)P_f \qquad (2.13)$$

杆件和关节的构成方法大致可以分为两类:从机械臂的全貌来看,如果构成机械臂的杆件和关节是串联连接的,则为串联杆件型;如果构成机械臂的杆件和关节是并联连接的则为并联杆件型,如图2.10所示。实际上,大部分机械臂是串联杆件型。

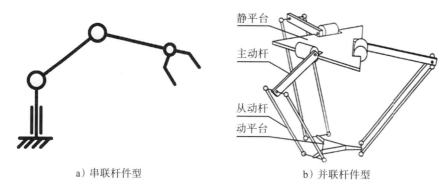

a) 串联杆件型　　b) 并联杆件型

图2.10　机械臂的形态

三维空间中的无约束物体可以做平行于 x 轴、y 轴、z 轴的平移运动,还有围绕各轴的旋转运动,因此它具有与位置有关的3个自由度和与姿态有关的3个自由度,共计6个自由度。为了能任意操纵物体的位置和姿态,机器人机械臂最少必须有6个自由度。

人的手臂有7个自由度,其中肩关节有3个、肘关节有2个、手关节有2个;从功能的观点来看,也可以认为肩关节有3个、肘关节有1个、手关节有3个,把这种比6个自由度还多的自由度称为冗余自由度(Redundant Degree of Freedom)。人类由于具有冗余自由度,在固定了指尖方向和手腕位置的情况下,可以通过转动肘关节来改变手臂的姿态,因此能够回避障碍物。决定机器人自由度构成的依据是它为完成给定目标作业所必需的动作。例如,若仅限于二维平面内的作业,有3个自由度就够了。另外,在化学工厂这一类障碍物较多的典型环境中,如果用机器人来实施维修作业,那么也许将需要7个或7个以上的自由度。

2.4.2 执行机构关节及自由度的构成

关节及其自由度的构成方法将极大地影响机器人的运动范围和可操作性等性能指标。例如,机器人如果是球形关节构造,由于它具有向任意方向动作的3个自由度机构,所以能方便地决定适应作业的姿态。然而,由于驱动器可动范围的限制,它很难完全实现与人的手腕等同的功能。所以,机器人通常把3个单自由度的机构串联起来,以实现这种3个自由度的运动要求。

如果采用串联连接的方法,即使是相同的3个自由度,由于其组合方法不同,实现的

功能也不同。例如，3个自由度机械腕机构的具体构成方法就有多种。在考虑到 x 轴、y 轴、z 轴分别有移动和旋转（转动）自由度的条件下，假设相邻杆件之间无偏距，而且相邻关节的轴之间又相互垂直或平行，这样就得出共计有 63 种构型。另外，如果再叠加各具 1 个旋转自由度的 3 个关节构成 6 个自由度的机械臂，则它共可达到 909 种关节构成形式。因此，有必要根据目标作业的要求等若干个准则来决定有效的关节构成方式。典型机械爪结构如图 2.11 所示。

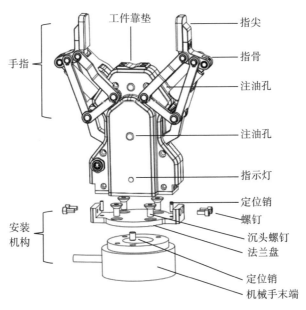

图 2.11　典型机械爪结构

另外，在进行自由度组合时，必须注意奇异点的存在。奇异点是指由于机械臂机构的约束，丧失在某一个特定方向的自由度功能的机械臂姿势。奇异点的问题是由这种自由度的退化造成的，在奇异点附近，关节必须做急剧的姿态变化，驱动系统将承受很大的负荷。奇异点的回避问题主要依靠对机械臂的轨迹控制来解决。在设计时，有效的方法是设法使关节及自由度的构成在执行作业内容时有利于回避奇异点。如

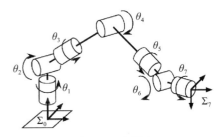

图 2.12　奇异点

图 2.12 所示，沿 θ_7 箭头方向的自由度已经退化，机械臂不能沿此方向进行运动。

2.4.3　动作形态的分类

机械臂的主要目的是完成末端在三维空间内的定位，因此必须要有 3 个自由度。关于实现这样自由度的关节构成，若考虑移动、转动、旋转 3 种机构的组合，则共存在 27 种形式。然而根据它的动作形态，具有代表性的关节构成机器人可以分成下面 4 种：圆柱坐标

型机器人、直角坐标型机器人、球坐标型机器人和关节型机器人，如图 2.13 所示。

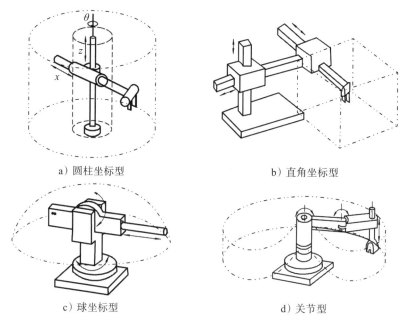

a）圆柱坐标型　　　　　　　　　　b）直角坐标型

c）球坐标型　　　　　　　　　　d）关节型

图 2.13　不同关节结构类型机器人

如果关节的旋转轴沿着杆件长度方向，那么称为旋转型；如果关节的旋转轴沿着杆件长度的垂直方向，则称为转动型。

圆柱坐标型机器人（Cylindrical Coordinate Robot）如图 2.13a 所示，由一个旋转和两个移动自由度组合构成；球坐标型机器人（Spherical Coordinate Robot）如图 2.13c 所示，由旋转、转动、移动自由度组合构成。这两种机器人均具有转动或旋转自由度，故都有较大的运动范围（Motion Range），其坐标计算也比较简单。世界上最初实用化的工业机器人 Versatran 和 Uni-mate 就分别采用了圆柱坐标型和球坐标型。

直角坐标型机器人（Cartesian Coordinate Robot）如图 2.13b 所示，关节所具有的自由度分别独立地安排在 x 轴、y 轴和 z 轴。其结构简单、精度高、坐标计算和控制也极为简单，然而为了实现大的运动范围，机构的尺寸也比较大。

球坐标型机器人（Spherical Coordinate Robot）是一种特殊类型的移动机器人，其运动和控制基于球坐标系。如图 2.13c 所示，球坐标型机器人由一个球形或类似球体的机构构成，可以在 3 个自由度上移动，即经度、纬度和半径。经度决定了在球面上的方向，纬度决定了上下方向，而半径决定了机器人的距离。球坐标型机器人通常用于需要在球面或球状环境中进行操作的应用，如太空探索、水下探测或球面结构的维护和检测。其控制系统需要考虑到球面的特殊性，以实现精确的定位和运动控制。

关节型机器人（Articulated Robot）如图 2.13d 所示，主要由旋转关节和转动关节组成，可以看成是拟人手臂肘关节的杆件关节结构。肘（Elbow）至机械臂根部（肩，Shoulder）的部分称为上臂（Upper Arm），从肘至手腕（Wrist）的部分称为前臂（Forearm）。这种结构对于确定三维空间内的任意位置和姿态是最有效的，对各种各样的作业具有良好的适应性，缺点是坐标计算和控制比较复杂，而且难以达到高精度的要求。

除以上4种外，还有许多特殊类型机器人。例如，在标准关节型机器人上再加一个自由度（冗余自由度）可构成拟人型（Anthro-Pomorphic）机器人，其冗余自由度为1。图2.14所示的机器人被称为SCARA（Selective Compliance Assembly Robot Arm）型机器人，该机器人机械臂的前端结构由在二维平面内能任意移动的自由度构成，所以它具有在垂直方向上的高刚性和在水平面内低刚性（柔顺性）的特征，但在实际操作中不是由于它所具有的这种特殊的柔顺性质，而是因为它更能简单地实现二维平面内的动作，因而在装配作业中得到普遍采用。

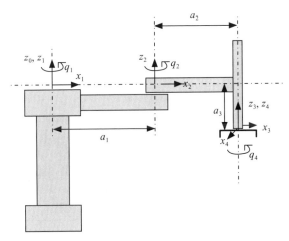

图 2.14　SCARA 型机器人

2.5　感知系统

2.5.1　IMU

惯性测量单元（IMU）主要由三轴加速度计、三轴陀螺仪、磁力计等组成。陀螺仪可以测量运动载体的姿态参数——翻滚角、俯仰角和偏航角，如图2.15a所示。姿态和角速度偏差通过具有适当增益的6态卡尔曼滤波得到最优估计，适用于导航、定位的动态测量。通过非线性补偿、正交补偿、温度补偿和漂移补偿等多种补偿，可以消除大部分误差源，提高产品精度水平。加速度计检测物体在载体坐标系独立三轴的加速度信号，陀螺仪检测载体相对于导航坐标系的角速度信号，通过测量物体在三维空间中的角速度和加速度，解算出物体的姿态。移动机器人的位置信息经CPU读取处理后，计算出需要的x、y的角度和角速度。IMU通过内嵌的多传感融合算法和传感器测试校准，可保证系统在严苛环境下优异的运动测量和姿态测量性能，如图2.15b所示。

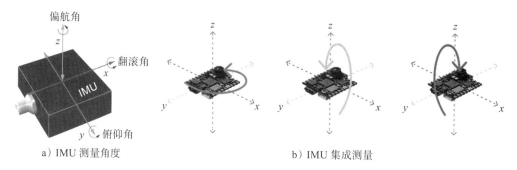

a）IMU 测量角度 b）IMU 集成测量

图 2.15　IMU

2.5.2　编码器

移动机器人的移动状态通常采用旋转编码器来进行感知。旋转编码器是一种利用其他设备的驱动带动自身设备旋转计数从而转换输出成一串数字脉冲信号的传感器，其工作原理如图 2.16 所示。

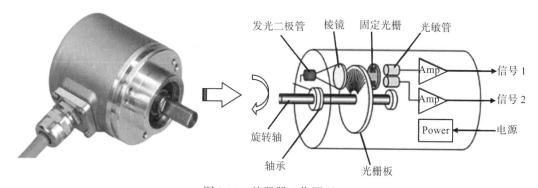

图 2.16　编码器工作原理

旋转编码器按照读取方式，可分为接触式和非接触式两种。接触式编码器采用电刷输出，旋转时电刷接触导电区或绝缘区来表示代码的"1"或"0"；非接触式的感知元件是光敏或磁敏元件，采用光敏元件时，通过透光区和不透光区来表示代码的"1"或"0"，采用磁敏元件时，通过有磁区和无磁区来表示代码的"1"或"0"。

旋转编码器按照工作原理，可分为增量式和绝对式两种。增量式编码器是将待测设备的位移状态转换成周期性的电信号，然后把电信号转换成计数脉冲，计数脉冲的个数来表示待测设备位移的大小。绝对式编码器中每一个位置对应一个确定的数字码，因此它的输出值只与测量过程中的起始和终止位置有关，而与测量的中间过程无关。以下将具体介绍增量式编码器和绝对式编码器。

增量式编码器工作时以转动输出脉冲，通过计数脉冲个数来知道其位置，当编码器处于不动或断电状态时，依靠计数设备的内部记忆来记住当前所处的位置。当编码器断电后，不能有任何的转动，当来电工作时，在编码器输出脉冲进行计数的过程中，也不能出现干扰，不然，计数设备将会发生零点偏移的现象，而且这种偏移的量无法直接察觉，只有在测量结果出现错误后才能知道。解决的方法是增加编码器的参考点，编码器每经过设立的参考点时，就把参考位置修正到计数设备的记忆位置。在参考点之前，不能保证编码器测量输出位置的准确性。为此，在安装调试时就有先找参考点、开机找零等方法。这样的编码器是由其码盘的机械位置决定的，它不受停电、干扰的影响，具有更高的准确度。

绝对式编码器在增量式编码器上进行了改进，由机械位置决定每个位置的唯一性，它无须记忆和设立参考点，而且不用一直计数输出脉冲，当需要获取位置信息时就可去直接读取。这样，编码器的抗干扰特性、数据的可靠性得到大幅提高。

编码器常见的测速方法有 M 法、T 法、M/T 法。M/T 法是最常使用的编码器测速方法，其中 M 代表脉冲数量，T 代表时间间隔，其原理基于简单的脉冲计数和时间测量，如图 2.17 所示。M/T 法的优点是简单易行，只需测量脉冲数量和时间间隔即可，不需要过多的计算或复杂的算法。然而，它也存在一定的局限性，如在速度变化较快或脉冲信号不稳定的情况下可能精度较低。因此，在实际应用中，需要根据具体情况选择合适的测速方法。

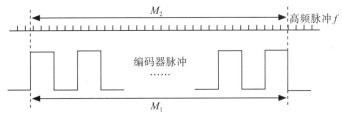

图 2.17　M/T 法测速原理

1. M 法

M 法通过对一定时间内编码器产生的脉冲数量计数来进行速度估计，计算公式为

$$n = \frac{60M}{ZT} \tag{2.14}$$

式中，M 为脉冲个数；T 为时间间隔；Z 为编码器旋转一圈输出的脉冲数；n 为每分钟的转速（r/min）。

分辨率为

$$Q = \frac{60}{ZT} \tag{2.15}$$

误差率为

$$\delta_{\max} = \frac{1}{M} \times 100\% \tag{2.16}$$

由式（2.16）可以看出，M 法的测速误差率与检测到的脉冲个数成反比。在一定时间内，获取的脉冲个数越多，说明其转速越快，此时测速误差较小。编码器转速的降低会导致误差增大，转速小于 1r/min 时，编码器的测速装置便不能正常工作。因此，M 法测速只适用于高速段。

2. T 法

T 法通过测量编码器相邻输出脉冲之间所用的时间长度来获取速度。在编码器脉冲的上升沿启动计数器，该计数器对某一频率为 f 的脉冲进行计数，当下一个编码器的脉冲上升沿到来时，计数停止。速度计算公式为

$$n = \frac{60}{ZM} \tag{2.17}$$

分辨率为

$$Q = \frac{60f}{Z(M-1)} - \frac{60f}{ZM} = \frac{60f}{ZM(M-1)} \tag{2.18}$$

误差率为

$$\delta_{\max} = \frac{\frac{60f}{Z(M-1)} - \frac{60f}{ZM}}{\frac{60f}{ZM}} \times 100\% = \frac{1}{M-1} \times 100\% \tag{2.19}$$

由式（2-19）可知，在低速时，编码器相邻脉冲间隔时间长，测得的高频时钟脉冲个数 M 多，所以误差率小，测速精度高，因此 T 法测速适用于低速段。

3. M/T 法

由于 M 法和 T 法测速分别在高速段和低速段具有较高的分辨率，因此可以将这两种测速方法进行结合，既检测某段时间内的编码器输出脉冲个数，又检测同一时间间隔内的高频脉冲个数，这种方法称为 M/T 法。测速公式为

$$n = \frac{60fM_1}{ZM_2} \tag{2.20}$$

分辨率为

$$Q = \frac{60fM_1}{ZM_2(M_2-1)} \tag{2.21}$$

式中，M_1 为编码器脉冲个数；M_2 为高频时钟脉冲个数。

2.5.3 测距传感器

随着计算机技术、传感器技术、自动控制技术的快速发展，移动机器人的避障及自主导航技术已经取得了很大的突破。移动机器人的自主移动要求已经从之前的简单控制移动实现提升到可靠性、通用性、准确性上。

机器人要实现可自主移动有一个基本要求：避障。实现避障与自主移动的必要条件是对周围的环境感知，首先需要通过测距传感器获取移动机器人与障碍物的距离，因此测距技术在移动机器人避障中起着十分重要的作用。常见的测距传感器有超声波传感器、红外

传感器、激光传感器。

1. 超声波传感器测距

超声波可以在气体、液体及固体中传播，但在不同介质中的传播速度不同。由于超声波存在折射和反射现象，同时在传播过程中也有衰减，在空气中衰减较快，传播距离较短；在液体及固体中传播，衰减较慢，传播距离较长。利用超声波的固有特性和原理可做成超声波传感器，配上不同的电路，制成各种超声测量仪器及装置，如图 2.18 所示。

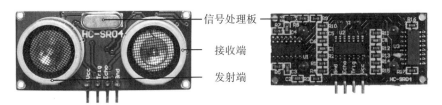

图 2.18　超声波传感器

超声波传感器适合作用距离较短的场景，普通的有效探测距离在 10m 之内，但是存在一个最小探测盲区，一般在几十 mm。超声波传感器的成本低、实现方法简单、技术成熟，是移动机器人中最常用的传感器之一。

超声波测距的原理是已知超声波在空气中的传播速度，通过测量声波在发射后遇到障碍物反射回来的时间，根据发射和接收的时间差计算出发射点到障碍物的实际距离。首先，超声波发射器向某一方向发射超声波，在发射时刻开始计时，超声波在空气中传播，途中碰到障碍物就立即反射回来，超声波接收器收到反射波就立即停止计时。超声波在空气中的传播速度 $C=340$m/s，根据计时器记录的时间 T，就可以计算出发射点距障碍物的距离 L，这就是时间差测距法，如图 2.19 所示。计算公式为

$$L = \frac{CT}{2} \tag{2.22}$$

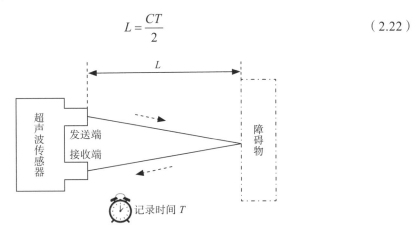

图 2.19　超声波测距原理图

由于超声波是一种声波，所以传播速度 C 与温度有关，表 2.3 列出了几种不同温度下

的传播速度。在使用时,如果温度变化不大,则可认为传播速度基本不变。如果测距精度要求很高,则应通过温度补偿的方法加以校正。

表2.3 超声波传播速度与温度的关系

温度/℃	-30	-20	-10	0	10	20	30	100
声速/(m/s)	313	319	325	323	338	344	349	386

2. 红外传感器测距

红外测距最早出现于20世纪60年代,是一种以红外线作为传输介质的测量方法。红外测距的研究有着十分重要的意义,其本身具有其他测距方式没有的特点,如技术难度相对简单、成本较低、性能良好、使用方便,对各行各业均有着不可或缺的贡献,因而其市场需求量更大,发展空间更广。红外测距仪是指用调制的红外光进行精密的距离测量,在移动机器人上有着广泛使用。常见的红外传感器如图2.20所示。

a) 对管式红外传感器　　　　　　b) 漫反射式红外传感器

图2.20 常见的红外传感器

利用红外传感器进行测距的基本原理为:红外传感器具有一对红外信号发射与接收二极管,发射管发射特定频率的红外信号,光敏接收管接收前方物体反射光,据此判断前方是否有障碍物,接收管接收的光强随反射物体的距离而变化,距离近则反射光强,距离远则反射光弱,根据反射光的强弱可以判断物体的距离。接收到返回的数据经过处理之后,通过数字传感器接口返回移动机器人主机,机器人即可利用红外的返回信号来识别周围环境的变化。测距公式为

$$L = \frac{CT}{2} \tag{2.23}$$

式中,L为待测距离;C为光速;T为光脉冲在待测距离上往返传输所需要的时间。

红外传感器的特点如下:

1)远距离测量,在无反光板和反射率低的情况下能测量较远的距离。
2)有同步输入端,可多个传感器同步测量。
3)测量范围广,响应时间短。
4)外形设计紧凑,易于安装,便于操作。

因为红外线是介于可见光和微波之间的一种电磁波,因此,它不仅具有可见光直线传播、反射、折射等特性,还具有微波的某些特性,如较强的穿透能力和能贯穿某些不透明物质等。红外传感器包括红外发射器件和红外接收器件。自然界的所有物体只要温度高于

绝对零度都会辐射红外线，因而，红外传感器须具有更强的发射和接收能力。

常见的红外传感器测量距离都比较近，小于超声波，同时远距离测量也有最小距离的限制。另外，对于透明的或者近似黑体的物体，红外传感器是无法检测距离的。但相对于超声波来说，红外传感器具有更高的带宽。

3. 激光传感器测距

激光传感器（Laser Transducer）是利用激光技术进行测量的传感器，如图 2.21 所示。它由激光器、激光检测器和测量电路组成，它能把被测物理量（如长度、距离、振动、流量、速度等）转换成光信号，然后应用光电转换器把光信号变成电信号，通过相应电路的过滤、放大、整流得到输出信号，从而算出测量距离。激光传感器是新型测量仪表，它的优点是能实现无接触远距离精确测量，速度快，精度高，量程大，抗光、电干扰能力强等。

图 2.21 激光传感器

与超声波相比，由于光波的特性，激光测距仪的测量速度是最快的。激光测距仪中限制测量速度的主要因素是激光测距仪中机械结构的转动速度，而超声传感器的大部分工作时间都消耗在声波的发射和返回过程中。激光测距仪精度高，而且扩散角较小，光波的反射性能决定了数据的可靠性，不需要考虑多次反射和错误反射的问题。但是，激光测距仪通常价格昂贵，并且不能感知某些透明物体，如玻璃等。如果环境中存在镜子或者其他非常光滑、能使激光产生镜面反射的物体，激光测距仪在某些角度下将不能发现这些目标，从而导致无法测量。

相比超声波、红外等其他传感器，激光传感器无论在测量精度、测量分辨率，还是抗干扰能力、稳定性、反应速度都具有不可比拟的优势。所以，在测量精度要求较高，如 0.1mm、0.01mm，甚至 1μm 的情况下，激光传感器往往都是首选。

2.5.4 力觉传感器

力觉传感器指的是用来检测机器人手臂所产生的力及其所受反力的传感器，该传感器可较为灵敏地控制机器人手臂操作的一些任务作业，尤其在一些精配任务中，对力度的把控起着至关重要的作用，如图 2.22 所示。

力觉传感器根据力的检测方式不同可分成：应变片式力觉传感器、压电元件式力觉传感器、差动变压器式力觉传感器、电容位移计式力觉传感器。其中，应变片式力觉传感器最普遍，商品化的力觉传感器大多数是这一种。压电元件式力觉传感器很早就用在刀具的受力测量中，但它不可以测量静态负载。

力觉传感器经常装于机器人关节处，通过检测弹性体变形来间接测量所受力，常以固定的三坐标形式出现，有利于满足控制系统的要求。目前出现的六维力觉传感器可实现全力信息的测量，因其主要安装于腕关节处，又被称为腕力觉传感器。腕力觉传感器大部分采用应变电测原理，按其弹性体结构形式可分为筒式和十字形腕力觉传感器。其中，筒式腕力觉传感器具有结构简单、弹性梁利用率高、灵敏度高的特点；十字形腕力觉传感器结构简单、坐标建立容易，但加工精度高。

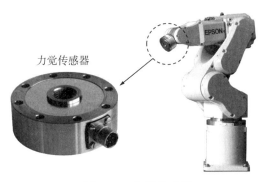

图 2.22　力觉传感器

2.5.5　视觉传感器

移动机器人的视觉系统是实现类似于人类视觉系统的高级感觉机构，使得机器人能够以智能和灵活的方式对其周围环境做出反应。

视觉传感器作为机器人的眼睛，通过对摄像机拍摄到的图像进行图像处理，来计算对象物的特征量（面积、重心、长度、位置等），并输出数据和判断结果。视觉传感器是整个机器视觉系统信息的直接来源，主要由一个或者两个图形传感器组成，有时还要配以光投射器及其他辅助设备。视觉传感器的主要功能是获取足够的机器视觉系统要处理的最原始图像。

视觉是生物界获取外部环境信息的一种方式，是自然界生物获取信息的最有效手段，是生物智能的核心组成之一。人类 80% 的信息都是依靠视觉获取的，基于这一启发，研究人员开始为机械安装"眼睛"使得机器跟人类一样通过"看"获取外界信息，由此诞生了一门新兴学科——计算机视觉，人们通过对生物视觉系统的研究模仿制作机器视觉系统，尽管机器视觉系统与人类视觉系统相差很大，但是这对传感器技术而言是突破性的进步。视觉传感器技术的实质就是图像处理技术，通过截取物体表面的信号绘制图像并将图像呈现在研究人员的面前。

视觉传感器具有从一整幅图像捕获光线的数以千计的像素。图像的清晰和细腻程度通常用分辨率来衡量，以像素数量表示。在捕获图像之后，视觉传感器将其与内存中存储的基准图像进行比较，以做出分析。

智能视觉传感技术也是一种视觉传感技术，是近年来机器视觉领域发展最快的一项新技术。智能视觉传感技术下的智能视觉传感器也称智能相机，是一个兼具图像采集、图像处理和信息传递功能的小型机器视觉系统，是一种嵌入式计算机视觉系统。它将图像传感器、数字处理器、通信模块和其他外设集成到一个单一的相机内，这种一体化的设计可降低系统的复杂度，并提高可靠性。同时，系统尺寸大幅缩小，拓宽了视觉传感技术的应用领域。以下主要针对移动机器人领域使用最多的视觉传感器——深度相机，进行进一步的介绍。

移动机器人领域通常使用深度相机作为视觉传感器,目前已有的深度相机根据其工作原理可以分为三种:TOF 相机、双目相机、结构光相机,如图 2.23 所示。

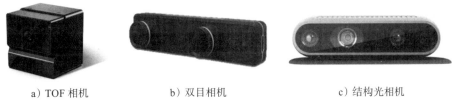

a) TOF 相机　　　　b) 双目相机　　　　c) 结构光相机

图 2.23　深度相机

1. TOF 相机

飞行时间(Time-of-Flight,TOF),TOF 相机通过测量光飞行时间来取得距离,具体而言就是给目标连续发射激光脉冲,然后用传感器接收反射光线,通过探测光脉冲的飞行往返时间来得到确切的目标物距离。然而,在实际应用中,直接测量光的飞行时间通常是不可行的,因为光速极快,传统的电子设备很难处理如此短暂的时间间隔。因此,一种常见的方法是通过调制光波的相位来间接测量光的飞行时间。这意味着激光脉冲的相位会随着飞行时间的变化而发生变化,传感器可以通过检测相位变化来间接测量光的飞行时间,进而得到目标距离。TOF 法根据调制方法的不同,一般可以分为两种:脉冲调制(Pulsed Modulation)和连续波调制(Continuous Wave Modulation)。脉冲调制需要非常高精度的时钟进行测量,且需要发出高频、高强度激光、目前大多采用检测相位偏移办法来实现 TOF 功能。简单来说就是,发出一道经过处理的光,光碰到物体以后会反射回来,捕捉来回的时间,因为已知光速和调制光的波长,所以能快速、准确地计算出到物体的距离。

TOF 技术是一种非特征匹配的距离测量方法,因此在测量距离变大时,其精度通常不会迅速下降。这是因为 TOF 技术不依赖于目标的表面特征或纹理,而是直接测量光的飞行时间,因此对目标的反射特性不敏感。这使得 TOF 技术在长距离测量和不同类型目标上表现良好。在当前移动机器人和高端消费类产品中,TOF 技术已经成为一种主流的距离测量方法。其可靠性和高精度使其成为许多应用中的首选,如避障、导航和手势识别等。在高端消费类产品中,TOF 技术通常用于实现更高级别的功能,如人脸识别、虚拟现实和增强现实等。TOF 相机主要有以下优点。

1)检测距离远。在激光能量够的情况下可达几十米。

2)受环境光干扰比较小。

TOF 相机也有如下一些显而易见的问题。

1)对设备要求高,特别是时间测量模块。

2)资源消耗大。在检测相位偏移时需要多次采样积分,运算量大。

3)边缘精度低。

4)限于资源消耗和滤波,帧率和分辨率都没办法做到较高。

2. 双目相机

双目立体视觉（Binocular Stereo Vision）是机器视觉的一种重要形式，是基于视差原理并利用成像设备从不同的位置获取被测物体的两幅图像，通过计算图像对应点间的位置偏差，来获取物体三维几何信息的方法。

完整的双目深度计算非常复杂，主要涉及左右相机的特征匹配，计算会非常消耗资源。双目相机主要有以下优点。

1）硬件要求低，成本也低，普通CMOS相机即可。
2）室内外都适用。只要光线合适，不要太昏暗。

双目相机的缺点也非常明显。

1）对环境光照非常敏感。光线变化导致图像偏差大，会导致匹配失败或精度低。
2）不适用单调缺乏纹理的场景。双目视觉根据视觉特征进行图像匹配，没有特征会导致匹配失败。
3）计算复杂度高。该方法是纯视觉的方法，对算法要求高，计算量较大。
4）基线限制了测量范围。测量范围和基线（两个摄像头间距）成正比，导致无法小型化。

3. 结构光相机

结构光（Structured Light）相机的原理是通过近红外激光器，将具有一定结构特征的光线投射到被拍摄物体上，再由专门的红外摄像头进行采集，这种具备一定结构的光线，会因被摄物体的不同深度区域，而采集不同的图像相位信息，然后通过运算单元将这种结构的变化换算成深度信息，以此来获得三维结构。简单来说就是，通过光学手段获取被拍摄物体的三维结构，再将获取到的信息进行更深入的应用。通常采用特定波长的不可见的红外激光作为光源，它发射出来的光经过一定的编码投影在物体上，通过一定算法来计算返回的编码图案的畸变来得到物体的位置和深度信息。根据编码图案不同，结构光一般有：条纹结构光、编码结构光和散斑结构光。

结构光相机主要有以下优点。

1）方案成熟，相机基线可以做得比较小，方便小型化。
2）资源消耗较低，单帧IR图就可计算出深度图，功耗低。
3）主动光源，夜晚也可使用。
4）在一定范围内精度高，分辨率高，分辨率可达1280px×1024px，帧率可达60fps。

结构光相机主要有以下缺点。

1）容易受环境光干扰，室外体验差。
2）随检测距离增加，精度会变差。

三种深度相机的对比见表2.4。

表2.4 三种深度相机的对比

比较项	双目相机	结构光相机	TOF相机
基础原理	三角测量	激光散斑编码	反射时差
分辨率	中高	中	低

(续)

比较项	双目相机	结构光相机	TOF 相机
精度	中	中高	中
帧率	低	中	高
抗光照	高	低	中
硬件成本	低	中	高
算法开发难度	高	中	低
内外参标定	需要	需要	需要

2.6 驱动系统

2.6.1 液压驱动系统

液压驱动方式大多用于要求输出力较大的场合，在低压驱动条件下比气压驱动方式速度低。液压驱动的输出力和功率很大，能构成伺服机构，常用于大型机器人关节的驱动。液压驱动系统主要由液压缸和液压阀等组成。液压缸是将液压能转变为机械能、做直线往复运动或摆动运动的液压执行元件，其结构简单、工作可靠。用液压缸来实现往复运动时，可免去减速装置，且没有传动间隙，运动平稳，因此在各种液压系统中被广泛应用。用电磁阀控制的往复直线运动液压缸（简称直线液压缸）是最简单和最便宜的开环液压驱动装置，通过受控节流口调节流量，可以在达到运动终点时实现减速，使停止过程得到控制。大直径液压缸本身造价较高，需配备昂贵的电液伺服阀，但能得到较大的输出力，工作压力通常达 14MPa。无论是直线液压缸还是叶片式液压马达（后称旋转液压马达），它们的工作原理都是基于高压油对活塞或对叶片的作用。液压油是经控制阀被送到液压缸一端，在开环系统中，由电磁阀控制；在闭环系统中，则是由电液伺服阀或手动阀控制。

液压阀又分为单向阀和换向阀。单向阀只允许油液向某一方向流动，而反向截止，这种阀也称为止回阀。换向阀分为滑阀式换向阀、手动换向阀、机动换向阀和电磁换向阀。滑阀式换向阀是靠阀芯在阀体内做轴向运动，使相应的油路接通或断开的换向阀；手动换向阀用于手动换向；机动换向阀用于机械运动中，作为限位装置限位换向；电磁换向阀用于在电气装置或控制装置发出换向命令时，改变流体方向，从而改变机械运动状态。

液压技术是一种比较成熟的技术，且具有动力大、力（或力矩）与惯量比大、快速响应高、易于实现直接驱动等特点，适于在承载能力大、惯量大以及在防焊环境中工作的机器人中应用。图 2.24 所示为液压驱动机器人。因为液压系

液压动力驱动装置

图 2.24 液压驱动机器人

统需进行能量转换（电能转换成液压能），速度控制多数情况下采用节流调速，效率比电机驱动系统低，且液体泄漏会对环境产生污染，工作噪声也较大等原因，近年来，在负荷为100kg以下的机器人中往往被电动系统所取代。

2.6.2 气压驱动系统

与液压驱动方式原理相似，气压驱动系统是以压缩空气的压力来驱动执行机构运动的，通常由气缸、气阀、气罐和空压机组成，其特点为气源方便、输出力大、易于保养、动作迅速、结构简单、成本低。但是，由于空气具有可压缩的特性，所以难以进行速度控制；因气压不可太高，故抓举能力较低；工作速度的稳定性较差、冲击力大、定位精度一般、抓取力小。气压驱动系统因难于实现伺服控制，所以多用于程序控制的中、小负荷的机器人中，如在上、下料和冲压机器人中应用较多。图2.25所示为气压码垛移动机器人。

气压驱动系统

图2.25 气压码垛移动机器人

2.6.3 电动机驱动系统

电动机是控制系统的输出设备，其输出轴与机器人的运动装置（如轮子等）或者机械手连杆相连，电动机旋转将会带动这些装置产生相应的运动，从而实现机器人的动作控制。常用的电动机有直流伺服电动机、交流伺服电动机、步进电动机和无刷直流电动机等。

1. 直流伺服电动机

目前的直流伺服电动机从结构上讲，就是小功率的直流电动机，其励磁多采用电枢控制或磁场控制，但通常采用电枢控制。直流伺服电动机的优点是电动机的功率/质量较大，能保证足够的速度。尽管近年来直流电动机不断受到交流电动机及其他电动机的挑战，但至今仍然是大多数移动机器人变速运动控制和闭环位置伺服控制最优先的选择，因为它有良好的线性特性、优异的控制性能、效率高等优点。特别是在中小功率系统中，常采用永磁直流电动机，调速时只需对电枢回路进行控制即可，控制电路比较简单。虽然直流电动机存在电刷摩擦、换向火花等对可靠性不利的因素，需要较多的维护，但对移动机器人而言，利用现代技术制造的直流电动机其可靠性还是足够的。

2. 交流伺服电动机

交流伺服电动机本质上是一种两相异步电动机，其控制方法主要有三种：幅值控制、相位控制和幅相控制。这种电动机的优点是结构简单、成本低、无电刷和换向器；缺点是易产生自转现象、特性非线性且较软、效率较低。

3. 步进电动机

步进电动机是将电脉冲信号变换为相应的角位移或直线位移的元件，它的角位移和线位移量与脉冲数成正比，转速或线速度与脉冲频率成正比。在负载能力允许的范围内，这些关系不因电源电压、负载大小、环境条件的波动而变化，误差不长期积累。步进电动机驱动系统可以在一定的范围内，通过改变脉冲频率来调速，实现快速起动、正反转制动。作为一种开环数字控制系统，由于其存在过载能力差、调速范围相对较小、低速运动有脉动、不平衡等缺点，一般只应用于小型或简易型机器人中。

4. 无刷直流电动机

无刷直流电动机是在有刷直流电动机的基础上发展来的，其驱动电流是不折不扣的交流电。无刷直流电动机又可以分为无刷速率电动机和无刷力矩电动机。一般而言，无刷电动机的驱动电流有两种，一种是梯形波（一般是方波），另一种是正弦波。有时将前一种称为无刷直流电动机，后一种称为交流伺服电动机，确切地讲是交流伺服电动机的一种。无刷直流电动机为了减少转动惯量，通常采用细长的结构，在质量和体积上要比有刷直流电动机小得多，相应的转动惯量可以减少40%~50%。由于永磁材料的加工问题，致使无刷直流电动机一般的容量都在100kW以下。这种电动机的机械特性和调节特性的线性度好、调速范围广、寿命长、维护方便、噪声小，不存在因电刷而引起的一系列问题。

移动机器人的运动控制主要由无刷电动机驱动器完成。无刷直流电动机采用通电线圈组成定子，由永磁体构成转子。控制电机转动需要不断改变通电线圈的通电相序，以改变线圈磁场的方向来带动转子转动。相对于有刷直流电动机，无刷直流电动机的控制程序较为复杂，需根据电机运转过程确定控制程序流程。无刷直流电动机内部通电线圈分为三相，只需给其中两相通电，便能产生组合磁场，带动转子旋转到特定位置，如图2.26所示。电动机运转一周的顺序如下。

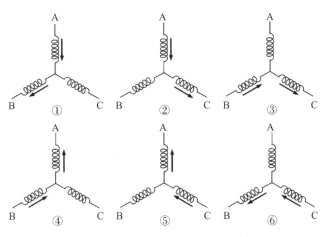

图2.26 三相六步换相法原理示意图

1）①为 A 接 24V、B 悬空、C 接 GND，此时电动机转子会被牵引转动到一个固定位置。

2）②在①的基础上，为 A 接 24V、B 接 GND、C 悬空，此时电动机在①的基础再旋转一个角度，到达下一个位置。

3）③在②的基础上，为 A 悬空、B 接 GND、C 接 24V，此时电动机在②的基础再旋转一个角度，到达下一个位置。

4）④在③的基础上，为 A 接 GND、B 悬空、C 接 24V，此时电动机在③的基础再旋转一个角度，到达下一个位置。

5）⑤在④的基础上，为 A 接 GND、B 接 24V、C 悬空，此时电动机在④的基础再旋转一个角度，到达下一个位置。

6）⑥在⑤的基础上，为 A 悬空、B 接 24V、C 接 GND，此时电动机在⑤的基础再旋转一个角度，到达下一个位置。

电动机驱动系统由于低惯量，大转矩交、直流伺服电动机及其配套的伺服驱动器（交流变频器、直流脉冲宽度调制器）的广泛采用，使其在机器人中被大量选用。这类系统不需要能量转换、使用方便、控制灵活，大多数电动机后面需安装精密的传动机构。因这类驱动系统优点比较突出，因此在机器人中被广泛地选用。目前主流移动机器人都是使用电动机驱动系统，如图 2.27 所示。

图 2.27 典型电动机驱动移动机器人

2.7 控制系统

2.7.1 控制系统实现框架

移动机器人整体控制系统实现框架如图 2.28 所示。机器人控制系统主要是由应用层、驱动层、硬件层组成。整个机器人采用分布式控制系统的模式，分为上层控制平台和底层控制器两个大部分。上层控制平台搭载的机器人操作系统（ROS）是以 Linux 内核的文件系统来描述，其主要目的是将控制系统的决策集中化，同时通过一个个的功能包来分散各模块之间的依赖性。控制思路为：上层控制平台依托于 ROS，接收底层控制器收集到具有特定格式的数据流，通过格式将数据进行解析得到各传感器采集的参数，按照传感器类别分别建立相应的话题并发布，需要使用对应传感器数据的节点则对其进行订阅处理，节点（对应每个功能包）处理按预先编写的程序处理好各类数据信息后将结果返回，再通过串口将上层控制平台的指令发送给底层控制器，对机器人的执行机构进行控制。

同时，由于上层 ROS 需要与底层驱动进行数据与命令的高速交互，在嵌入式平台上可选择移植相应的开源嵌入式实时操作系统，如 FreeRTOS。FreeRTOS 作为一个轻量级的嵌入式实时操作系统，通过任务管理、时间管理、信号量、消息队列、内存管理、记录功能、软件定时器、协程等,对底层微控制器的硬件与软件资源进行充分调用,以满足采集数据的实时性与可靠性。

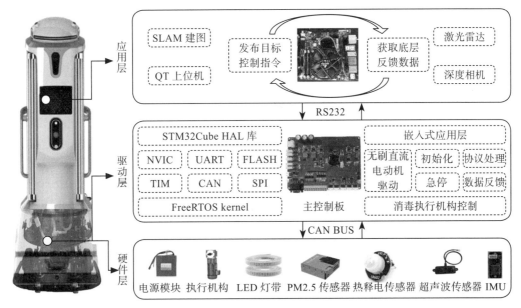

图 2.28　移动机器人整体控制系统实现框架

2.7.2　人机交互界面

1. 页面交互

人机交互(Human-Computer Interaction)是指人与机器的交互,本质上是人与计算机的交互。从更广泛的角度理解:人机交互是指人与含有计算机的机器的交互。具体来说,人机交互用户与含有计算机机器之间的双向通信,以一定的符号和动作来实现,如击键、移动鼠标、显示屏幕上的符号/图形等。这个过程包括几个子过程:识别交互对象—理解交互对象—把握对象情态—信息适应与反馈。人机界面是指用户与含有计算机的机器系统之间的通信媒体或手段,是人机双向信息交互的支持软件和硬件,如带有鼠标的图形显示终端等。

交互是人与计算机、环境作用关系/状况的一种描述。界面是人与计算机、环境发生交互关系的具体表达形式。交互是实现信息传达的情境刻画,而界面是实现交互的手段。在交互设计子系统中,交互是内容,界面是形式;在大的产品设计系统中,交互和界面,都只是解决人机关系的一种手段,不是最终目的,其最终目的是解决和满足人的需求。

人机界面的用户界面能更好地反映出设备和流程的状态,并通过视觉和触摸的效果,带给客户更直观的感受。在今后的发展中,人机界面将在形状、观念、应用场合等方面都有所改变,从而带来工控机核心技术的一次次变革。总体来讲,人机界面的未来发展趋势是六个现代化:平台嵌入化、品牌民族化、设备智能化、界面时尚化、通信网络化和节能环保化。应用于防疫消毒机器人上的人机交互界面如图2.29所示。

a) 人员操作界面　　　　　　　　　b) 操作功能界面

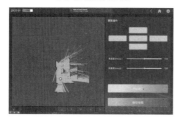 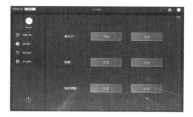

c) 建图定位界面　　　　　　　　　d) 实时监控界面

图 2.29　人机交互界面

2. 语音交互

语言交互是人类日常最常用的交互方式，机器人自然要集成语音交互的功能。移动机器人使用语音传递指令和提升服务效率。语音交互就是从语音唤醒到语音输入，最后到实现反馈。语音交互带给用户最直观的感受就是与机器人进行对话，能获得相应的反馈。

首先，需要待机离线唤醒机制通过持续监听技术确保设备能够监听到唤醒词（由开发者定义），开发端需要通用语聊训练一个基线模型，唤醒词录音训练一个命令词模型。唤醒就是拿录音数据计算两者的匹配度，如果唤醒的语音命令跟训练的命令词模型匹配达到阈值，设备或者机器就会被唤醒。

设备唤醒后，机器人将进入监听模式，由于声源属于最重要的源头，为了让声源最大限度地减小失真，会采用回声消除、降噪处理、声源增强、声源过滤等各种手段保证声源的质量，最经常采用的硬件方案是通过麦克风阵列来保证声源。接收到语音命令并进行处理以后，需实现自动语音识别（ASR），语音识别主要取决于三个因素、帧、状态、音素。第一步会把声音切成对应的一段一段的帧，若干帧语音会形成一个状态，每三个状态会对应一个音素，而若干个音素会组合成一个单词，就得到了语音识别的结果，结果为输出的一段文本。

如何实现大量语音的准确理解，就需要用到隐马尔可夫模型（HMM）来构建一个状态网络，然后从状态网络中寻找与声音最匹配的路径。这样只需要把结果限定在状态网络中，就能实现识别，而如果要识别任意文本，则需要把状态网络搭建得足够大，包含任意文本的路径。这里就涉及大量的训练与大量数据的处理，数据越多，准确度越高。

通过 ASR 识别出单词或者汉字后，需要进行自然语言理解（NLU），只不过当前的技术水平远远还没有达到 NLU 的水平，只能说实现了自然语言处理（NLP）。现在的 NLP 主要是建立一个庞大语料库，通过不断地对语法、句法、语义等进行训练分析，用统计学原理和深度学习来实现对自然语义的处理与简单理解。从现在类似语音助手 Siri 的 NLP 水平进化到科幻电影里仿真机器人的 NLU 水平，达到能像人类一样来理解语义，需要大量的学习甚至加上各种传感器才能真正让一个机器产生人的思想，感受到人对事物或者语言的感觉，从而实现真正的情感交流。

实现语义处理后，就需要结合上下文进行对话管理和语言合成，进行上下文理解和上下文自修正，从而实现相对准确的反馈，结合不同的场景与产品，会形成不同的反馈，实现人机之间的语音交互。

CHAPTER 3

第 3 章

机器人操作系统

3.1 章节概述

本章主要介绍机器人操作系统（Robot Operating System，ROS）的概况，包括 ROS 的基本概念、安装方法以及架构特点。同时，还介绍了 ROS 中的各种通信机制，如发布/订阅、服务、参数等。此外，还简要介绍了 ROS 的下一代版本 ROS 2，并探讨其在机器人领域中的应用前景。总之，通过对本章的学习，读者将能够初步了解 ROS 的基本特点和使用方法。

3.2 ROS 简介

ROS 是一个用于编写机器人软件的灵活框架，它提供了从操作系统获得的服务，包括硬件抽象、低级设备控制、常用功能的实现、进程间的消息传递和包管理等。它还提供了用于跨多台计算机获取、构建、编写和运行代码的工具和库，可以极大地简化各类型的机器人平台下的复杂任务创建与稳定行为控制。

ROS 不是传统的操作系统（如 Windows、Linux 和 Android），而是一个元操作系统（Meta-Operating System），ROS 是一个利用应用程序和分布式计算资源之间的虚拟化层来执行调度、加载、监视、错误处理等任务的系统。使用 ROS 前需要先安装如 Ubuntu 的 Linux 发行版操作系统，之后再安装 ROS，以使用进程管理系统、文件系统、用户界面、程序实用程序（编译器、线程模型等）。ROS 除了使用硬件抽象概念来控制机器人应用程序所必需的机器人和传感器外，还以库的形式提供了机器人应用程序所需的多数不同类型的硬件之间的数据传输/接收、调度和错误处理等功能。这个概念也被称为中间件（Middleware）或软件框架（Software Framework）。

ROS 致力于将机器人研究和开发中的代码重用做到最大化，而不是做机器人软件平台、中间件和框架。因此，ROS 具有以下特征。

1. 多语言支持

ROS 程序提供客户端库（Client Library）以支持各种语言。它可以用于如 Java、C#、

Lua 和 Ruby 等语言，也可以用于机器人中常用的编程语言，如 Python、C++ 和 LISP。

2. 分布式进程

在 ROS 中，每一个进程都以一个节点的形式运行，可以分布于多个不同的主机。它以可执行进程的最小单位节点（Node）的形式进行编程，每个进程独立运行，并有机地收发数据。

3. 组件工具丰富、集成度高

ROS 框架具有的模块化特点使得每个功能节点可以进行单独编译，并且使用统一的消息接口让模块的移植、复用更加便捷。移动机器人的开发往往需要一些友好的可视化工具和仿真软件，ROS 采用组件化的方法将这些工具和软件集成到系统中，以便将它们作为一个组件直接使用。

4. 免费且开源

ROS 遵照 BSD 许可给使用者较大的自由，允许其修改和重新发布其中的应用代码，甚至可以进行商业化的开发与销售。

3.3 搭建 ROS 开发环境

由于 ROS 是元操作系统，需要选择基本的操作系统。ROS 支持 Ubuntu、Linux Mint、Debian、OS X、Fedora、Gentoo、openSUSE、Arc Linux 和 Windows 等多种操作系统，但正式支持的只有 Ubuntu，开发部门也是针对 Ubuntu LTS 版本进行测试并发布的。如果用户的计算机上安装了不同版本的 Ubuntu，请在官网查看相应的 ROS 安装说明。

下面以 Ubuntu 18.04 安装 ROS Melodic 为例，介绍 ROS 的安装步骤。

1. 配置系统软件源

首先需要配置 Ubuntu 系统允许 restricted（不完全的自由软件）、universe（Ubuntu 官方不提供支持与补丁，全靠社区支持）、multiverse（非自由软件，完全不提供支持和补丁）这三种软件源。如果没有对系统软件源做过修改，Ubuntu 系统安装完毕后会默认允许以上三种软件源。具体可打开 Ubuntu 软件中心软件源配置界面进行配置，如图 3.1 所示。

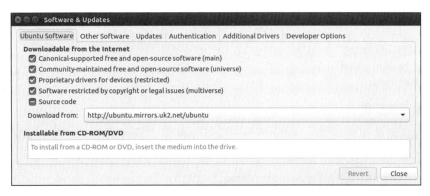

图 3.1　系统软件源配置

2. 添加系统软件源

设置计算机接受来自 packages.ros.org 的软件,确保后续安装可以正确找到 ROS 相关软件的下载地址。

```
$ sudo sh -c 'echo "deb http://packages.ros.org/ros/ubuntu $(lsb_release -sc) main" > /etc/apt/sources.list.d/ros-latest.list'
```

3. 设置密钥

```
$ sudo apt install curl # if you haven't already installed curl
$ curl -s https://raw.githubusercontent.com/ros/rosdistro/master/ros.asc | sudo apt-key add -
```

4. 安装 ROS

```
$ sudo apt update
```

ROS 非常庞大,包含众多功能包、函数库和工具,所以 ROS 官方为用户提供了多种安装版本:桌面完整版(Desktop-Full)、桌面版(Desktop)、基础版(ROS-Base)、独立功能包(Individual Package)。在这里选择桌面完整版安装,这是常被推荐的一种安装版本,除了包含 ROS 的基础功能(核心功能包、构建工具和通信机制)外,还包含丰富的机器人通用函数库、功能包(2D/3D 感知功能、机器人地图建模、自主导航等)以及工具(Rviz 可视化工具、Gazebo 仿真环境、rqt 工具箱等)。安装命令如下:

```
$ sudo apt install ros-melodic-desktop-full
```

无论使用以上哪种安装版本,都不可能将 ROS 社区内的所有功能包安装到计算机上,在后期的使用中会时常根据需求使用如下命令安装独立的功能包:

```
$ sudo apt install ros-melodic-PACKAGE
```

其中,PACKAGE 表示需要安装的功能包名,例如安装机器人 SLAM 地图建模 gmapping 功能包时,可使用以下命令:

```
$ sudo apt install ros-melodic-slam-gmapping
```

5. 初始化 rosdep

rosdep 的主要功能是为某些功能包安装系统依赖,同时它也是某些 ROS 核心功能包必须用到的工具。要完成以上安装步骤,需要使用以下命令进行初始化和更新:

```
$ sudo rosdep init
$ rosdep update
```

6. 设置环境变量

由于会频繁使用终端输入 ROS 命令,所以在使用之前还需要对环境变量进行简单设置,每次启动一个新的终端时都会自动将 ROS 环境变量添加到 bash 中。设置命令如下:

```
$ echo "source /opt/ros/melodic/setup.bash" >> ~/.bashrc
$ source ~/.bashrc
```

7. 完成安装

打开终端，输入 roscore 命令，出现如图 3.2 所示的 roscore 命令启动成功日志信息，说明 ROS 已经安装成功。

```
bnxy@localhost:~$ roscore
... logging to /home/bnxy/.ros/log/f4beelba-6a4b-11ee-a3f3-00155d03414b/roslaunch-localhost-245.log
Checking log directory for disk usage. This may take a while.
Press Ctrl-C to interrupt
Done checking log file disk usage. Usage is <1GB.

started roslaunch server http://172.18.218.193:38909/
ros_comm version 1.16.0


SUMMARY
========

PARAMETERS
 * /rosdistro: noetic
 * /rosversion: 1.16.0

NODES

auto-starting new master
process[master]: started with pid [272]
ROS_MASTER_URI=http://172.18.218.193:11311/

setting /run_id to f4beelba-6a4b-11ee-a3f3-00155d03414b
process[rosout-1]: started with pid [301]
started core service [/rosout]
```

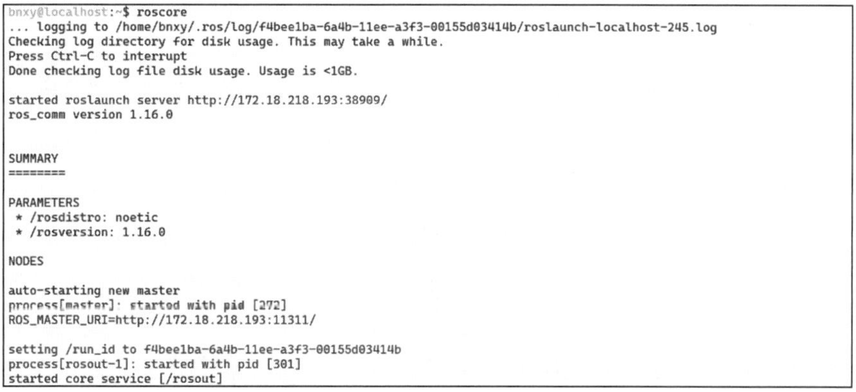

图 3.2　roscore 命令启动成功日志信息

3.4　ROS 架构

3.4.1　架构设计

如图 3.3 所示，ROS 架构有三个层次，即基于 Linux 系统的操作系统（Operating System，OS）层、实现 ROS 核心通信以及众多机器人开发库的中间层、在 ROS Master 的管理下保证功能节点正常运行的应用层。

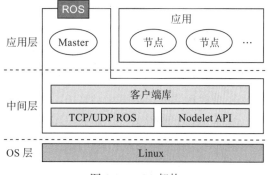

图 3.3　ROS 架构

1. OS 层

ROS 是一个元操作系统，无法像 Windows、Linux 一样直接运行在计算机硬件上，而是需要依托于 Linux 系统。一般使用 ROS 官方支持度最好的 Ubuntu 操作系统。

2. 中间层

基于 TCP/UDP ROS 的通信系统通过发布 / 订阅、客户端 / 服务端等模式，实现多种通信机制的数据传输。此外，ROS 还提供一种进程内的通信方法——Nodelet，可以为多进程通信提供一种更优化的数据传输方式，适合对数据传输实时性有较高要求的应用。

3. 应用层

需要运行一个管理者 Master，它负责管理整个系统的正常运行。ROS 社区内共享了大量的机器人应用功能包，这些功能包内的模块以节点为单位运行，以 ROS 标准的输入 / 输出作为接口，开发者不需要关注模块的内部实现机制，只需要了解接口规则即可实现复用，极大地提高了开发效率。

3.4.2 文件系统

在 ROS 的项目中，ROS 使用一种特定的文件结构来组织和管理代码与资源，其文件系统结构如图 3.4 所示。

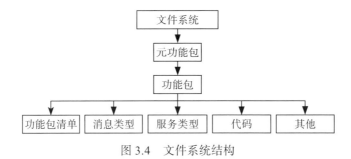

图 3.4 文件系统结构

1. 元功能包

在新版本的 ROS 中，将原有功能包集（Stack）的概念升级为"元功能包"（Meta Package），其主要作用是组织多个用于同一目的的功能包。例如，一个 ROS 导航的元功能包中包含建图、定位、导航等多个功能包。

2. 功能包

功能包（Package）是 ROS 中软件组织的基本形式。一个功能包具有最小的结构和最少的内容，用于创建 ROS 程序，它可以包含 ROS 运行的进程（节点）、配置文件等。

3. 功能包清单

每个功能包都包含一个名为 package.xml 的功能包清单（Manifest），用于记录功能包的基本信息，包含作者信息、许可信息、依赖选项、编译标志等。

4. 消息类型

消息是一个进程发送到其他进程的信息。ROS 有很多的标准类型消息。消息类型的说明存储在 my_package/msg/MyMessageType.msg 中，也就是对应功能包的 msg 文件夹下。

5. 服务类型

服务类型（Servicelsrv type）是对服务的类型进行描述说明的文件，在 ROS 中定义了服务的请求和响应的数据结构。这些描述说明存储在 my_package / srv/ MyServiceType.srv 中，也就是对应功能包的 srv 文件夹下。

6. 代码

代码（Code）是用来放置功能包节点源代码的文件夹。

如何通过编写代码实现以上文件系统呢？ROS 的文件构建系统步骤如下。

（1）创建 ROS 功能包　创建 ROS 功能包命令如下：

$ catkin_create_pkg <package_name> [depend1] [depend2] [depend3]

"catkin_create_pkg"命令在创建用户功能包时会生成 catkin 构建系统所需的 CMakeLists.txt 和 package.xml 文件的包目录。要创建的功能包名称是"package_name"。ROS 中的功能包名称全部是小写字母，不能包含空格。格式规则是将每个单词用下划线"_"而不是短线"-"连接起来。"depend1""depend2"等依赖就是这个功能包在编译 ROS 时需要依赖的 ROS 中的其他功能包，如需要依赖 [rospy]、[roscpp]（Python、C++ 接口写程序、其他依赖的库）、std_msgs（ROS 定义的一些标准的消息结构，如 int 等）。

下面创建一个简单的功能包，以巩固理解。首先打开一个新的终端窗口（Ctrl+Alt+t）并运行以下命令移至工作目录。

$ cd ~/catkin_ws/src
$ catkin_create_pkg test_pkg std_msgs rospy roscpp

上面用"std_msgs"和"roscpp"作为前面命令格式中的依赖功能包的选项。这意味着为了使用 ROS 的标准消息包 std_msgs 和客户端库 roscpp（为了在 ROS 中使用 C/C++），在创建功能包之前先进行这些选项安装。这些相关的功能包的设置可以在创建功能包时指定，但是用户也可以在创建之后直接在 package.xml 中输入。如果已经创建了功能包，"~/catkin_ws/src"会创建"test_pkg"功能包目录、ROS 功能包应有的内部目录以及 CMakeLists.txt 和 package.xml 文件，命令如下。创建 ROS 功能包时自动生成的目录及文件如图 3.5 所示。

$ cd test_pkg
$ ls
-include // 头文件目录
-src // 源代码目录
-CMakeLists.txt // 构建配置文件
-package.xml // 功能包配置文件

图 3.5　创建 ROS 功能包时自动生成的目录及文件

（2）修改功能包配置文件（package.xml）　package.xml 是一个包含功能包信息的 XML

文件，包括功能包名称、作者、许可证和依赖功能包，是必要的 ROS 配置文件之一。最初没有做任何修改的原始文件如下：

```xml
<?xml version="1.0"?>
<package format="2">
    <name>test_pkg</name>
    <version>0.0.0</version>
    <description>The test_pkg package</description>
    <!-- One maintainer tag required,  multiple allowed, one person per tag -->
    <!-- Example:  -->
    <!-- <maintainer email="jane.doe@example.com">Jane Doe</maintainer> -->
    <maintainer email="tx@todo.todo">tx</maintainer>
    <!-- One license tag required, multiple allowed, one license per tag -->
    <!-- Commonly used license strings: -->
    <!-- BSD, MIT, Boost Software License, GPLv2, GPLv3, LGPLv2.1, LGPLv3 -->
    <license>TODO</license>
    <!-- Url tags are optional, but multiple are allowed, one per tag -->
    <!-- Optional attribute type can be: website, bugtracker, or repository -->
    <!-- Example: -->
    <!-- <url type="website">http://wiki.ros.org/test_pkg</url> -->
    <!-- Author tags are optional, multiple are allowed, one per tag -->
    <!-- Authors do not have to be maintainers, but could be -->
    <!-- Example: -->
    <!-- <author email="jane.doe@example.com">Jane Doe</author> -->
    <!-- The *depend tags are used to specify dependencies -->
    <!-- Dependencies can be catkin packages or system dependencies -->
    <!-- Examples: -->
    <!-- Use depend as a shortcut for packages that are both build and exec
         dependencies -->
    <!--   <depend>roscpp</depend> -->
    <!--   Note that this is equivalent to the following: -->
    <!--   <build_depend>roscpp</build_depend> -->
    <!--   <exec_depend>roscpp</exec_depend> -->
    <!-- Use build_depend for packages you need at compile time: -->
    <!--   <build_depend>message_generation</build_depend> -->
    <!-- Use build_export_depend for packages you need in order to build against
         this package: -->
    <!--   <build_export_depend>message_generation</build_export_depend> -->
    <!-- Use buildtool_depend for build tool packages: -->
    <!--   <buildtool_depend>catkin</buildtool_depend> -->
    <!-- Use exec_depend for packages you need at runtime: -->
    <!--   <exec_depend>message_runtime</exec_depend> -->
    <!-- Use test_depend for packages you need only for testing: -->
    <!--   <test_depend>gtest</test_depend> -->
    <!--   <doc_depend>doxygen</doc_depend> -->
    <buildtool_depend>catkin</buildtool_depend>
    <build_depend>roscpp</build_depend>
    <build_depend>rospy</build_depend>
    <build_depend>std_msgs</build_depend>
    <build_export_depend>roscpp</build_export_depend>
```

```
        <build_export_depend>rospy</build_export_depend>
        <build_export_depend>std_msgs</build_export_depend>
        <exec_depend>roscpp</exec_depend>
        <exec_depend>rospy</exec_depend>
        <exec_depend>std_msgs</exec_depend>
        <!-- The export tag contains other, unspecified, tags -->
        <export>
            <!-- Other tools can request additional information be placed here -->
        </export>
</package>
```

具体语句说明见表 3.1。

表 3.1 package.xml 文件语句说明

语句	说明
<?xml>	定义文档语法的语句，以下内容表明在遵循 xml 版本 1.0
<package>	从这个语句到最后 </package> 的部分是功能包的配置部分
<name>	功能包的名称。使用创建功能包时输入的功能包名称
<version>	功能包的版本。可以自由指定
<description>	功能包的简要说明。通常用两到三句话描述
<maintainer>	提供功能包管理者的姓名和电子邮件地址
<license>	记录版权许可证。写 BSD、MIT、Apache、GPLv3 即可
<url>	记录描述功能包的说明，如网页、错误管理、存储库地址
<author>	记录参与功能包开发的开发人员的姓名和电子邮件地址
<run_depend>	填写运行功能包时依赖的功能包的名称
<test_depend>	填写测试功能包时依赖的功能包的名称
<export>	在使用 ROS 中未指定的标签名称时会用到 <export>

可以自己根据实际应用修改功能包配置文件（package.xml），如下所示：

```
<?xml version="1.0"?>
<package format="2">
    <name>test_pkg</name>
    <version>0.0.0</version>
    <description>The test_pkg package</description>
    <maintainer email="xxx@todo.todo">xxx</maintainer>
    <license>TODO</license>
    <buildtool_depend>catkin</buildtool_depend>
    <build_depend>roscpp</build_depend>
    <build_depend>rospy</build_depend>
    <build_depend>std_msgs</build_depend>
    <build_export_depend>roscpp</build_export_depend>
    <build_export_depend>rospy</build_export_depend>
    <build_export_depend>std_msgs</build_export_depend>
    <exec_depend>roscpp</exec_depend>
    <exec_depend>rospy</exec_depend>
    <exec_depend>std_msgs</exec_depend>
    <export></export>
</package>
```

（3）修改构建配置文件（CMakeLists.txt） ROS 的构建系统 catkin 基本上使用 CMake，并在功能包目录中的 CMakeLists.txt 文件中描述构建环境。在这个文件中设置可执行文件的创建、依赖包的优先构建顺序、连接器（linker）的创建等。构建配置文件（CMakeLists.txt）中的每一项语句说明如下所示。其中，第一条是操作系统中安装的 cmake 的最低版本。由于它目前被指定为版本 3.0.2，所以如果使用低于此版本的 cmake，则必须更新版本。

```
cmake_minimum_required(VERSION 3.0.2)
```

project 项是功能包的名称。只需使用用户在 package.xml 中输入的功能包名即可。注意，如果功能包名称与 package.xml 中的 <name> 标记中描述的功能包名称不同，则在构建时会发生错误。

```
project(test_pkg)
```

find_package 项是进行构建所需的组件包。

```
find_package catkin REQUIRED COMPONENTS
    roscpp
    rospy
    std_msgs
```

add_message_files 是添加消息文件的选项。FILES 将引用当前功能包目录的 msg 目录中的 *.msg 文件，自动生成一个头文件（*.h）。

```
add_message_files
    FILES
    Message1.msg
```

add_service_files 是添加要使用的服务文件的选项。使用 FILES 会引用功能包目录中的 srv 目录中的 .srv 文件。

```
add_service_files
    FILES
    Service1.srv
    Service2.srv
```

generate_messages 是设置依赖的消息的选项。

```
generate_messages
    DEPENDENCIES
    std_msgs
```

（4）构建 catkin 选项　INCLUDE_DIRS 表示将使用 INCLUDE_DIRS 后内部目录 include 的头文件。LIBRARIES 表示将使用随后而来的功能包的库。include_directories 是可以指定包含目录的选项。目前设定为 ${catkin_INCLUDE_DIRS}，这意味着将引用每个功能包中的 include 目录中的头文件。当用户想指定一个额外的 include 目录时，写在 ${catkin_INCLUDE_DIRS} 的下一行即可。

```
include_directories
include
    $ {catkin_INCLUDE_DIRS}
    ${catkin_LIBRARIES}
```

add_library 声明构建之后需要创建的库。以下是引用位于 test_pkg 功能包的 src 目录中的 test_pkg.cpp 文件来创建 test_pkg 库的命令。

```
add_library(${PROJECT_NAME}
    src/${PROJECT_NAME}/test_pkg.cpp
```

add_dependencies 是在构建该库和可执行文件之前，如果有需要预先生成有依赖性的消息或 dynamic_reconfigure，则要先执行。以下内容是优先生成 test_pkg 库依赖的消息及 dynamic reconfigure 的设置。

```
add_dependencies test_pkg
$ {${PROJECT_NAME}_EXPORTED_TARGETS}
$ {catkin_EXPORTED_TARGETS})
```

add_executable 是对于构建之后要创建的可执行文件的选项。以下内容是引用 src/test_pkg.cpp 文件生成 test_pkg 可执行文件。如果有多个要引用的 *.cpp 文件，将其写入 test_pkg.cpp 之后。如果要创建两个以上的可执行文件，需追加 add_executable 项目。

```
add_executable(${test_pkg_node src/test_pkg.cpp)
```

target_link_libraries 是在创建特定的可执行文件之前将库和可执行文件进行链接的选项。

```
target_link_libraries${PROJECT_NAME}_node
    $ {catkin_LIBRARIES}
```

3.4.3 通信机制

ROS 实际上是如何工作的呢？ROS 是一个分布式框架，为用户提供多节点（进程）之间的通信服务，所有软件功能和工具都建立在这种分布式通信机制上，理解 ROS 的通信机制会帮助我们在开发过程中更好地使用 ROS。

为了最大化用户的可重用性，ROS 是以节点的形式开发的，而节点是根据其目的细分的可执行程序的最小单位。节点通过消息（Message）与其他的节点交换数据，最终成为一个大型的程序。ROS 通信的关键概念是节点之间的消息通信，它分为三种：单向消息发送/接收方式的话题（Topic）；双向消息请求/响应方式的服务（Service）；双向消息目标（Goal）/结果（Result）/反馈（Feedback）方式的动作（Action）。另外，节点中使用的参数可以从外部进行修改，这在大的框架中也可以被看作消息通信。节点之间的消息通信如图 3.6 所示。

以下就 ROS 最核心的两种通信机制进行介绍。

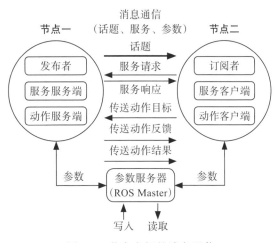

图 3.6 节点之间的消息通信

1. 话题通信机制

话题在 ROS 中使用最为频繁。话题消息通信是指发送信息的发布者和接收信息的订阅者以话题消息的形式发送和接收信息，如图 3.7 所示。希望接收话题的订阅者节点接收的是与在主节点中注册的话题名称对应的发布者节点的信息。基于这个信息，订阅者节点直接连接到发布者节点来发送和接收消息。例如，通过计算移动机器人的两个车轮的编码器值生成可以描述机器人当前位置的里程计（Odometry）信息，并以话题信息 (x, y, θ) 传达，以此实现异步单向的连续消息传输。话题是单向的，适用于需要连续发送消息的传感器数据，因为它们通过一次的连接连续发送和接收消息。另外，一个发布者可以与多个订阅者进行通信，一个订阅者可以在单个话题上与多个发布者进行通信。

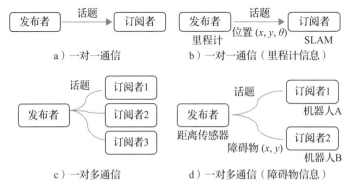

图 3.7 话题消息通信

利用话题可以实现一对一的发布者、订阅者通信，也可以根据目的实现一对一、多对一和多对多通信。

2. 服务通信机制

服务消息通信是指请求服务的客户端与负责服务响应的服务端之间的同步双向服务消息通信，如图 3.8 所示。前述的发布和订阅概念的话题通信方法是一种异步方法，是根据需要传输和接收给定数据的一种非常好的方法。然而，在某些情况下，需要一种同时使用请求和响应的同步消息交换方案。因此，ROS 提供了服务的消息同步方法。

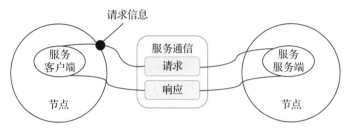

图 3.8 服务消息通信

一个服务被分成服务服务端和服务客户端，其中服务服务端只在有请求（Request）的时候才响应（Response），而服务客户端会在发送请求后接收响应。与话题不同，服务是一次性消息通信。因此，当服务的请求和响应完成时，两个连接的节点将被断开。该服务通常被用作请求机器人执行特定操作时使用的命令，或者用于根据特定条件需要产生事件的节点。由于它是一次性的通信方式，且在网络上的负载很小，所以也被用作代替话题，是一种非常有用的通信手段。

3. 话题与服务的区别

话题与服务的区别见表 3.2。

表 3.2 话题与服务的区别

属性	话题	服务
同步性	异步通信	同步通信
通信模型	发布/订阅	客户端/服务端
底层协议	TCP/UDP ROS	TCP/UDP ROS
反馈机制	无	有
缓冲区	有	无
实时性	弱	强
节点关系	多对多	一对多
使用场景	数据场景	逻辑处理

总之，话题是 ROS 中基于发布/订阅模型的异步通信模式，这种方式将信息的产生和使用双方解耦，常用于不断更新的、含有较少逻辑处理的数据通信；服务多用于处理 ROS 中的同步通信，采用客户端/服务端模型，常用于数据量较小但有强逻辑处理的数据交换。

3.4.4 常用组件

ROS 不仅为机器人开发提供了分布式通信框架，而且提供了大量实用的组件工具。ROS 常用组件见表 3.3。

表 3.3 ROS 常用组件

组件名称	功能说明
launch 文件	通过 XML 文件实现多节点的配置和启动，可自动启动 ROS Master
TF 坐标变换	管理机器人系统中繁杂的坐标系变换关系
Qt 工具箱	提供多种机器人开发的可视化工具，如日志输出、计算图可视化、数据绘图、参数动态配置等功能
Rviz 三维可视化平台	实现机器人开发过程中多种数据的可视化显示，并且可以通过插件机制无限扩展
Gazebo 仿真环境	创建仿真环境并实现带有物理属性的机器人仿真
rosbag 数据记录与回放	记录并回放 ROS 中运行时的所有话题信息，方便后期调试使用

1. launch 文件

launch 文件是 ROS 框架中非常实用、灵活的功能，它类似于一种高级编程语言，可以帮助管理启动系统时的各方面。在使用 ROS 的过程中，很多情况下并不需要编写大量代码，仅需要使用已有的功能包，编辑一下 launch 文件就可以完成很多机器人功能。launch 文件帮助快速启动指令及节点，减少不断打开终端，不断输入的重复工作。launch 文件会自动地发现当前系统有没有 ROS Master 运行，如果有就不会启动 ROS Master，如果没有就可以自动启动。下面为一个简单而完整的 launch 文件，采用 XML 的形式进行描述，包含一个根元素 <launch> 和一个节点元素 <node>。

```xml
<launch>
    <arg name="env_pack" default="$(find cob_default_env_config)" />
    <arg name="robot_env" default="$(optenv ROBOT_ENV !!NO_ROBOT_ENV_SET!!)"/>
    <arg name="robot_radius" default="0.5"/>
    <arg name="coverage_radius" default="0.5"/>
    <arg name="use_test_maps" default="true"/>
    <node ns="room_exploration" pkg="ipa_room_exploration" type="room_exploration_client" name="room_exploration_client" output="screen">
        <rosparam file="$(arg env_pack)/envs/$(arg robot_env)/map.yaml" command="load" />
        <param name="env_pack" value="$(arg env_pack)"/>
        <param name="robot_env" value="$(arg robot_env)"/>
        <param name="robot_radius" value="$(arg robot_radius)"/>
        <param name="coverage_radius" value="$(arg coverage_radius)"/>
        <param name="use_test_maps" value="$(arg use_test_maps)"/>
    </node>
</launch>
```

（1）launch 标签 XML 文件必须包含一个根元素，根元素采用 <launch> 标签定义，文件中的其他内容都必须包含在这个标签中。

<launch> 开始
...
</launch> 结束加一个 "/"

（2）node 标签 启动节点。启动文件的核心是启动 ROS 节点，采用 <node> 标签定义，语法如下：

<node pkg="package-name" type="executable-name" name="node-name" />

从上面的定义规则可以看出，在启动文件中启动一个节点需要三个属性：pkg、type 和 name。其中，pkg 定义节点所在的功能包名称，type 定义节点的可执行文件名称，这两个属性等同于在终端中使用 rosrun 命令执行节点时的输入参数。name 属性用来定义节点运行的名称，将覆盖节点中 init() 赋予节点的名称。节点属性及说明见表 3.4。output="screen"，配置了该属性的节点会将标准输出显示在屏幕上。respawn="true"，设置复位属性为真，当该节点停止的时候，roslaunch 会重新启动该节点。required="true"，设置节点重生属性为真，当 roslaunch 开启所有节点后，roslaunch 会监视每个节点，记录那些仍然活动的节点，如果想在某个节点终止后要求 roslaunch 重启该节点，可以通过该属性来完成。ns="namespace" 用于指定命名空间的名字。args="arguments"，设置参数传递，该属性表明在节点运行时将参数传递给设置好的节点。

表 3.4 节点属性及说明

节点属性	说明
pkg	节点所在的功能包名称
type	节点的可执行文件名称
name	节点运行时的名称，将覆盖节点中 init() 赋予节点的名称
output="screen"	将节点的标准输出打印到终端屏幕，默认输出为日志文档
respawn="true"	复位属性，该节点停止时，会自动重启，默认为 false
required="true"	必要节点，当该节点终止时，其他节点也被终止
ns="namespace"	命名空间，为节点内的相对名称添加命名空间前缀
args="arguments"	节点需要的输入参数

（3）参数设置 为了方便设置和修改，launch 文件支持参数设置的功能，类似于编程语言中的变量声明。关于参数设置的标签元素有两个：<param> 和 <arg>，一个代表 parameter，另一个代表 argument。

1）<param> 标签。parameter 是 ROS 运行中的参数，存储在参数服务器中。在 launch 文件中通过 <param> 元素加载 parameter；launch 文件执行后，parameter 就加载到 ROS 的参数服务器上了。每个活跃的节点都可以通过 ros::param::get() 接口来获取 parameter 的值，用户也可以在终端中通过 rosparam 命令获得 parameter 的值。

<param> 的使用方法如下：

`<param name="odom_frame" value="odom"/>`

运行 launch 文件后，odom_frame 这个 parameter 的值就设置为 odom，并且加载到 ROS 参数服务器上。

2）<arg> 标签。argument 是另外一个概念，类似于 launch 文件内部的局部变量，仅限于 launch 文件使用，便于 launch 文件的重构，与 ROS 节点内部的实现没有关系。

<arg> 的使用方法如下：

`<arg name="arg-name" default= "arg-value"/>`

launch 文件中需要使用到 argument 时，可以使用如下方式调用：

`<param name="foo" value="$(arg arg-name)" />`
`<node name="node" pkg="package" type="type " args="$(arg arg-name)" />`

（4）重映射 ROS 提供一种重映射的机制，简单来说就是取别名，类似于 C++ 中的别名机制，不需要修改别人的功能包的接口，只需要将接口名称重映射一下，取一个别名，系统就可以识别了。

launch 文件中的 <remap> 标签可以帮助实现重映射功能。

`<remap from="/turtlebot/cmd_vel" to="/aimibot/ commands/ velocity "/>`

例如，turtlebot 的键盘控制节点发布的速度控制指令话题可能是"/turtlebot/cmd_vel"，但是机器人订阅的速度控制话题是"/aimibot/ commands/ velocity"，这时使用 <remap> 将"/turtlebot/cmd_vel"重映射为"/aimibot/commands/ velocity"，机器人就可以接收到速度

控制指令了，不需要去修改键盘控制的源码文件。

（5）嵌套复用　在复杂的系统中，launch 文件往往有很多，这些 launch 文件之间也会存在依赖关系。如果要直接复用一个已有 launch 文件中的内容，可以使用 <include> 标签包含其他 launch 文件，dirname 表示其他 launch 文件路径，这与 C 语言中的 include 几乎是一样的。

```
<include file="$(dirname)/other.launch" />
```

2. TF 坐标变换

TF（Transform）坐标变换，包括了位置和姿态两个方面的变换。ROS 中机器人模型包含大量的部件，每一个部件统称为 link（如手部、头部、某个关节、某个连杆），每一个 link 上面对应着一个坐标系（frame），用 frame 表示该部件的坐标系，frame 和 link 是绑定在一起的。

TF 是一个树状结构，维护坐标系之间的关系，靠话题通信机制来持续地发布不同 link 之间的坐标关系。作为树状结构，要保证父子坐标系都有某个节点在持续地发布它们之间的位姿关系，才能使树状结构保持完整。只有父子坐标系的位姿关系能被正确的发布，才能保证任意两个 frame 之间的连通。如果出现某一环节的断裂，就会引发系统报错。所以完整的 TF 树不能有任何断层的地方，这样才能查清楚任意两个 frame 之间的关系。每两个相邻 frame 之间靠节点发布它们之间的位姿关系，这种节点称为 broadcaster。broadcaster 就是一个发布者（publisher），如果两个 frame 之间发生了相对运动，broadcaster 就会发布相关消息。

3. Qt 工具箱

为了方便可视化调试和显示，ROS 提供了一个 Qt 架构的后台图形工具套件——rqt_common_plugins，其中包含不少实用的工具。需要使用以下命令安装该 Qt 工具箱。Qt 工具箱名称及说明见表 3.5。

```
$ sudo apt-get install ros-melodic-rqt
$ sudo apt-get install ros-melodic-rqt-common-plugins
```

表 3.5　Qt 工具箱名称及说明

工具箱名称	说明
rqt_console	日志输出工具，用来图像化显示和过滤 ROS 运行状态中的所有日志消息，包括 info、warn、error 等级别的日志
rqt_graph	计算图可视化工具，可以图形化显示当前 ROS 中的计算图
rqt_plot	数据绘图工具，一个二维数值曲线绘制工具，可以将需要显示的数据在坐标系中使用曲线描绘
rqt_reconfigure	参数动态配置工具，可以在不重启系统的情况下，动态配置 ROS 中的参数，但是该功能的使用需要在代码中设置参数的相关属性，从而支持动态配置

4. Gazebo 仿真环境

Gazebo 是一个广泛应用于机器人研发、测试以及教育领域的开源仿真平台。Gazebo 可以在仿真环境中搭建虚拟的真实场景，同时可以模拟真实机器人的运动、感知与控制等操作，还向开发者提供了丰富的物理引擎、传感器设备模拟和 ROS 集成等功能，令使用者能够高效进行机器人的仿真和开发而不需要用真实机器人。Gazebo 仿真平台界面如图 3.9 所示。

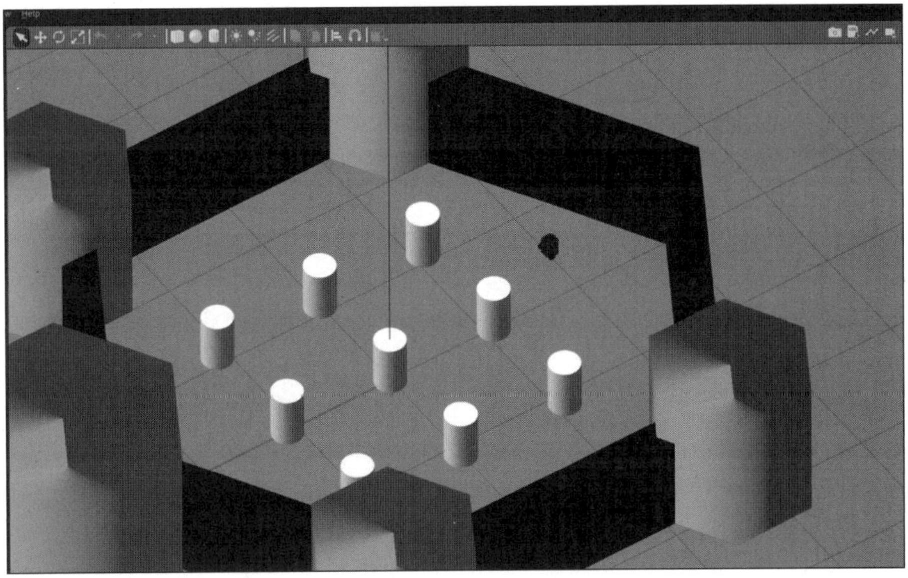

图 3.9　Gazebo 仿真平台界面

5. Rviz 三维可视化平台

机器人系统中存在大量数据,但是数据形态的值往往不利于开发者感受数据所描述的内容,所以常常需要将数据可视化显示。ROS 针对机器人系统的可视化需求,为用户提供了一款显示多种数据的三维可视化平台——Rviz。Rviz 很好地兼容了各种基于 ROS 软件框架的机器人平台。在 Rviz 中,可以使用 XML 对机器人、周围物体等任何实物进行尺寸、质量、位置、材质、关节等属性的描述,并且在界面中呈现出来。同时,Rviz 还可以通过图形化的方式,实时显示机器人传感器的信息、机器人的运动状态、周围环境的变化等。

那么如何将数据进行可视化呢?进行数据可视化的前提当然是将需要可视化的数据以对应的消息类型发布,然后在 Rviz 中使用相应的插件订阅该消息即可实现显示。添加显示数据的插件,单击 Rviz 界面左侧下方的"Add"键,Rviz 会将默认支持的所有数据类型的显示插件罗列出来,如图 3.10 所示。多种数据的可视化显示效果如图 3.11 所示。

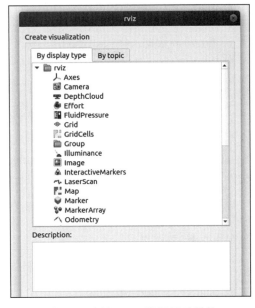

图 3.10　添加 Rviz 数据显示插件

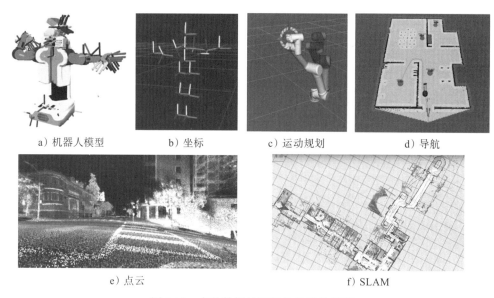

图 3.11 多种数据的可视化显示效果图

6. rosbag 数据记录与回放

为了方便调试测试，ROS 提供了数据记录与回放的功能包——rosbag，可以帮助开发者收集 ROS 运行时的消息数据，然后在离线状态下回放。

（1）记录数据　首先启动程序节点，然后查看当前话题，进入希望存放记录的文件夹后，使用 rosbag 抓取话题的消息。在终端中按 Ctrl+C 键即可终止数据记录。

```
$ rostopic list -v 查看当前话题
$ rosbag record -a -a参数代表记录所有发布的消息
```

（2）回放数据　数据记录完成后就可以使用该记录文件进行数据回放。可使用 info 命令查看数据记录文件的详细信息，命令如下：

```
$ rosbag info <bagfile_name>
```

使用如下命令回放所记录的话题数据：

```
$ rosbag play < bagfile_name >
```

（3）绘制数据　使用如下命令将 subset.bag 文件中录制的"/odom"话题转为 odom.txt 文件：

```
$ rostopic echo -b subset.bag -p /odom > odom.txt
```

3.4.5　开源社区

ROS 开源社区中有许多其他本书未介绍的 ROS 资源，这些资源通过独立的网络社区分享软件和知识，主要包括：

1）发行版（Distribution）：ROS 发行版是可以独立安装的、带有版本号的一系列功能包集。ROS 发行版像 Linux 发行版一样发挥类似的作用，这使得 ROS 软件安装更加容易，而且能够通过一个软件集合来维持一致的版本。

2）软件源（Repository）：ROS 依赖于共享开源代码与软件源的网站或主机服务，在这里不同的机构能够发布和分享各自的机器人软件与程序。

3）ROS wiki：用于记录有关 ROS 信息的主要论坛。任何人都可以注册账户和贡献自己的文件、提供更正或更新、编写教程以及其他信息。

4）邮件列表（Mailing List）：ROS 用户邮件列表是关于 ROS 的主要交流渠道，能够交流从 ROS 软件更新到 ROS 软件使用中的各种疑问或信息。

5）ROS Answers：ROS Answers 是一个咨询 ROS 相关问题的网站，用户可以在该网站提交自己的问题并得到其他开发者的回答。

3.5 ROS 2 简要介绍

3.5.1 ROS 2 设计目标

相比 ROS 1，ROS 2 的设计目标更加丰富，主要有以下几点：

1. 支持多机器人系统

ROS 2 增加了对多机器人系统的支持，提升了多机器人之间通信的网络性能，更多机器人系统及应用将出现在 ROS 社区中。

2. 铲除原型与产品之间的鸿沟

ROS 2 不仅针对科研领域，还关注机器人从研究到应用之间的过渡，可以让更多机器人直接搭载 ROS 2 系统走向市场。

3. 支持微控制器

ROS 2 不仅可以运行在现有的 x86 和 ARM 系统上，还可以支持 MCU 等嵌入式微控制器，如常用的 ARM-M4、M7 内核。

4. 支持实时控制

ROS 2 还支持实时控制，可以提高控制的时效性和机器人的整体性能。

总的来说，相比 ROS 1，ROS 2 的设计目标更加丰富，ROS 2 提供的服务质量（Quality of Service，QoS）机制，对通信的实时性、完整性、历史追溯等功能有了支持。不仅针对科研领域，还关注机器人从研究到应用之间的过渡，可以让更多机器人直接搭载 ROS 2 系统走向市场。

3.5.2 ROS 2 架构

ROS 1 与 ROS 2 架构如图 3.12 所示。

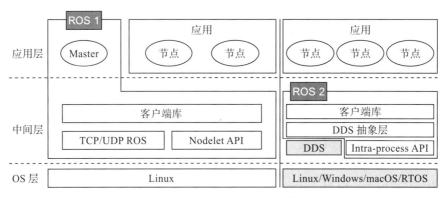

图 3.12 ROS 1 与 ROS 2 架构

1. OS 层

ROS 1 主要构建在 Linux 系统上；ROS 2 支持构建的系统包括 Linux、Windows、macOS、RTOS，甚至没有操作系统的裸机。

2. 中间层

ROS 中最重要的一个概念就是计算图中的 "节点"，它可以让开发者并行开发低耦合的功能模块，并且便于二次复用。ROS 1 的通信系统基于 TCP/UDP ROS，而 ROS 2 的通信系统基于 DDS。DDS 是一种分布式实时系统中数据发布/订阅的标准解决方案，下面会详细介绍。ROS 2 内部提供了 DDS 的抽象层实现，用户无须关注底层 DDS 的提供厂家。

在 ROS 1 架构中，Nodelet 和 TCP/UDP ROS 是并列的层次，可以为同一个进程中的多个节点提供一种更优化的数据传输方式。ROS 2 中也保留了类似的数据传输方式，命名为 "Intra-process"，同样独立于 DDS。

3. 应用层

ROS 1 强依赖于 ROS Master，因此可以想象，一旦 Master 宕机，整个系统就会面临怎样的窘境。但是，在 ROS 2 架构中，Master 消失了，节点之间使用一种名为 "Discovery" 的发现机制来帮助彼此建立连接。

3.5.3 ROS 2 通信模型

ROS 2 的通信模型与 ROS 1 相比会稍显复杂，ROS 2 建立在以 DDS/RTPS 为中间件的基础之上，DDS/RTPS 提供了发现（Discovery）、序列化（Serialization）以及数据传递（Transportation）的功能。

数据分发服务（Data Distribution Service，DDS）是一种工业标准，如 RTI 公司实现的 Connext 或者是 ADLink 公司的 OpenSplice。RTPS（Real Time Publish Subscribe protocol）是一种使用 DDS 作为网络通信的协议，没有完全实现全部的 DDS API，但已经可以为 ROS 2 提供充足的功能性，如 eProsima 实现的 Fast RTPS。DDS 是一种端对端的中间件，它可以提供 ROS 中的一些相关特性，比如说分布式发现（Distributed Discovery）、非 ROS 1

中的集中式发现方法，以及在不同的质量服务（Quality of Service）选项中控制数据传输。

ROS 2 支持多种不同的 DDS/RTPS 实现，这是因为当它选择一个 vendor 来使用时，并不是完全一致的。当选择一个中间件实现时，有多种因素需要考虑，如后备考虑（如 license），或者技术考虑（如平台兼容性或计算规模）。vendors 可能专注于不同的需求而提供多于一种的 DDS 或 RTPS 实现，例如，RTI 就有多种不同的 Connext 实现，它们的目的各不相同，有些针对特定处理器平台，有些满足不同应用的安全性验证。

基于 DDS 的 ROS 2 通信模型如图 3.13 所示，主要包含以下几个关键概念。

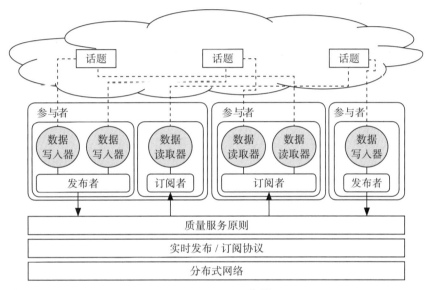

图 3.13 ROS 2 通信模型

1. 参与者（Participant）

在 DDS 中，每一个发布者或者订阅者都称为参与者，对应于一个使用 DDS 的用户，可以使用某种定义好的数据类型来读/写全局数据空间。

2. 发布者（Publisher）

数据发布的执行者，支持多种数据类型的发布，可以与多个数据写入器（DataWriter）相连，发布一种或多种话题（Topic）的消息。

3. 订阅者（Subscriber）

数据订阅的执行者，支持多种数据类型的订阅，可以与多个数据读取器（DataReader）相连，订阅一种或多种话题（Topic）的消息。

4. 数据写入器（DataWriter）

上层应用向发布者更新数据的对象，每个数据写入器对应一个特定的话题（Topic），类似于 ROS 1 中的一个消息发布者。

5. 数据读取器（DataReader）

上层应用从订阅者读取数据的对象，每个数据读取器对应一个特定的话题（Topic），类似于 ROS 1 中的一个消息订阅者。

6. 话题（Topic）

与 ROS 1 中的概念类似，话题需要定义一个名称和一种数据结构，但 ROS 2 中的每个话题都是一个实例，可以存储该话题中的历史消息数据。

7. 质量服务原则

质量服务（Quality of Service，QoS）原则是 ROS 2 中新增的，也是非常重要的一个概念，控制各方面与底层的通信机制，主要从时间限制、可靠性、持续性、历史记录这几个方面满足用户针对不同场景的数据需求。

CHAPTER 4

第 4 章

机器人感知技术

4.1 章节概述

本章主要介绍机器人的感知技术,其中包括视觉和激光雷达两类。在视觉方面,本章重点介绍视觉里程计技术,包括视觉传感器、特征点提取与匹配、运动估计和位置跟踪等。特别是针对特征点匹配的关键问题,本章将详细介绍一些特征点取法和匹配算法,如 SIFT、ORB、SURF 等,并探讨深度学习在目标检测和分割等方面的应用。此外,本章还会介绍末端感知技术的应用,如手眼系统以及如何搭建抓取系统等。在激光雷达方面,本章将重点介绍激光里程计技术,包括 ICP、NDT 等算法,并探讨激光雷达的感知技术。同时,还将介绍如何利用激光雷达数据进行地图构建、障碍物检测等应用,以及激光雷达在自动驾驶等领域中的应用前景。通过本章节的学习,读者将深入了解机器人感知技术的基本原理和应用方法,以及相关技术的最新进展和未来发展方向。

4.2 机器人视觉感知方式与视觉系统

机器人通过传感器之间的相互配合来模拟人类对外界环境的感知。视觉是人类感知外界物体大小、明暗、颜色、状态的重要途径。统计表明,人类通过视觉感知获取的外界信息量高达 80%。机器人视觉系统通过视觉传感器模拟人眼成像,控制器对图像信息进行分析与处理,运算结果反馈给视觉传感器调整其参数或者控制机器人完成任务。目前,视觉算法加速迭代,图像信号包含丰富的环境信息,使得机器人视觉系统成为移动机器人的必要配置,视觉定位与控制已经成为移动机器人不可或缺的重要功能。

1. 视觉感知方式

视觉感知按照感知方式可以分为主动视觉感知与被动视觉感知两种,两者之间的差别用一个简单的例子进行说明。当人处于强光环境下时,会下意识地眯起眼睛或者用手挡住强光,这两个动作也就分别对应机器人视觉感知系统的主动感知方式与被动感知方式。前者通过改变视觉传感器(眼球)的参数来获取清晰的图像,后者则是通过固定传感器周围的环境来保证成像质量。下面，给出两种感知方式的具体定义。

主动视觉（Action Vision）感知是指机器人根据对当前图像的分析与视觉感知的要求之间的差别，主动改变视觉传感器的参数或位置以适应变化环境下的图像采集任务的感知方式。这种会发生变化的环境（如室外光照变化）又被称为非结构化环境。要实现机器人主动视觉感知，视觉系统需要实时检测外界环境的变化，有时还需要其他传感器相互配合。这种感知系统更加接近人类的视觉系统，目前在智能机器人上使用普遍。

被动视觉（Passive Vision）感知是指视觉传感器参数固定，在固定采集环境下获取清晰图像的感知方式。被动视觉感知系统受外界环境变化影响较大，周围环境或视觉传感器位置发生变化时，需要重新标定相机。外界环境相对固定的环境又被称为结构化环境。采用被动视觉感知时，视觉系统是否采集到清晰的图像完全由运行前设定的传感器参数决定。这种感知方式虽然无法针对环境做出相应的调整，但固定位姿和参数的视觉传感器采集到的图像质量更为稳定，通常被用于室内场景下的机器人视觉系统。

2. 视觉系统

上述两种感知方式决定了机器人视觉系统对外界环境变化的敏感程度另外，成像质量会影响视觉系统的功能，同时视觉系统硬件的安装方式也会影响移动机器人的功能。现对移动机器人视觉系统两种常见的硬件搭载方式进行介绍。

1）随动机器人视觉系统指相机安装在机器人上，在移动机器人工作时随机器人一起移动。这类系统灵活性较高，通常会配合主动视觉感知使用。搭载在机器人上的视觉传感器，可以实现移动机器人避障以及目标定位与跟随。

2）固定机器人视觉系统指相机固定在某一位置，对全局进行监测，通过对机器人和目标分别定位后利用坐标变换，实现移动机器人的避障和目标检测。这种视觉系统较随动机器人视觉系统能获取更大范围的视觉图像，提高目标定位的效率。

在 4.2.1 节，将介绍相机的一些基本参数。在 4.2.2 节，将介绍视觉里程计。在 4.2.3 节中将对移动机器人末端感知技术进行介绍。

4.2.1 视觉传感器基本参数

在上文中提到，移动机器人在结构化环境中，需要对相机参数进行标定，而在非结构化环境中，还需要根据外界变化相应地调整相机的参数。因此，了解相机参数的具体含义以及相互之间的关系是十分必要的。本节将对相机基本参数的概念以及其对应的计算方法进行介绍。

相机的成像原理如图 4.1 所示。

图中，FOV（Field Of View，视场）表示单向感知视野（x 方向与 y 方向），WD 表示物体距离相机的距离，Sensor 表示像平面的尺寸（x 方向与 y 方向），f 表示镜头的焦距。图像传感器内置在相机中。不同的视觉感知任务对图像采集范围、极限距离的要求存在差异，在选择相机时，需要对这些参数进行综合考虑，四者关系见式（4.1）。

$$\frac{\text{FOV}}{\text{WD}} = \frac{\text{Sensor}}{f} \tag{4.1}$$

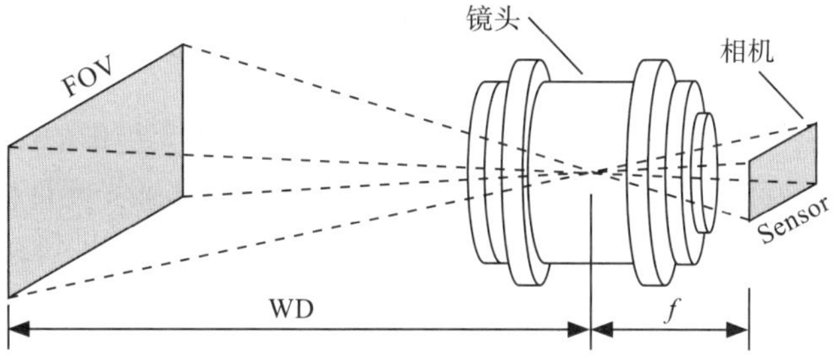

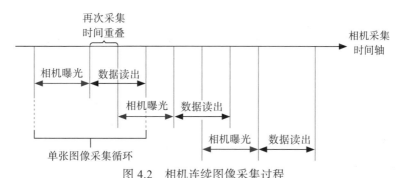

图 4.1 相机的成像原理

通过分析式（4.1）可知，当相机传感器尺寸固定时，镜头焦距越短，同等物距下，相机视野越大。此外，移动机器人上的视觉系统通常为实时系统，这就涉及相机帧率、曝光时间等参数的选择。一般相机的图像采集步骤分为相机曝光和数据读出两个部分，连续图像采集过程如图 4.2 所示。

图 4.2 相机连续图像采集过程

在现实情况下，大多数物体的运动状态是随机且不可预测的，此时使用面阵相机拍摄，可能会出现拉毛、模糊、变形等问题，这就涉及相机曝光时间的选择。相机成像是通过将光信号转换为电信号实现的，感光元件接受光信号所用的时间称为曝光时间。在同一光强的照射下，曝光时间越长，感光元件累积的电信号越强，对应像素点越白。当物体处于运动状态时，感光元件接收的光信号产生不规则变化，从而导致上述成像质量问题。因此，在相机曝光时间内，物体移动的距离越小，产生的拖影也就越小，计算相机最大曝光时间 T_S 的计算见式（4.2）。

$$T_S \leqslant \frac{\text{FOV}}{RV_p} \tag{4.2}$$

式中，V_p 表示物体的移动速度；R 表示相机一行像素的数量。需要注意的是，相机曝光时间越短，感光元件接收到的光信号越弱，感光较弱的相机无法合成清晰的图像。因此，当拍摄移动速度较快的物体时，需要选择感光较好的相机，保证在极短的曝光时间内，获取足够的光信号。

例 4.1 在分辨率选择相同条件下，当物体的移动速度为 5cm/s，FOV 为 100cm，R 为 2000 时，无拖影图像的最大曝光时间为

$$T_{\text{Smin}} = \frac{\text{FOV}}{RV_\text{p}} = \frac{100}{2000 \times 5}\text{s} = 0.01\text{s} \tag{4.3}$$

因此，在当前条件下，曝光时间小于 0.01s 时，可以获得无拖影的图像。

从曝光时间的概念可以知道，相机曝光时间就是相机内部感光元件接收光信号的时间。这段时间越长，相机采集两张图像之间的时间间隔也就越长。因此，曝光时间会限制相机的最大帧率。在例 4.1 的条件下，最大帧率 $\text{FPS}_{\max}$ 为

$$\text{FPS}_{\max} = \frac{1}{T_{\text{Smin}}} = \frac{1}{0.01}\text{s}^{-1} = 100\text{s}^{-1} \tag{4.4}$$

此外，根据感知的节拍要求，可以确定相机的最低帧率。

例如，人眼视觉暂留时间为 0.05s，当要求拍摄人眼无法分辨的流畅视频时，要求最小帧率 $\text{FPS}_{\min}$ 为

$$\text{FPS}_{\min} = \frac{1}{0.05}\text{s}^{-1} = 20\text{s}^{-1} \tag{4.5}$$

就另一方面而言，理论上也可以根据相机参数和物体的拖影长度来判断物体移动的速度。

4.2.2 机器人视觉里程计

视觉里程计是通过分析一系列给定的图片达到还原出相机的位姿信息目的的算法的统称。本节将介绍机器人在获取图像后，一些基于视觉里程计的概念和算法，主要从特征点匹配和感知空间坐标系建立两个部分进行介绍。目前，视觉里程计的主要方法分为基于特征点的方法和不使用特征点的直接法两种，本文着重介绍基于特征点的方法。

1. 特征点匹配

特征点又称为路标，是图像中比较有代表性的一些像素点。相机的成像原理是小孔成像，它遵循"近大远小"的投影规则，并且同一个物体在不同角度的投影是存在差别的。因此，想要使特征点匹配算法对特征点敏感，需要选择那些随相机视角改变投影特征变化较小的点作为特征点。特征点匹配指的是从一系列的图片中确定哪些点是现实世界中的同一点，根据若干点之间的相应关系计算出相机在采集图片时位姿的过程。实现特征点匹配的基础是找到满足匹配要求的特征点。总结而言，一个质量较高的特征点应具有以下四个性质。

1）稳定性：在不同角度的图像中均可以被找到。
2）特异性：不同的图像区域有各自的特征表达。
3）稀疏性：在图像中选择特征点的数量应该远小于像素的数量。
4）局部性：决定特征点的特征信息只能与特征点附近邻域相关。

通常情况下，特征点包含关键点（Key-point）和描述子（Descriptor）两大部分。关键点是指该特征点在图像中的位置、朝向或大小等直观信息；描述子则表示特征点较为抽象

的特征,通常需要对特征点区域进行约定的数学计算抽象而成。描述子需要以"外观相似的特征点,其描述子也应相似"的原则进行设计,因此,在特征点匹配算法中,描述子相近的两个特征点即被认为是同一个特征点。

经过长期的研究,机器人视觉感知领域的研究学者设计出了许多满足特征点各项性质的局部图像特征。目前,常用的特征点检测算法如下。

(1) Harris 将图片中的角点定义为特征点,角点定义为沿任意方向图像灰度均发生明显变化的点,灰度的变化速度称为局部曲率。由于在选择关键点时对比了邻域内各方向间的像素值差异,因此 Harris 算法检测出的关键点具有旋转不变性。但随着图像尺度的变化,原始尺度时的角点可能会成为边缘点,如图 4.3 所示。因此,关键点不具有尺度不变性。

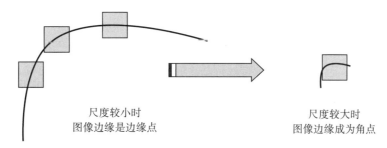

图 4.3　尺度变换对 Harris 关键点的影响

(2) SURF (Speeded Up Robust Feature)　将图片中局部曲率变化较快的点定义为关键点,相当于在 Harris 算法的基础上进行二次求导。该类特征点在不同尺度下表现出的特征是相似的。

(3) FAST (Features from Accelerated Segment Test)　将图片中的角点定位为特征点,此时角点定义为邻域边缘点和中心点间的像素值差异超过阈值的点。FAST 特征点检测步骤和示意图如算法 4.1 所示,由于特征点判定方法简单,因此 FAST 算法在特征点判定速度方面有极强的竞争力。

算法 4.1　FAST 伪代码

输入:
　　P_0,待检测像素点
　　T,特征点判定阈值
　　$P = [P_1 : P_{16}]$,特征点邻域边缘点列表,长度为 16
　　N,满足条件的连续像素点个数阈值
输出:
　　Flag = False,待检测像素点是否为特征点
开始:
　　$I = [I_1 : I_{16}]$,P_0 到 P_{16} 共 17 个点的像素点强度列表
　　Circle_len = 16−N+1　// 计算连续像素点集合个数

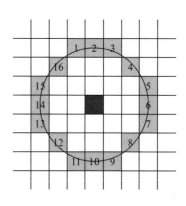

```
for i in range (Circle_len):    // 遍历所有连续点集合
    S = I[1：N+1]   // 提取相邻像素点对应强度值
    if ∀s ∈ S, I_0 − T < s < I_0 + T :   // 不符合特征点判定条件
        continue
    else   // 如果找到局部极值
        Flag = True
    end if
end for
return Flag
```

确定了图片中的关键点后，还需要对关键点特征进行完整的描述。虽然在选择关键点时，已经提取了其少量特征描述，但关键点之间无法进行区分，因此还需要另外对关键点进行具体的特征描述。下面介绍一种特征描述子。

（1）局部二值模式（Local Binary Pattern，LBP） 这是一种经典的图像特征描述子，由T. Ojala. M.Pietikäinen 和 D. Harwood 等人提出，具体计算步骤如算法 4.2 所示。原始版本的 LBP 方法利用图像范围小且固定，原作者还提出了改进方法 Circular LBP，将邻域替换成类似 FAST 算法中使用的圆形，圆形的半径和取点的稀疏系数均可以调整。由于特征描述子是通过图片中像素强度两两比较得到的，因此，LBP 方法具有良好的亮度不变性。值得一提的是，为了使描述子具有旋转不变性，可以将不同方向得到的二进制数中的特殊值（如最小值）作为关键点的特征描述子。

算法 4.2　LBP 伪代码

输入：
　　P_0，待检测像素点
　　$P = [P_1：P_8]$，特征点邻域边缘点列表，长度为 8
开始：
　　I_0，特征点像素强度
　　$I = [I_1：I_8]$，P_1 到 P_8 共 8 个点的像素点强度列表

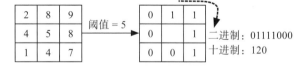

```
Feature_value = 0   // 记录特征描述子
for num in enumerate(I):   // 按照顺序比较像素强度
    if i > I_0:   // 不符合特征点判定条件
        Feature_value+=2**(num−1)   // 二进制转十进制
    end if
end for
return Feature_value
```

（2）二值鲁棒独立基本特征（Binary Robust Independent Elementary Feature，BRIEF）该方法是在2010年ECCV会议上提出的。算法使用二进制字符作为特征点的描述子，具有很好的识别性能和计算速度。与LBP方法类似，同样是比较邻域内两点对的像素强度，但BRIEF算法在邻域大小选取上具有更高的灵活性，并且在图像高斯平滑处理后进行比较，具有更高的稳定性。具体计算步骤如算法4.3所示。

算法4.3　BRIEF算法

输入：

　　$P_0 = (x_0, y_0)$，关键点

　　S，邻域长度，原作者取值为31

　　σ，N，高斯滤波器方差与大小，原作者取值为2和9

　　Num，点对个数，原作者取值为256

　　$N(\mu, \sigma)$，点对采样分布

开始：

　　$P = \text{image}\left[y_0 - \dfrac{S+1}{2} + 1 : y_0 + \dfrac{S+1}{2}, x_0 - \dfrac{S+1}{2} : x_0 + \dfrac{S+1}{2}\right]$，取关键点邻域

　　P_gaussBlur = gaussBulr(P, σ, N, N)　// 高斯平滑

　　Featrues = ' '　// 描述子初始化

　　for i in range(Num):　// 采样Num个点对

　　　　$x, y \sim N\left(0, \dfrac{1}{25}S^2\right)$　// 按高斯分布采样点对

　　　　if $I(x) < I(y)$:　// 比较点对的像素强度

　　　　　　Featrues += '1'

　　　　end

　　　　　　Featrues += '0'

　　　　endif

　　end for

　　return features

上述介绍的方法将特征点检测和特征描述分成两个阶段，通过组合可以满足不同的场景。接下来，介绍两种特征点检测与特征描述集成的方法，可直接输出特征点检测结果和对应特征描述。

（1）尺度不变特征变换（Scale Invariant Feature Transform，SIFT）该方法是基于尺度空间的方法，在图像缩放、旋转和亮度变化下仍然保持特征不变性，甚至在视角变化、仿射变换和噪声场景下也保持着一定程度的稳定性。为了使特征点具有尺度不变性，在关键点检测时引入了DoG特征金字塔，寻找不同尺度上的DoG函数极值点，得到具有尺度不变性的关键点。算法还利用36柱直方图对关键点的方向进行定义，获取各关键点的主方向

和辅方向，使特征点具有旋转不变性。最后，利用一个128维的特征向量描述特征点的更多特征，使其获得光照不变性和视角不变性。为了关键点特征具有独特性，SIFI使用了大量的计算和检测规则，使其在实时性方面受到一定的限制，关于具体计算步骤，建议阅读相关论文。

（2）面向FAST和可旋转的BRIEF（Oriented FAST and Rotated BRIEF，ORB） 该方法结合了FAST特征检测算法和BRIEF描述子两者的优势，并对其进行了有针对性的改进：利用尺度金字塔使特征点获得尺度不变性；使用特征点到其圆形邻域质心的方向作为特征点的方向，在特征描述符构建前，将圆形邻域按特征点方向进行旋转，使特征点获得旋转不变性；利用BRIEF算法构建特征描述符，使特征点能够通过逻辑异或运算完成特征点的匹配，提高算法的实时性。

尽管SIFT算法具有如此优秀的稳定性，但引入过于复杂的计算使得整个移动设备的制造成本上升，并且计算耗能会增加，影响移动机器人的工作时间和工作效率。ORB算法获取的特征点保留了尺度、旋转不变性，并且特征点匹配效率高，满足移动机器人作业的实时性，目前仍然被广泛运用。

通过上述方法，能够完成对图像中特征点的选择与描述。在特征点匹配时，只需要计算两张图片中各关键点特征描述符的相似性，将最相似的两个特征点认为是现实空间中的同一点，完成特征点匹配即可。

特征点匹配是机器人视觉里程计的第一步，只有知道特征点的位置，才能通过后续计算完成对深度、高度等属性的感知。在完成特征点匹配后，机器人需要利用多张图片之间特征点在图像上的位移来建立自身的感知空间坐标系。接下来，对机器人感知空间坐标系的建立进行分析。

2. 图像到空间的坐标映射

移动机器人工作场景是现实环境，而传统RGB（Red Green Blue）相机的成像为2D图像，因此建立感知空间坐标系的过程就是从一系列2D图像经过数学变换求解3D位置信息的过程。为了获得空间中某点在图像中的2D坐标与3D坐标之间的数学关系，可以通过给定已知的n个点对应的2D和3D坐标，通过参照点计算得到映射关系，这就是经典的PnP问题。

透视n点法（Perspective-n-Point，PnP）是指当已知n个3D空间点以及它们的投影在2D图像上的位置时，确定当前相机位姿一类问题的方法。由于PnP使用空间3D点与投影2D点之间的映射关系，因此不需要使用对极约束（空间中同一点在两张图像上的投影点之间存在的数学关系），又可以在很少的匹配点中获得较好的运动估计，是最重要的一种姿态估计方法。

PnP问题有很多种求解方法，比较经典的方法有直接线性变换（DLT）、PnP方法（P3P、P4P、P5P）和基于最小二乘迭代求解的非线性优化方法Bundle Adjustment。此外，还有大量经典方法的改进方法，如UPnP、ScPnP等。改进方法相较于经典方法能够利用更多的信息，尽可能地消除噪声的影响。对于改进方法的计算原理，编者建议读者阅读相关原始的论文，或通过实践来理解求解过程。

在本小节将介绍两种PnP问题的经典求解方法，即直接线性变换（DIT）和P3P方法，并详细介绍两种方法的计算原理。

（1）直接线性变换（Direct Linear Transform, DLT） 求解PnP问题的目标是得到相机当前的位姿，也就是说，当前相机位姿是未知的。位姿即位置与姿态，通常情况下，使用旋转变换矩阵 R 和平移变换矩阵 t 实现对相机位姿的描述。

DLT是通过六对2D-3D对应点对相机位姿进行求解的方法。设空间中某点 P 的齐次坐标为 $P=(X,Y,Z,1)^T$，在相机采集的图像I中的投影点 x_1 的坐标为 $x_1=(u,v,1)^T$。同时定义相机位姿增广矩阵 $[R|t]$，增广矩阵为 3×4 矩阵，同时包含相机的旋转与平移信息。根据2D空间到3D空间之间的坐标变换关系，列出坐标变换式为

$$Z_C \begin{pmatrix} u \\ v \\ 1 \end{pmatrix} = \begin{pmatrix} l_1 & l_2 & l_3 & l_4 \\ l_5 & l_6 & l_7 & l_8 \\ l_9 & l_{10} & l_{11} & l_{12} \end{pmatrix} \begin{pmatrix} X \\ Y \\ Z \\ 1 \end{pmatrix} \tag{4.6}$$

式中，Z_C 为相机的主光轴；L 为要求解的未知数。通过等式的最后一行将 Z_C 代换，可以得到关于 u，v 的表达式为

$$u = \frac{l_1 X + l_2 Y + l_3 Z + l_4}{l_9 X + l_{10} Y + l_{11} Z + l_{12}} \tag{4.7}$$

$$v = \frac{l_5 X + l_6 Y + l_7 Z + l_8}{l_9 X + l_{10} Y + l_{11} Z + l_{12}} \tag{4.8}$$

为了更好理解，将矩阵 L 简化成三个列向量

$$L = \begin{pmatrix} l_1 & l_2 & l_3 & l_4 \\ l_5 & l_6 & l_7 & l_8 \\ l_9 & l_{10} & l_{11} & l_{12} \end{pmatrix} = (l_1 \ l_2 \ l_3) \tag{4.9}$$

于是可以得到方程组

$$\begin{cases} l_1^T P - l_3^T P u = 0 \\ l_2^T P - l_3^T P u = 0 \end{cases} \tag{4.10}$$

L 作为待求未知数组成的矩阵，共有12个未知数。通过上述推导可以知道，每个2D-3D对应点可以提供两个关于 L 的线性约束。因此，使用直接线性变换法求解相机位姿，至少需要六对2D-3D匹配点才能完成线性方程组的求解。将方程组列成矩阵形式，已知 N 对匹配点时，求解相机位姿的线性方程组为

$$\begin{pmatrix} P_1^T & 0 & -u_1 P_1^T \\ 0 & P_1^T & -v_1 P_1^T \\ \vdots & \vdots & \vdots \\ P_N^T & 0 & -u_N P_N^T \\ 0 & P_N^T & -v_N P_N^T \end{pmatrix} \begin{pmatrix} l_1 \\ l_2 \\ l_3 \end{pmatrix} = 0 \tag{4.11}$$

需要注意的是，使用直接线性变换求解时，默认相机的内参已知，这样才能够得到投影点 x 在归一化平面上的齐次坐标。那么在内参未知的情况下，如何求解相机位姿呢？接下来介绍的 P3P 方法就是在内参未知的情况下，求解相机位姿及内参的一种方法。

（2）P3P 方法　我们知道，三点已知坐标的点，可以确定一个平面。因此，如果两张图像中，其中一张图像的 3D 特征点位置已知，那么最少只需三个点对（且需要至少一个额外点验证结果，具体原因在后续推导中说明）就可以估计相机运动。特征点的 3D 位置可以由三角化或者由 RGB-D 相机的深度图确定。因此，在双目或 RGB-D 的视觉里程计中，可以直接使用 PnP 估计相机运动。在单目视觉里程计中，必须先进行初始化，然后才能使用 PnP 方法（P3P、P4P、P5P）。

P3P 需要利用给定的三个点的几何关系。它的输入数据为三对 3D-2D 匹配点。记 3D 点为 A、B、C，2D 点为 a、b、c，其中小写字母代表的点为大写字母在相机成像平面上的投影，如图 4.4 所示。

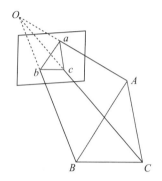

图 4.4　P3P 求解 3D-2D 对应点示意图

此外，通过三个 2D-3D 对应点，可以将 PnP 转换成一个二元二次方程组求解问题，受方程组求解方法的限制，有时可能无法得到唯一解，因此，使用 P3P 解 PnP 问题时，可能还需要使用一对验证点，以从可能的解中选出正确解。记验证点对记作 D-d，相机光心为 O。注意，A、B、C 的坐标为其在世界坐标系中的坐标，而不是在相机坐标系中的坐标。一旦 3D 点在相机坐标系下的坐标能够算出，就得到了 3D-3D 的对应点，把 PnP 问题转换为了迭代最近点（Iterative Closest Point，ICP）问题。下面，对得到二元二次方程组的具体步骤进行讲解。

首先，三角形之间存在以下对应关系

$$\triangle Oab \sim \triangle OAB, \triangle Obc \sim \triangle OBC, \triangle Oac \sim \triangle OAC \tag{4.12}$$

以 △Oab 与 △OAB 之间的数学关系为例。利用余弦定理，有

$$OA^2 + OB^2 - 2OA \cdot OB\cos(a,b) = AB^2 \tag{4.13}$$

对于其他两个相似三角形也可以列出类似等式，于是得到方程组

$$\begin{cases} OA^2 + OB^2 - 2OA \cdot OB\cos(a,b) = AB^2 \\ OB^2 + OC^2 - 2OB \cdot OC\cos(b,c) = BC^2 \\ OA^2 + OC^2 - 2OA \cdot OC\cos(a,c) = AC^2 \end{cases} \tag{4.14}$$

对方程组中三个等式左右同时除以 OC^2，并利用等式代换，令 $x=OA/OC$、$y=OB/OC$，可得

$$\begin{cases} x^2 + y^2 - 2xy\cos(a,b) = AB^2/OC^2 \\ y^2 + 1^2 - 2y\cos(b,c) = BC^2/OC^2 \\ x^2 + 1^2 - 2x\cos(a,c) = AC^2/OC^2 \end{cases} \tag{4.15}$$

分析式（4.14）中的已知量与未知量。由于已知 2D 点的图像位置，所以三个余弦角度是已知的。同时，在世界坐标系下，三个真实点之间的相对位置也可以测量得到，其与 OC 之间的比值并不会因为坐标系的变换而发生改变，因此，式（4.14）中，仅有 x、y 两个未知数是会随坐标系的变换而发生改变的。因此，该方程组是一个关于 x 和 y 的二元二次方程组，方程组可以利用吴消元法进行求解。该方程最多可能得到四个解，此时就需要使用验证点来排除其他解，得到 A、B、C 在相机坐标系下的 3D 坐标，然后，根据 3D-3D 的点对，计算相机的旋转矩阵 R 和平移向量 t。

从 P3P 的原理上可以看出，为了求解 PnP，利用了三角形相似性质，求解投影点 a、b、c 在相机坐标系下的 3D 坐标，最后把问题转换成一个 3D 到 3D 的位姿估计问题。

P3P 利用三对匹配点就可以完成图像中任一点的空间位置的推断，然而，P3P 也存在着一些问题：P3P 利用空间信息较少，当出现噪声影响时，容易出现误匹配的现象，导致算法失效，并且，当给定的配对点多于 3 组时，难以利用更多的信息。此外，相较于 DLT 方法，PnP 解法需要求解的未知数增多，相应的效果也会差一些。

上述的两种方法均是假设 2D-3D 匹配点在线性情况下的求解方法，但相机成像时，镜头的畸变是不可避免的，因此，在实际场景下的视觉 SLAM 中，通常会将线性优化方法与非线性优化方法结合使用。先使用线性优化方法估计相机位姿，然后构建最小二乘优化问题对估计值进行调整，从而求得精确解。

对于智能机器人而言，除了算法的计算精度外，算法的计算速度也是限制算法在智能机器人上部署的一大瓶颈。2019 年，空军航空大学对自适应加速 RPnP 算法进行研究与设计，所设计的算法大大降低了 RPnP 算法的时间复杂度，提高了算法的实时性能。武汉大学使用改进 PnP 算法，采用迭代优化方式实现了三维位移的实时测量。

4.2.3 机器人末端感知技术

移动机器人的视觉里程计技术可以使机器人在移动过程中对自身和周围空间环境的变化进行实时反馈，完成运输、监控等任务。机器人对外界环境的准确感知使其能够安全地到达指定位置。但仅完成上述所说的功能是不够的，人们希望移动机器人可以更加独立、智能地完成任务。类比于人类，就是人们希望移动机器人不仅具有"腿"和"眼"，还需要具有"手"，也就是灵巧的机器人末端。

这种由相机与机器人末端组成的系统被称为手眼系统（Hand-Eye System）。手眼系统根据相机安装位置的不同又分为 Eye-in-Hand 式手眼系统和 Eye-to-Hand 式手眼系统。其中，相机安装在机械手末端，随机械臂移动的机器人视觉系统称为 Eye-in-Hand 式手眼系统，而相机不随机械臂移动的机器人视觉系统则称作 Eye-to-Hand 式手眼系统。手眼系统如图 4.5 所示。

Eye-in-Hand 式手眼系统保持相机与机器人末端位置固定，感知视野为机器人末端局部环境，当目标丢失时可能需要回到坐标原点重新捕捉目标。Eye-to-Hand 式手眼系统中，相机安装在空间上方，对空间全局进行监测，但机器人末端进行操作时可能对相机视野造成遮挡，此时无法使用视觉引导机器人操作。

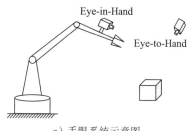
a）手眼系统示意图

b）Eye-to-Hand 式手眼系统

c）Eye-in-Hand 式手眼系统

图 4.5　手眼系统

在 4.2.1 节中介绍了相机的基本参数，而在手眼系统中，有两个重要的相机参数需要注意。

1）帧率（FPS）：要实现机器人末端的灵巧作业，帧率需要与机器人末端移动速度相匹配，以满足实时性要求。

2）感知视野（FOV）：当使用 Eye-to-Hand 式手眼系统时，相机视野需要大于机器人末端可操作范围；当使用 Eye-in-Hand 式手眼系统时，如果是对目标进行加工（如焊接），相机视野至少应该保证操作目标与机器人末端能够同时出现在图像中，实时监测接触面状态，根据状态调整机器人末端的动作。

机器人通过视觉感知系统获取目标的位姿信息，以此来调整末端各关节的移动轨迹和机器人末端，以实现对目标的操作。因此，视觉感知的精度往往会限制末端的精细化操作。随着大数据、智能感知等高新技术的加速发展，视觉感知算法的精度与速度均实现了较大的飞跃。目标检测、语义分割、文字识别、目标跟踪等技术的发展都充分利用了视觉感知技术，视觉感知技术已经逐步实现实时、智能、可靠的感知，并且已经实现在汽车工业、电子工业、智能物流、生物制药等领域的技术落地。下面，对视觉感知方法进行介绍。

1. 传统视觉识别方法

传统的视觉识别方法通常会利用手动设计的特征描述器对图像进行处理与识别，通过先验模板与检测图像的匹配关系引导机器人找到目标对象，其中，找到先验模板是实现目标识别的关键步骤。因此，传统视觉识别方法可以分为基于模板匹配的识别方法和基于特征匹配的识别方法。

1）基于模板匹配的识别方法是使用检测前确定的模板，扫描输入图像的不同位置，并计算两者的相似度，选择相似度最高的区域为所匹配的区域。Hinterstoisser 等人运用模板匹配的方法提出了一种实时的三维对象实例检测方法，如图 4.6 所示。基于扩展图像的梯度方向，允许在解析图像时只测试所有可能像素位置的一个小子集，并使用有限的模板集表示 3D 对象。Cao 等人对物体的实时姿态估计提出一

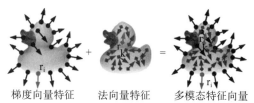

图 4.6　传统视觉检测的视觉识别方法

种新颖的模板集和图像构造形式，重构传统的归一化的相关操作实现快速匹配的矩阵乘法。

2）基于特征匹配的识别方法是把图像感兴趣的像素提取为局部特征，匹配到3D模型去构建2D-3D的对应匹配关系，最终得到目标物体的姿态。D.G.Lowe等人提出了一种基于局部图像特征的目标识别方法，采用分阶段滤波方法，通过多方向平面和多个尺度表示模糊的图像梯度，寻找位置参数模型的最低残差最小二乘解，实现尺度空间中识别稳定点，有效地检测特征。Rothganger等人介绍了一种基于局部仿射不变的图像三维物体描述器和相应模型表面块的建立空间关系，使用多视图几何约束表示最大的3D表面，保留匹配的地方，构建3D模型的表示。

传统视觉感知方法比较依赖人为划定的模板或特征，但现实场景中环境变化很难完全预料，对于很多"意料之外"的变化，传统视觉感知算法的检测性能会受到明显的影响，但在简单可控的环境中，具有检测速度快、检测结果可靠性高的优势。深度学习方法的出现与发展，使得人们能够通过传入图片数据，就可以让计算机通过迭代学习到目标的共性特征，具有更强的适用性。

2. 基于深度学习的视觉识别方法

与传统意义上的目标检测、分割等识别任务有所不同，由于机器人末端需要对检测目标进行操作，需要获取目标的位姿信息（包含三个平移自由度和三个旋转自由度）。深度学习方法是基于数据的识别方法，数据集的大小和质量会影响识别精度。根据训练数据集的来源，可以将基于深度学习的视觉识别方法分成基于真实数据的识别方法和基于虚拟合成数据集的识别方法两类。

基于真实数据的识别方法是把采集物体的图像和对应收集物体相对相机的姿态作为标签，制作真实的有效数据，自主设计神经网络，然后把制作的数据集加入网络训练，最终得到物体的姿态估计检测网络。如图4.7a所示，Xiang等人制作了21类物体的真实训练数据集YCB，提出PoseCNN针对制作的数据进行姿态估计网络训练，有效地解决了部分遮挡物的姿态估计问题。此外，RGB-D相机的出现，丰富了图像包含的深度信息。对此，Wang等人使用了一种新的密集融合网络提取像素方向的密集特征，充分地利用RGB图像与深度图像信息两个互补数据源进行网络训练，实现目标的位姿估计。

基于虚拟合成数据集的识别方法是通过计算机根据预先设置的标记生成训练数据，构建数据集，再利用数据集对设计的神经网络进行训练的方法。虚拟合成方法的出现，缓解了真实数据集标注困难的瓶颈，解决了训练数据量不足的问题。Tremblay等人为了弥补单纯使用数据合成方式导致的在真实世界检测存在差距的问题，使用两种合成数据（随机域数据和真实级照片数据）混合作为训练数据集，加入提出的DOPE网络进行姿态估计，达到在真实世界能够进行有效检测的目的，有效地缩小了训练合成数据在真实世界检测的差距。如图4.7b所示，Fang等人提出了一种多任务领域适应识别框架，在仿真环境中训练抓取实例物体的模型，再迁移至真实场景中，真正地将从虚拟环境获取的数据运用到真实世界。

在确定目标的位姿之后，再通过坐标变换从相机坐标系转换到机器人坐标系，从而实现机器人末端对指定目标的操作。在这里需要注意的是，两种手眼系统对应机器人坐标系的原点有所不同。

在 Eye-to-Hand 式手眼系统中,相机视野固定,而机器人末端在操作过程中始终处于移动状态。在这种情况下,机器人坐标系零点通常选定在操作过程中不会发生位移变化的机器人底座上,而末端位姿信息能够通过机械结构的位姿变化计算得到,避免了多次重复识别机器人末端位姿。

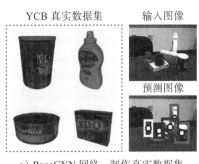 

a) PoseCNN 网络,制作真实数据集　　　　b) 多任务领域适应识别框架

图 4.7　基于深度学习的视觉识别方法

在 Eye-in-Hand 式手眼系统中,相机与机器人末端之间位置相对固定,随机器人末端移动而移动。针对这种情况,机器人坐标系则选定在末端中心。此时,相机坐标系与机器人坐标系矩阵不会在作业过程中变化,保证了末端操作的稳定性。

3. 应用

基于上述视觉识别算法,可以搭建智能抓取机器人系统。接下来,对智能抓取系统视觉感知环节进行介绍。

抓取的第一步是对抓取目标的识别。该步骤与 2D 图像目标检测任务相同,针对目标在不同光照与复杂背景下的难以识别的困难,采用两阶段目标检测网络对目标进行分类识别与粗定位。第二步是对检测目标的 6D 位姿估计。为了缓解真实数据集标注困难的问题,可以通过虚幻引擎 UE4 将检测物体的 3D 模型投影图插入复杂背景图像中,达到扩充数据集的目的。通过视觉感知算法获取到目标的角点后,就可以通过 4.2.2 节中提到的 PnP 算法估计机器人末端的移动轨迹,完成智能抓取任务。

有关具体实现细节,可以查阅论文"A Practical Robotic Grasping Method by Using 6D Pose Estimation with Protective Correction"。

4.3　激光雷达感知技术

激光雷达感知技术是一种通过发送激光脉冲并测量其返回时间来获取目标或环境信息的远程感测技术,相较于视觉感知,激光雷达不受光照、天气等环境因素的影响,具有较高的分辨率和精度,被广泛应用于各个领域,如自动驾驶、无人机、地理测绘等。本节将会对激光里程计、三维环境感知进行详细说明。

4.3.1 激光里程计

激光里程计是一种利用激光雷达进行递推的位姿状态估计的方法,激光里程计和轮式里程计在主要思想上一致,都是通过计算帧间或是最小时间之间载体的相对位姿变化,然后进行积分得到当前时刻运动载体相对于初始时刻的位姿。目前激光里程计中帧间变换的位姿估计方法有:①基于直接匹配的方法,如 ICP 算法、NDT 算法;②基于特征的方法,如 Loam、A-Loam 等;③基于栅格的方法,如 cartographer;④基于面元的方法,如 suma;⑤基于语义的方法,如 segmap、suma++ 等。本节将会对直接匹配法和特征法进行说明。

1. 直接匹配法

(1) ICP 算法 迭代最近点(Iterative Closest Point,ICP)算法是经典的点云配准算法之一,也被称为最近点迭代算法。点云数据能够获得目标准确的拓扑结构和几何结构,然而在实际的采集过程中,由于被测目标尺寸过大、物体遮挡或扫描设备角度等问题,单次扫描往往得不到物体完整的几何信息。为了能够获得目标完整的几何信息,通常对目标进行多视角地扫描并将不同坐标系下的多组点云统一到同一坐标系中,以实现点云的配准,如图 4.8 所示。下面描述 ICP 算法的基本原理及步骤。

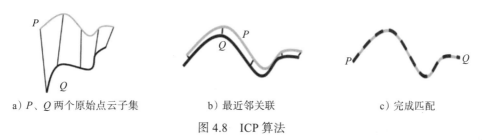

a) P、Q 两个原始点云子集　　b) 最近邻关联　　c) 完成匹配

图 4.8　ICP 算法

1) 刚性变换矩阵。点云配准的最终目的是通过一定的旋转和平移来将不同坐标系下的点云数据统一到同一坐标系中,这个过程可以通过一组映射完成,映射变换的公式如下

$$P' = HP$$

$$H = \begin{pmatrix} a_{11} & a_{12} & a_{13} & t_x \\ a_{21} & a_{22} & a_{23} & t_y \\ a_{31} & a_{32} & a_{33} & t_z \\ v_x & v_y & v_z & s \end{pmatrix} = \begin{pmatrix} \boldsymbol{R} & \boldsymbol{T} \\ \boldsymbol{V} & s \end{pmatrix} \quad (4.16)$$

$$\boldsymbol{R} = \begin{pmatrix} a_{11} & a_{12} & a_{13} \\ a_{21} & a_{22} & a_{23} \\ a_{31} & a_{32} & a_{33} \end{pmatrix} \quad (4.17)$$

$$\boldsymbol{T} = (t_x\ t_y\ t_z)^{\mathrm{T}} \quad (4.18)$$

$$\boldsymbol{V} = (v_x\ v_y\ v_z)^{\mathrm{T}} \quad (4.19)$$

式中,$\boldsymbol{R}$ 为旋转矩阵;$\boldsymbol{T}$ 为平移向量;$\boldsymbol{V}$ 为透视变换向量;s 为目标整体的比例因子。

在设备扫描的过程中，不同帧的点云数据仅存在旋转和平移，不存在形变，因此将 V 设为零向量，比例因子 $s=1$，映射变换 H 可表示为

$$H = \begin{pmatrix} R_{3\times3} & T_{3\times1} \\ O_{1\times3} & 1 \end{pmatrix} \tag{4.20}$$

其中旋转矩阵可表示为

$$R_{3\times3} = \begin{pmatrix} 1 & 0 & 0 \\ 0 & \cos\alpha & \sin\alpha \\ 0 & -\sin\alpha & \cos\alpha \end{pmatrix} \begin{pmatrix} \cos\beta & 0 & -\sin\beta \\ 0 & 1 & 0 \\ \sin\beta & 0 & \cos\beta \end{pmatrix} \begin{pmatrix} \cos\gamma & \sin\gamma & 0 \\ -\sin\gamma & \cos\gamma & 0 \\ 0 & 0 & 1 \end{pmatrix} \tag{4.21}$$

$$T_{3\times1} = [t_x\ t_y\ t_z]^\mathrm{T} \tag{4.22}$$

式中，α、β、γ 分别为点云沿 x、y、z 轴旋转的角度；t_x、t_y、t_z 分别为点云在 x、y、z 轴的平移。

2）刚性变换矩阵的参数估计。不同坐标系下的点云 P 和 P' 进行坐标变换时，可以通过以下公式进行转换

$$P' = R_{3\times3} P + T_{3\times1} \tag{4.23}$$

式中，$P = [x_i\ y_i\ z_i]^\mathrm{T}$；$P' = [x_i'\ y_i'\ z_i']^\mathrm{T}$。由式（4.21）和式（4.22）可推出

$$\begin{pmatrix} x_i' \\ y_i' \\ z_i' \end{pmatrix} = R_{3\times3} \begin{pmatrix} x_i \\ y_i \\ z_i \end{pmatrix} + \begin{pmatrix} t_x \\ t_y \\ t_z \end{pmatrix} \tag{4.24}$$

式中，

$$R_{3\times3} = \begin{pmatrix} \cos\beta\cos\gamma & \cos\beta\sin\gamma & -\sin\beta \\ -\cos\alpha\sin\gamma - \sin\alpha\sin\beta\cos\gamma & \cos\alpha\cos\gamma + \sin\alpha\sin\beta\sin\gamma & \sin\alpha\cos\beta \\ \sin\alpha\sin\gamma + \cos\alpha\sin\beta\cos\gamma & -\sin\alpha\cos\gamma - \cos\alpha\sin\beta\sin\gamma & \cos\alpha\cos\beta \end{pmatrix} \tag{4.25}$$

由以上公式可以看出，刚性变化矩阵中涉及六个未知数 α、β、γ、t_x、t_y、t_z，为了唯一确定以上六个未知数，至少需要六组方程式，即需要在待配准点云的重叠区域找到至少三组非共线的、相互对应的点对，来对未知数的值进行求解以完成刚性矩阵的参数估计。在点云配准的研究中，通常会尽可能多的选择点对来进一步提高刚性变换矩阵参数的估计精度。

3）目标函数求解。在待匹配点云的重叠区域内，分别定义源点集 P 和目标点集 Q，如图 4.8 所示。

$$P = \{p_i \mid p_i \in \mathbf{R}^3, i = 1, 2, \cdots, n\}$$
$$Q = \{q_j \mid q_j \in \mathbf{R}^3, j = 1, 2, \cdots, m\}$$

其中，n 和 m 分别代表两个点集的规模。

设旋转矩阵为 R，平移矩阵为 T，则点 p 到点 p_i' 的坐标变换为

$$p_i' = R p_i + T \tag{4.26}$$

记源点集 P 在刚性变换矩阵（R, T）下的点集 P' 与目标点集 Q 之间的误差为

$$S(R, T) = \frac{1}{n} \sum_{i=0}^{n} \| p_i' - q_i \|^2 \tag{4.27}$$

刚性变换矩阵（$\boldsymbol{R},\boldsymbol{T}$）为源点集 P 到目标点集 Q 的坐标变换矩阵，则点集 P' 与目标点集 Q 之间的误差应当最小，因此可以将刚性变换矩阵求解的问题转换为最优化的问题，即 ICP 求解的误差函数定义为

$$\min S(\boldsymbol{R},\boldsymbol{T}) = \frac{1}{n}\sum_{i=0}^{n}\|p'_i - q_i\|^2 = \frac{1}{n}\sum_{i=0}^{n}\|(\boldsymbol{R}p_i + \boldsymbol{T}) - q_i\|^2 \qquad (4.28)$$

式中，n 为最邻近点对的个数；p_i 为源点集中的一点；q_i 为目标点云中与 p_i 对应的最近点。利用非线性优化理论求解该问题，当满足 $S(\boldsymbol{R},\boldsymbol{T}) < S_{\text{THR}}$ 或 $N_{\text{step}} > N_{\text{THR}}$ 的条件时，停止迭代计算，否则继续寻找点对进行迭代求解，直到满足预设的收敛条件为止。其中，S_{THR} 为事先给定的阈值，N_{step} 为当前迭代次数，N_{THR} 为事先给定的最大迭代次数。

（2）NDT 算法　正态分布变换（Normal Distribution Transformation，NDT）算法是一个点云配准算法。该算法主要思想是为前一帧激光点划分栅格，并假设每一块栅格的激光点分布符合正态分布，把当前帧激光点数据通过转换矩阵转换到前一帧上来，求和计算转换之后的激光点的概率之和，可以用最优化方法最大化这个概率之和，从而解得转换矩阵，达到帧间匹配的作用。NDT 的主要步骤分为三步：计算 NDT 过程、帧间匹配、牛顿算法优化。

1）计算 NDT 过程。将参考点云（Reference Scan）所占的空间划分成指定大小（Cell Size）的栅格，并计算每个网格的多维正态分布参数。对于每一个小的栅格，需要执行下面的三步：

① 在每一个栅格内，有激光点云集合 $x_i = 1, 2, \cdots, n$。

② 计算激光点云集合的均值 $q = \frac{1}{n}\sum_{i=1}^{n} x_i$。

③ 计算激光点云集合的协方差 $\Sigma = \frac{1}{n}\sum_{i=1}^{n}(x_i - q)(x_i - q)^t$，主要用于描述激光点的分散程度。

那么，得到的一个激光点在此栅格中的概率可以用下式计算

$$p(x) \sim \exp\left(-\frac{(x-q)^t \Sigma^{-1}(x-q)}{2}\right) \qquad (4.29)$$

上面的概率代表了栅格被占据的概率，一般使用的栅格尺寸为 1m×1m。如图 4.9 所示，左边是激光点数据图，右边是概率图，越亮的地方，代表这里是障碍物的概率越高，根据前面 NDT 的过程，每一个栅格就有一个正态分布函数，这样就很容易计算出来地图上所有的概率分布。

a）激光点数据图　　b）概率图

图 4.9　激光点数据图与概率图对照

2）帧间匹配。对于要配准的点云，通过变换矩阵 $\boldsymbol{T}$ 将其转换到参考点云的网格中

$$\boldsymbol{T}\begin{pmatrix} x' \\ y' \\ z' \end{pmatrix} = \begin{pmatrix} \cos\theta & \sin\theta & 0 \\ -\sin\theta & \cos\theta & 0 \\ 0 & 0 & 1 \end{pmatrix}\begin{pmatrix} x \\ y \\ z \end{pmatrix} + \begin{pmatrix} t_x \\ t_y \\ t_z \end{pmatrix} \qquad (4.30)$$

式中，$\begin{pmatrix} x \\ y \\ z \end{pmatrix}$ 为当前帧激光点云数据；$\begin{pmatrix} x' \\ y' \\ z' \end{pmatrix}$ 为上一帧激光点云数据；T 为两帧激光点云的变换矩阵，计算 T 的过程如下。

① 建立第一帧（上一帧）激光点云的 NDT（概率值）。

② 初始化两帧（上一帧和当前帧）之间的位姿，对于移动机器人，可以用里程计来初始化。

③ 根据初始化的位姿，完成第二帧（当前）激光的坐标转换，即把当前帧的激光点，通过转换矩阵，转到前一帧激光的坐标下。

④ 计算第二帧激光经过坐标转换后的概率分布情况，并计算总的分数。

⑤ 换一个位姿，按照 3、4 步骤计算匹配分数，直至达到收敛准则，这一步用到了牛顿算法。

上面步骤中的计算分数的方法详述如下。

① 假设待估计的位姿表示为：$\boldsymbol{p}=(t_x,t_y,\theta)^{\mathrm{T}}$。

② 第二帧（当前帧）的激光雷达点云表示的位姿用 x_i 表示。

③ 第一帧（上一帧）的激光雷达点云表示的位姿用 x_i' 表示，则有：$x_i' = \boldsymbol{T}(x_i, \boldsymbol{p})$。

④ 因为 NDT 过程已经得到了一张概率地图，第一帧激光点云数据用 NDT 方法计算出来的高斯分布的均值和协方差用 q_i 和 Σ_i 表示。

评价估计出来的位姿优劣的分数函数为

$$\text{score}(p) = \sum_{i=1}^{n} \exp\left(-\frac{(x_i' - q_i)^{\mathrm{T}} \Sigma_i^{-1} (x_i' - q_i)}{2}\right) \qquad (4.31)$$

3）牛顿算法优化。根据牛顿优化算法对目标函数 score(p) 进行优化。优化的关键步骤是要计算目标函数的梯度和 Hessian 矩阵：

目标函数 score，由每个格子的值 ε 累加得到，令 $q = (x_i' - q_i)$，则

$$\varepsilon = -\exp\left(\frac{-\boldsymbol{q}^{\mathrm{T}} \Sigma^{-1} \boldsymbol{q}}{2}\right) \qquad (4.32)$$

根据链式求导法则以及向量、矩阵求导的公式，ε 的梯度方向为

$$\frac{\partial \varepsilon}{\partial p_i} = \frac{\partial \varepsilon}{\partial \boldsymbol{q}} \frac{\partial \boldsymbol{q}}{\partial p_i} = \boldsymbol{q}^{\mathrm{T}} \Sigma^{-1} \frac{\partial \boldsymbol{q}}{\partial p_i} \exp\left(\frac{-\boldsymbol{q}^{\mathrm{T}} \Sigma^{-1} \boldsymbol{q}}{2}\right) \qquad (4.33)$$

式中，$\boldsymbol{q}$ 对变换参数 p_i 的偏导数 $\dfrac{\partial \boldsymbol{q}}{\partial p_i}$ 即为变换矩阵 $\boldsymbol{T}$ 的雅克比矩阵，即

$$\frac{\partial \boldsymbol{q}}{\partial p_i} = \boldsymbol{J}_T = \begin{pmatrix} 1 & 0 & -x\sin\theta - y\cos\theta \\ 0 & 1 & x\cos\theta - y\sin\theta \end{pmatrix} \qquad (4.34)$$

根据上面梯度的计算结果，继续求 ε 关于变量 p_i、p_j 的二阶偏导，即

$$\boldsymbol{H}_{i,j} = \frac{\partial^2 \varepsilon}{\partial p_i \partial p_j} = \frac{\partial \left(\frac{\partial \varepsilon}{\partial p_i}\right)}{\partial p_j} = \frac{\partial \left(\boldsymbol{q}^{\mathrm{T}} \Sigma^{-1} \frac{\partial \boldsymbol{q}}{\partial p_i} \exp\left(\frac{-\boldsymbol{q}^{\mathrm{T}} \Sigma^{-1} \boldsymbol{q}}{2}\right)\right)}{\partial p_j}$$

$$= \frac{\partial \left(\boldsymbol{q}^{\mathrm{T}} \Sigma^{-1} \dfrac{\partial \boldsymbol{q}}{\partial p_i}\right)}{\partial p_j} \exp\left(-\dfrac{-\boldsymbol{q}^{\mathrm{T}} \Sigma^{-1} \boldsymbol{q}}{2}\right) + \left(\boldsymbol{q}^{\mathrm{T}} \Sigma^{-1} \dfrac{\partial \boldsymbol{q}}{\partial p_i}\right)\left(\dfrac{\partial \exp\left(-\dfrac{-\boldsymbol{q}^{\mathrm{T}} \Sigma^{-1} \boldsymbol{q}}{2}\right)}{\partial p_j}\right)$$

$$= -\exp\left(-\dfrac{-\boldsymbol{q}^{\mathrm{T}} \Sigma^{-1} \boldsymbol{q}}{2}\right)\left[\begin{array}{c}\left(\boldsymbol{q}^{\mathrm{T}} \Sigma^{-1} \dfrac{\partial \boldsymbol{q}}{\partial p_i}\right)\left(\boldsymbol{q}^{\mathrm{T}} \Sigma^{-1} \dfrac{\partial \boldsymbol{q}}{\partial p_i}\right) - \left(\dfrac{\partial \boldsymbol{q}^{\mathrm{T}}}{\partial p_j} \Sigma^{-1} \dfrac{\partial \boldsymbol{q}}{\partial p_j}\right) \\ -\left(\boldsymbol{q}^{\mathrm{T}} \Sigma^{-1} \dfrac{\partial^2 \boldsymbol{q}}{\partial p_i \partial p_j}\right)\end{array}\right] \quad (4.35)$$

根据变换方程，向量 $\boldsymbol{q}$ 对变换参数 p 的二阶导数的向量为

$$\dfrac{\partial^2 \boldsymbol{q}}{\partial p_i \partial p_j} = \begin{cases} \begin{pmatrix} -x\cos\theta + y\sin\theta \\ -x\sin\theta - y\cos\theta \end{pmatrix} & i = j - 3 \\ \begin{pmatrix} 0 \\ 0 \end{pmatrix} & \text{其他} \end{cases} \quad (4.36)$$

2. 特征法

为了计算雷达的运动位姿，需要得到的是相邻帧间的姿态变换关系。为了获取相邻帧的姿态变换，使用全部点云处理是不可靠的，为了减少计算的时间消耗，一般需要使用特征点来代替完整的数据帧。选取特征点的依据是曲率，根据点的曲率来计算平面光滑度作为提取当前帧的特征信息的指标。

$$c = \dfrac{1}{|S| \cdot \| X_{(k,i)}^L \|} \| \sum_{j \in S, j \neq i} (X_{(k,i)}^L - X_{(k,j)}^L) \| \quad (4.37)$$

式中，c 是对应点的曲率，S 是一个点云集合，通过选取前后几个点的位置来计算曲率值 c，通过比较曲率就可以选出曲率大的边缘点和曲率小的平面点。边缘点（Corner）可以理解为在三维空间中处于尖锐边缘上的点，其与周围点的大小差距较大，曲率较高，平滑度较低。平面点（Planar）可以理解为在三维空间中处于平滑平面上的点，其与周围点的大小差距不大，曲率较低，平滑度较高。同时，对所取的点也有一定的限制，需要去除一些不稳定的点，即该点周围的点尽量不要再被提取到，这样可以使整体的特征点分布更加的平均；该点不能与雷达扫描束过于平行，这样也会出现问题，如图 4.10 所示。

图 4.10　去掉非特征点

通过上面的循环，得到一帧点云数据对应的特征信息。这样就可以在整个三维空间内，

将这些特征信息代替整个数据。提取后的结果如图 4.11 所示。

在提取了点云特征后,下一步就是要进行点云特征匹配。已知第 k 次扫描的点云为 P_k,提取的边缘点集合记为 E_k,提取的平面点记为 H_k;第 $k+1$ 次扫描的点云为 P_{k+1},提取的边缘点集合记为 E_{k+1},提取的平面点记为 H_{k+1}。我们的目的是要得到 P_{k+1} 和 P_k 之间的变换关系,也就是 E_{k+1} 和 E_k,以及 H_k 和 H_{k+1} 之间的关系。由于激光雷达自身在 k 和 $k+1$ 时刻过程中是运动的,所以,每个点对应的姿态变换矩阵都应该得到一定的修正。为了方便处理,将所有的点重投影到每一帧的初始时刻,这样在这一帧中的所有点都可以得到对应的姿态变换信息。将重投影到每一帧初始时刻的边缘点和平面点记为 $E_{k+1}^{\wedge}$ 和 $H_{k+1}^{\wedge}$。

图 4.11 一帧点云数据特征提取结果:边缘点及平面点

(1) 边缘点匹配 边缘点就是三维结构中线所构成的点,即求点到线的最近距离。已知 E_k 和 $E_{k+1}^{\wedge}$,需要在 E_k 中找到一条线来求解最近距离,如图 4.12 所示。

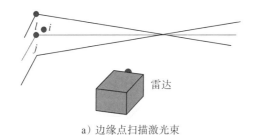

a) 边缘点扫描激光束   b) 点线几何约束

图 4.12 雷达扫描激光束以及点线几何约束关系

从 $E_{k+1}^{\wedge}$ 中选取一个点 i,在 E_k 中选取与 i 最近的点 j,以及在 E_k 中选取与点 j 相邻扫描激光束中最近的点 l,这样的目的是防止 i、j、l 三点共线而无法构成三角形。选取三个点 $i \in E_{k+1}^{\wedge}$,j、$l \in E_k$,坐标分别记为 $\hat{X}_{(k+1,i)}$、$X_{(k,j)}$、$X_{(k,l)}$。

这样就可以将姿态变换转换表示为点 i 到线 jl 的最短距离,即

$$D_e = \frac{|(\hat{X}_{(k+1,i)} - X_{(k,j)}) \times (\hat{X}_{(k+1,i)} - X_{(k,l)})|}{|X_{(k,j)} - X_{(k,l)}|} \quad (4.38)$$

(2) 平面点匹配 平面点的匹配起始和边缘点的匹配类似,同样的是寻找两帧之间的对应关系。对于平面点,就是要求点到平面的最短距离,这样的话,就需要在 H_k 中找到一个对应的平面。具体几何关系如图 4.13 所示。

从 $H_{k+1}^{\wedge}$ 中寻找一个点 i,从 H_k 中找寻与点 i 最近的点 j,并找到与点 j 相同扫描激光束的最近点 l,然后找寻相邻帧中与点 j 最相近的点 m,这样的话,就可以找到一个能构成平面的不共线的三个点。选取四个点 $i \in H_{k+1}^{\wedge}$,j、l、$m \in E_k$,坐标分别记为 $\hat{X}_{(k+1,i)}$、$X_{(k,j)}$、

$X_{(k,l)}$、$X_{(k,m)}$。则点 i 到平面 jlm 之间的最短距离为

$$D_h = \frac{(\hat{X}_{(k+1,i)} - X_{(k,j)}) \cdot [(X_{(k,j)} - X_{(k,l)}) \times (X_{(k,j)} - X_{(k,m)})]}{(X_{(k,j)} - X_{(k,l)}) \times (X_{(k,j)} - X_{(k,m)})} \quad (4.39)$$

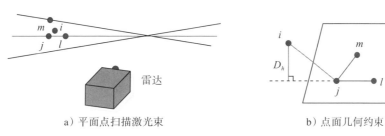

a) 平面点扫描激光束   b) 点面几何约束

图 4.13 雷达扫描激光束以及点面几何约束关系

(3) 姿态解算 当获取到了 D_e 和 D_h 之后, 只需要将它们最小化, 这样就可以使用非线性优化的方法来进行求解。当获取了若干相邻帧的姿态变换信息后, 需要做的就是将其与全局地图进行匹配, 并将其加入全局地图之中。

(4) 实际算法运行 使用 A-LOAM 算法, A-LOAM 是根据 LOAM 源码改写的。相比于原始的 LOAM 开源代码, A-LOAM 中坐标系定义较为清晰, 利用 Ceres 开源优化库, 简化了后端优化求解过程, 较容易理解。与 LOAM 类似, A-LOAM 可分为三部分: ScanRegistration、Odometry、Mapping。其中, ScanRegistration 部分主要负责实时从原始激光雷达点云中提取线和面特征点; Odometry 部分负责利用 ScanRegistration 部分提取出的特征点, 关联特征并计算估计帧间的相对运动; Mapping 部分负责以 1Hz 的频率更新维护特征地图, 同时利用帧到地图的配准, 提高里程计轨迹精度。具体代码地址为 https://github.com/HKUST-Aerial-Robotics/A-LOAM, 完成 A-LOAM 安装后, 利用 rosbag 播放离线数据集, 完成建图, 建图效果如图 4.14 所示。

图 4.14 激光里程计实验结果

4.3.2 三维环境感知

3D 激光雷达是一种光学感知技术, 可让机器看到世界, 做出决策并导航。目前, 激光

雷达技术和市场正在迅速发展，使用激光雷达的机器范围从小型服务机器人到大型自动驾驶汽车。近几年无人驾驶非常热门，而激光雷达可谓是无人驾驶领域中最重要的环节。在无人车领域，激光雷达主要以多线数为主，主要是帮助汽车自主感知道路环境，自动规划行车路线，并控制车辆到达预定的目标。4.3.1 节介绍了前端激光里程计相关知识，下面简要介绍在对 3D 激光雷达获得的点云数据完成特征提取后进行运动估计并构建遍历环境地图的主要流程，如图 4.15 所示，包括回环检测与后端优化部分。

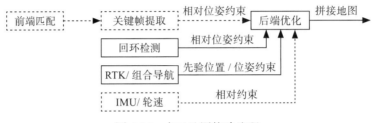

图 4.15　点云地图构建流程

1. 回环检测

系统在长时间或大场景的运行下会不可避免地出现轨迹偏移问题，这会导致构建的地图出现全局一致性不好的问题。回环检测可以有效地修正系统的轨迹偏移，使地图具有更好的一致性。激光感知技术中的回环检测是为了减少 SLAM 前端出现的累计误差，实际操作是通过计算当前位姿与曾经位姿间的变换，作为约束加入全局优化中，从而提高位姿图整体精度。激光 SLAM 会通过二个阶段的方法实现激光回环，分为粗查找与精匹配。

粗查找有许多算法提出，如 CSM-cartographer、Scan-context、IRIS 等，因为回环检测速度是需要足够快来跟上后端收到数据速度的，否则会导致处理不过来，所以该阶段会在时间限制要求上达到不错的召回与准确率，为后一阶段提供一个好的初值与匹配对。另外，该阶段也是有许多创意满满的实现思路，差异性较大。

精匹配思路相对就比较固定了，仅考虑到常规点云配准范畴就满足使用，如 ICP 系列、NDT 等，该部分在初值不佳或匹配次数多的时候，都会造成大量耗时，从而影响到回环检测效率，是需要合适的粗查找筛选绝大一部分来降低精匹配的消耗的。由于精匹配是回环检测最后一关，若给位姿图加入不当的回环，则会产生十分不良的影响，因此该处一般会建议加入归一化评分机制来确定最终效果是否合适，如 ICP 或 NDT 都有相应的误差得分考虑。这一部分在 4.3.1 节中有所阐述，这里不再过多描述。

2. 后端优化

对于解决遗留的局部误差累积的两种普遍的做法是基于滤波器的后端和基于图优化的后端。基于滤波器的方法主要是粒子滤波，如蒙特卡洛方法，以及卡尔曼滤波系列，如扩展卡尔曼滤波（EKF）、迭代卡尔曼滤波（IEKF）、无迹卡尔曼滤波（UKF）等；基于图优化的方法是利用图论的方式来表示机器人建图定位的过程，将机器人的位姿用节点（Node）表示，将节点之间的空间约束关系用边（Edge）表示，如图 4.16 所示。由于机器人在建图的过程中会积累误差,通过非线性最小二乘方法来优化建图过程中累积的误差,即优化的方式同时考虑所有帧间约束,迭代线性化求解。本节主要介绍基于优化的方法,包括利用回环检测结果和惯导先验位姿两种方法,分别实现消除激光里程计累计误差的功能,回环在此处提供的是两帧之间的相对位姿。

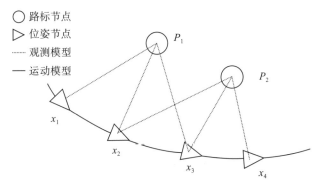

图 4.16 后端优化示意图

(1)基于回环的位姿修正　位姿图优化是把所有的观测和状态放在一起优化,残差项是前面所讲的残差项的总和。在实际使用中,各残差会被分配一个权重,也就是信息矩阵,它相当于对残差进行加权。考虑信息矩阵后,总的残差项可以表示为

$$F(x) = \Sigma_{<i,j>} \underbrace{e_{ij}^{\mathrm{T}} \Omega_{ij} e_{ij}}_{F_{ij}} \tag{4.40}$$

此时优化问题可以表示为

$$x^* = \underset{x}{\operatorname{argmin}} F(x) \tag{4.41}$$

1)构建残差。第 i 帧和第 j 帧之间的相对位姿,在李群 SE(3) 上可以表示为

$$\boldsymbol{T}_{ij} = \boldsymbol{T}_i^{-1} \boldsymbol{T}_j \tag{4.42}$$

也可以在李代数上表示为

$$\boldsymbol{\xi}_{ij} = \ln(\boldsymbol{T}_i^{-1} \boldsymbol{T}_j)^{\vee} = \ln(\exp((-\boldsymbol{\xi}_i)^{\wedge}) \exp(\boldsymbol{\xi}_j^{\wedge}))^{\vee} \tag{4.43}$$

若位姿没有误差,则式(4.42)和式(4.43)是精确相等的;当位姿有误差存在时,便可以使用等式的左右两端计算残差项,即

$$\boldsymbol{e}_{ij} = \ln(\boldsymbol{T}_{ij}^{-1} \boldsymbol{T}_i^{-1} \boldsymbol{T}_j)^{\vee} = \ln(\exp((-\boldsymbol{\xi}_{ij})^{\wedge}) \exp((-\boldsymbol{\xi}_i)^{\wedge}) \exp(\boldsymbol{\xi}_j^{\wedge}))^{\vee} \tag{4.44}$$

2)残差关于自变量的雅克比。位姿图优化的思想是通过调整状态量(即位姿),使残差项的值最小化,这就需要用残差项对位姿求雅可比,才能使用高斯-牛顿法进行优化。求雅可比的方式是对位姿添加扰动,此时残差表示为

$$\begin{aligned}\boldsymbol{e}_{ij} &= \ln(\boldsymbol{T}_{ij}^{-1} \boldsymbol{T}_i^{-1} \exp((-\delta\boldsymbol{\xi}_i)^{\wedge}) \exp(\delta\boldsymbol{\xi}_j^{\wedge}) \boldsymbol{T}_j)^{\vee} \\ &= \ln(\boldsymbol{T}_{ij}^{-1} \boldsymbol{T}_i^{-1} \boldsymbol{T}_j \exp((-\mathrm{Ad}(\boldsymbol{T}_j^{-1})\delta\boldsymbol{\xi}_i)^{\wedge}) \exp((\mathrm{Ad}(\boldsymbol{T}_j^{-1})\delta\boldsymbol{\xi}_j)^{\wedge})^{\vee}\end{aligned}$$

$$\approx \ln(\boldsymbol{T}_{ij}^{-1}\boldsymbol{T}_i^{-1}\boldsymbol{T}_j \exp((-\mathrm{Ad}(\boldsymbol{T}_j^{-1})\delta\boldsymbol{\xi}_i)^\wedge + (\mathrm{Ad}(\boldsymbol{T}_j^{-1})\delta\boldsymbol{\xi}_j)^\wedge)^\vee$$
$$= \ln(\exp(\boldsymbol{e}_{ij}^\wedge)\exp((-\mathrm{Ad}(\boldsymbol{T}_j^{-1})\delta\boldsymbol{\xi}_i)^\wedge + (\mathrm{Ad}(\boldsymbol{T}_j^{-1})\delta\boldsymbol{\xi}_j)^\wedge)^\vee \quad (4.45)$$
$$\approx \boldsymbol{e}_{ij} - \mathcal{J}^{-1}(\boldsymbol{e}_{ij})\mathrm{Ad}(\boldsymbol{T}_j^{-1})\delta\boldsymbol{\xi}_i + \mathcal{I}^{-1}(\boldsymbol{e}_{ij})\mathrm{Ad}(\boldsymbol{T}_j^{-1})\delta\boldsymbol{\xi}_j$$

式（4.45）表明，残差关于 $\boldsymbol{T}_i$ 的雅克比为

$$\boldsymbol{A}_{ij} = \frac{\partial \boldsymbol{e}_{ij}}{\partial \delta\boldsymbol{\xi}_i} = -\mathcal{J}^{-1}(\boldsymbol{e}_{ij})\mathrm{Ad}(\boldsymbol{T}_j^{-1}) \quad (4.46)$$

残差关于 $\boldsymbol{T}_j$ 的雅克比为

$$\boldsymbol{B}_{ij} = \frac{\partial \boldsymbol{e}_{ij}}{\partial \delta\boldsymbol{\xi}_i} = \mathcal{J}^{-1}(\boldsymbol{e}_{ij})\mathrm{Ad}(\boldsymbol{T}_j^{-1}) \quad (4.47)$$

其中

$$\mathcal{J}^{-1}(\boldsymbol{e}_{ij}) \approx \boldsymbol{I} + \frac{1}{2}\begin{pmatrix} \phi_e^\vee & \rho_e^\vee \\ 0 & \phi_e^\vee \end{pmatrix} \quad (4.48)$$

按照高斯－牛顿法的流程，需要对残差进行一阶泰勒展开，即求雅可比

$$\begin{aligned}\boldsymbol{e}_{ij}(x_i + \Delta x_i, x_j + \Delta x_j) \\ = \boldsymbol{e}_{ij}(x_i + \Delta x) \\ \approx \boldsymbol{e}_{ij} + \boldsymbol{J}_{ij}\Delta x \end{aligned} \quad (4.49)$$

其中，$\boldsymbol{J}_{ij}$ 即为前面推导的残差关于位姿的雅可比组成的矩阵，即

$$\boldsymbol{J}_{ij} = (0 \cdots \boldsymbol{A}_{ij}\, 0 \cdots 0\, \boldsymbol{B}_{ij}\, 0 \cdots 0) \quad (4.50)$$

对于每一个残差块，便有

$$\begin{aligned}\boldsymbol{F}_{ij}(x+\Delta x) \\ = \boldsymbol{e}_{ij}(x+\Delta x)^\mathrm{T} \boldsymbol{\Omega}_{ij}\boldsymbol{e}_{ij}(x+\Delta x) \\ \approx (\boldsymbol{e}_{ij} + \boldsymbol{J}_{ij}\Delta x)^\mathrm{T}\boldsymbol{\Omega}_{ij}\boldsymbol{e}_{ij}(x+\Delta x) \\ = \boldsymbol{e}_{ij}^\mathrm{T}\boldsymbol{\Omega}_{ij}\boldsymbol{e}_{ij} + 2\boldsymbol{e}_{ij}^\mathrm{T}\boldsymbol{\Omega}_{ij}\boldsymbol{J}_{ij}\Delta x + \Delta x^\mathrm{T}\boldsymbol{J}_{ij}^\mathrm{T}\boldsymbol{\Omega}_{ij}\boldsymbol{J}_{ij}\Delta x \\ = \boldsymbol{c}_{ij} + 2\boldsymbol{b}_{ij}^\mathrm{T}\Delta x + \Delta x^\mathrm{T}\boldsymbol{H}_{ij}\Delta x \end{aligned} \quad (4.51)$$

其中

$$\boldsymbol{H}_{ij} = \begin{pmatrix} \ddots & & & & \\ & \boldsymbol{A}_{ij}^\mathrm{T}\boldsymbol{\Omega}_{ij}\boldsymbol{A}_{ij} & \cdots & \boldsymbol{A}_{ij}^\mathrm{T}\boldsymbol{\Omega}_{ij}\boldsymbol{B}_{ij} & \\ & \vdots & \ddots & \vdots & \\ & \boldsymbol{B}_{ij}^\mathrm{T}\boldsymbol{\Omega}_{ij}\boldsymbol{J}\boldsymbol{A}_{ij} & \cdots & \boldsymbol{B}_{ij}^\mathrm{T}\boldsymbol{\Omega}_{ij}\boldsymbol{B}_{ij} & \\ \ddots & & & & \end{pmatrix}$$

$$\boldsymbol{b}_{ij} = \begin{pmatrix} \vdots \\ \boldsymbol{A}_{ij}^\mathrm{T}\boldsymbol{\Omega}_{ij}\boldsymbol{e}_{ij} \\ \vdots \\ \boldsymbol{B}_{ij}^\mathrm{T}\boldsymbol{\Omega}_{ij}\boldsymbol{e}_{ij} \end{pmatrix} \quad (4.52)$$

此后便可以使用高斯-牛顿法进行优化。

（2）基于先验观测的位姿修正　先验观测是一元边，它不像前面所述的帧间观测连接两个位姿状态，而是只连接一个位姿状态量，它直接给出的就是该状态量的观测值。

1）构建残差。对应的残差就是观测值与状态量之间的差异，即

$$e_i = \ln(\boldsymbol{Z}_i^{-1}\boldsymbol{T}_i)^{\vee} = \ln(\exp((-\boldsymbol{\xi}_{zi})^{\wedge})\exp(\boldsymbol{\xi}_i^{\wedge}))^{\vee} \quad (4.53)$$

2）残差关于自变量的雅克比。对残差添加扰动，可得

$$\hat{e}_i = \ln(\boldsymbol{Z}_i^{-1}\exp(\delta\boldsymbol{\xi}_i^{\wedge})\boldsymbol{T}_i)^{\vee} \quad (4.54)$$

利用伴随性质和 BCH 公式进行化简，可得

$$\begin{aligned}\hat{e}_i &= \ln(\boldsymbol{Z}_i^{-1}\boldsymbol{T}_i\exp((\mathrm{Ad}(\boldsymbol{T}_i^{-1})\delta\boldsymbol{\xi}_i)^{\wedge}))^{\vee} \\ &= \ln(\exp(\hat{e}_i)\exp((\mathrm{Ad}(\boldsymbol{T}_i^{-1})\delta\boldsymbol{\xi}_i)^{\wedge}))^{\vee} \\ &\approx e_i + \mathcal{J}^{-1}(e_i)\mathrm{Ad}(\boldsymbol{T}_i^{-1})\delta\boldsymbol{\xi}_i\end{aligned} \quad (4.55)$$

因此，残差关于 $\boldsymbol{T}_i$ 的雅克比为

$$\frac{\partial \boldsymbol{e}_i}{\partial \delta\boldsymbol{\xi}_i} = \mathcal{J}^{-1}(e_i)\mathrm{Ad}(\boldsymbol{T}_i^{-1}) \quad (4.56)$$

其中

$$\mathcal{J}^{-1}(e_i) \approx \boldsymbol{I} + \frac{1}{2}\begin{pmatrix}\phi_e^{\vee} & \rho_e^{\vee} \\ 0 & \phi_e^{\vee}\end{pmatrix} \quad (4.57)$$

3. 三维点云地图建立

在完成了回环检测以及后端优化后，下一步的操作是进行地图的拼接，即建立点云地图。点云地图流程设计的核心原则是准确、高效地把里程计相对位姿、回环相对位姿、惯导先验位姿进行融合。点云地图建立流程图如图 4.17 所示。

4. 实际点云地图建立

本节使用 LeGO-LOAM 算法进行点云地图建立的实验，LeGO-LOAM 是一种激光雷达 SLAM 算法，对应的论文为"LeGO-LOAM: Lightweight and Ground-Optimized Lidar Odometry and Mapping on Variable Terrain"，同时有开源代码，网址为 https://github.com/RobustFieldAutonomyLab/LeGO-LOAM。LeGO-LOAM 为应对可变地面进行了地面优化，同时保证了轻量级，是专门为地面车辆设计的 SLAM 算法，要求在安装的时候激光雷达能以水平方式安装在车辆上；如果是倾斜安装的话，也要

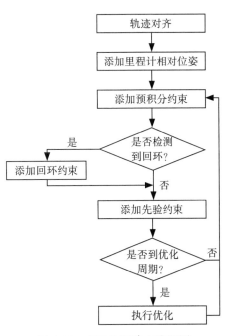

图 4.17　点云地图建立流程图

进行位姿转换到车辆上。LOAM对激光雷达的安装方式没有要求，即使手持都没有关系。LeGO-LOAM的设计想法中利用了地平面信息。首先，对采集到的点云进行聚类分割，分理出地面点云（地面点代表了绝大部分不稳定的特征点），同时过滤出异常点。

然后，进行两步优化解决连续帧之间的6-DOF（6自由度）的变换：第一步是使用地面点云估算出平面变换参数；第二步是对分割后点云中边缘点和面点进行匹配。在完成特征提取和特征匹配后已经完成了激光里程计的输出，LeGO-LOAM将每一帧的特征点云集合进行保存，通过选定一定范围内的特征点云集合进行融合，就得到了当前位置附近一定距离的点云地图，如此循环就可以完成整个点云地图的建立。在整个地图的建立过程中还可以通过回环检测进一步消除漂移误差。

CHAPTER 5

第 5 章

移动机器人 SLAM 与导航

5.1 章节概述

本章节主要介绍机器人的同步定位与地图构建（Simultaneous Localization and Mapping, SLAM）建图与导航技术。下面详细介绍三种常用的建图算法，包括 gmapping、hector_slam 和 Cartographer 建图算法，以及它们的优缺点和适用场景。此外，还将介绍两种定位算法与它们的原理和应用。在导航方面，着重介绍路径规划算法，包括 Dijkstra、A* 和 DWA 局部规划算法，以及它们的优劣和应用场景。此外，还将介绍机器人的避障和跟随算法，以及如何利用 SLAM 建立的地图进行路径规划和导航。通过本章节的学习，读者将掌握 SLAM 建图与导航技术的基本原理和应用方法，并了解目前该技术的研究进展和发展趋势。

5.2 建图

随着计算机技术和人工智能的发展，智能自主移动机器人成为机器人领域的一个重要研究方向和研究热点。目前，移动机器人已被广泛地应用于室外及室内场景，在室外场景下机器人可以依靠全球定位系统（GPS）实现高精度、稳定可靠的定位，而要在室内环境或者 GPS 信号缺失的场景下实现高精度的定位仍是众多学者们持续研究的一个重要难题。当前最主流的室内定位方案为 SLAM 技术，即移动机器人需要在自身位置不确定及作业环境完全未知的情况下创建地图，同时利用构建的地图进行自主定位和导航。SLAM 问题最先是由 SmithSelf 和 Cheeseman 在 1988 年提出来的，其被认为是实现真正全自主移动机器人的关键问题。SLAM 问题可以被描述为：机器人在未知环境中从一个未知位置开始移动，在移动过程中根据位置估计和传感器数据（如激光雷达、摄像头等）进行自身定位，同时创建增量式地图。其中，地图的构建是 SLAM 技术中的一个核心概念，指的是机器人使用传感器数据来创建环境的地图。这个地图可以是二维或三维的，用于表示机器人所在环境的特征、障碍物位置、路径和其他相关信息。地图构建是实现自主导航和位置估计的关键步骤，它使机器人能够在未知或变化的环境中准确地定位自身并进行路径规划。地图构建通常依赖于多种传感器，如激光雷达、摄像头和惯性测量单元等，用于收集环境信息，然后使用算法将这些信息整合到地图中。这个过程是 SLAM 系统的一个重要组成部分，确保机器人能够在复杂的环境中执行任务和导航。地图构建作为机器人导航与规划的基础，目前已经被广泛应用于自动驾驶、无人飞行器、仓储、物流以及服务业、农业等领域。

  SLAM 本质上是一个基于概率的最优估计问题。SLAM 理论依据其使用的具体方法可以分为基于滤波器的方法和基于图优化的方法两大类。基于滤波器的 SLAM 算法的前提假设都是递归贝叶斯估计，依据后验概率表示方式的不同，衍生出多种基于不同滤波器的算法，如卡尔曼滤波（Kalman Filter，KF）算法和粒子滤波（Particle Filter，PF）算法。其中，常用的一种卡尔曼滤波器是基于扩展卡尔曼滤波（Extended Kalman Filter，EKF）的 SLAM 算法，它主要是用来解决卡尔曼滤波算法运动模型、观测模型及其误差均为非线性模型的问题，并且当在传感器噪声满足高斯分布假设且系统非线性较小的情况下，基于扩展卡尔曼滤波算法的 SLAM 能取得较好的效果。但是由于扩展卡尔曼滤波算法需要计算大量的稠密协方差矩阵，从而大幅地增加了计算压力，因此不适用于大规模场景下的 SLAM 问题。另外一个基于滤波器的方法是粒子滤波算法，它是通过贝叶斯滤波器后，使用一系列赋有权重的粒子来代表系统状态的后验概率分布。与扩展卡尔曼滤波算法相比，粒子滤波算法的优点是不用模型的线性化，具有处理非线性、非高斯分布和多模态问题的能力。Russell、Murphy 等学者使用 Rao Blackwellisation 思想并利用动态贝叶斯网络的结构来提高粒子滤波的效率，证明 RBPF 比普通粒子滤波更准确，通过降低维度的方法，将 SLAM 问题分解成了两个独立概率问题的乘积，解决了 SLAM 在高维状态空间的问题，提高了 SLAM 的计算效率。基于 RBPF 理论，Montemerlo 等学者提出 FastSLAM 算法，它包含卡尔曼滤波算法和粒子滤波算法的特点，卡尔曼滤波算法用来进行路标位置的估计，粒子滤波算法用来对系统的位姿进行估计。随后又提出了 FastSLAM 2.0 算法，改进后的版本能够更有效地利用粒子，快速实现地图的准确构建和移动及机器人定位问题。

5.2.1 gmapping 建图

  首先，一个完整的 SLAM 过程是在给定传感器数据的情况下，对机器人同时进行位姿估计和地图构建的过程。然而，在现实的情况中，如果需要得到一个精确的位姿则必须与地图进行匹配（地图特征估计），如果需要得到一个准确的地图需要有精准的位姿才能做到（机器人位姿估计），显然这是一个相互矛盾的问题，为了解决这个"先有鸡还是先有蛋"的问题，Giorgio 等人提出了 gmapping 算法，他们先完成定位，再完成建图。下面针对 gmapping 算法以及它的前身 RBPF 算法进行介绍。

1. RBPF 算法

  RBPF（Rao-Blackwellized Particle Filters）算法的核心思想是通过对地图 m 和机器人的移动轨迹状态 x_t 进行估计来完成 SLAM 过程，这种估计是通过移动机器人的传感器观测值 z_t 以及里程计的测量值 u_t 来获得的，并可用式（5.1）进行概率描述。

$$p(x_{1:t}, m \mid z_{1:t}, u_{1:t-1}) = p(m \mid x_{1:t}, z_{1:t}) \cdot p(x_{1:t} \mid z_{1:t}, u_{1:t-1}) \tag{5.1}$$

其中，$p(x_{1:t}|z_{1:t},u_{1:t-1})$ 表示估计机器人的轨迹，$p(m|x_{1:t},z_{1:t})$ 表示在已知机器人轨迹和传感器观测数据情况下，进行地图构建的闭式计算。通过 RBPF 的这种分解方法，可以先只估计机器人的轨迹，然后再根据该轨迹构建出地图。该方法提供了一种有效的计算方式来解决地图高度依赖于机器人的姿态估计的问题。

RBPF 使用粒子滤波器估计机器人的位姿。每个粒子代表机器人的一个潜在轨迹，此外，每个样本都有一个单独的地图。这些地图是根据观测结果建立的，轨迹由相应的粒子表示，RBPF 通过使用贝叶斯准则对 $p(x_{1:t}|u_{1:t},z_{1:t})$ 进行公式推导，即

$$\begin{aligned}
p(x_{1:t}|u_{1:t},z_{1:t}) &= p(x_{1:t}|z_t,u_{1:t},z_{1:t-1}) \\
&= np(z_t|x_{1:t},u_{1:t},z_{1:t-1})p(x_{1:t}|u_{1:t},z_{1:t-1}) \\
&= np(z_t|x_t)p(x_{1:t}|u_{1:t},z_{1:t-1}) \\
&= np(z_t|x_t)p(x_t|x_{1:t-1},u_{1:t},z_{1:t-1})p(x_{1:t-1}|u_{1:t},z_{1:t-1}) \\
&= np(z_t|x_t)p(x_t|x_{t-1},u_t)p(x_{1:t-1}|u_{1:t-1},z_{1:t-1})
\end{aligned} \quad (5.2)$$

经过式（5.2）的推导，机器人的轨迹估计转化成了一个增量估计的问题。用上一时刻的粒子群 $p(x_{1:t-1}|u_{1:t-1},z_{1:t-1})$ 表示上一时刻的机器人轨迹，对每一个粒子都使用运动学模型 $p(x_t|x_{t-1},u_t)$ 进行状态传播，这样就得到每个粒子对应的预测轨迹。对于每一个传播之后的粒子，用观测模型 $p(z_t|x_t)$ 进行权重计算归一化处理，从而得到当前时刻的机器人轨迹，然后根据估计轨迹以及观测数据进行地图构建。

为了更加清晰地理解 RBPF，根据上面的公式推导整理出一个算法流程。这里以一个粒子为例，该粒子携带了上一时刻的位姿、权重以及地图信息，式（5.2）根据上一时刻机器人轨迹使用里程计的数据进行状态传播之后，得到了该粒子当前时刻的预测位姿。然后，该预测位姿在观测模型的作用下进行位姿更新，得到该粒子所代表的机器人轨迹，从而完成了该粒子的机器人位姿估计。通过式（5.1）将机器人轨迹与观测数据进行结合，即可闭式得到该粒子代表的地图。因此每一个粒子都存储了一条机器人轨迹，以及一张环境地图。

2. gmapping 算法

在上面的描述中，SLAM 问题被分解成了两个问题，即机器人轨迹估计问题和已知机器人轨迹的地图构建问题。由于在 RBPF 算法中对机器人的轨迹估计使用的是粒子滤波算法，因此将不可避免地带来两个问题：第一个问题是当建图区域范围广或者机器人里程计误差大的时候，需要更多的粒子才能得到较好的估计，但这将会造成内存爆炸；第二个问题是粒子滤波算法避免不了使用重采样以确保当前粒子的有效性，然而重采样带来的问题就是粒子耗散以及粒子多样性的丢失。针对以上问题，Giorgio 所提出的 gmapping 算法使用了两种针对性的解决方法，将 RBPF 方法应用在了大型室内和室外环境中。

在 RBPF 算法中每一个粒子都包含自己的栅格地图，对于复杂场景以及大范围环境来说，单个粒子所占用的内存将会很大，如果机器人里程计的误差比较大，即提议分布（Proposal Distribution）跟实际分布相差较大，则需要更多的粒子才能较好地对机器人位姿进行估计，这样将会造成内存爆炸，因此 gmapping 算法通过降低粒子数量的方法大幅度

缓解内存爆炸。里程计的概率模型比较平滑，是一个比较大的范围，对整个范围采样将需要很多的粒子，如果找到一个位姿可以匹配上周围地图，然后只在其周围进行小范围采样，则可以降低粒子数量。因此，gmapping 算法直接采用极大似然估计的方式，根据粒子位姿的预测分布和与地图的匹配程度，通过扫描匹配找到粒子的最优位姿参数，使用该位姿参数作为新粒子的位姿。将普通的提议分布采样替换为使用极大似然估计从而提升采样的质量，见式（5.3）。

$$x_t^i \sim p(x_t|u_{t-1}, x_{t-1}^i) \rightarrow x_t^i = \arg\max_{x_t} \{p(z_t|x_t, m)p(x_t|u_t, x_{t-1}^i)\} \tag{5.3}$$

gmapping 算法采用粒子滤波对移动机器人轨迹进行估计，而重采样步骤对粒子滤波器性能有着重要影响。在重采样过程中，具有低权重的粒子通常被具有高权重的样本所替代。一方面，重采样是必要的，因为只有有限数量的粒子被用来近似目标分布；另一方面，随着粒子滤波算法的循环采样，重采样步骤会从过滤器中移除好的样本，最终会出现所有粒子收敛于同一个坐标，即所有粒子都从一个粒子复制而来，这样粒子的多样性就完全丧失，陷入局部最优解。为了缓解粒子耗散，gmapping 算法采用减少重采样的思想，提出了选择性重采样的方法，根据所有粒子自身权重的离散程度（也就是权重方差）来决定是否进行粒子重采样的操作，见式（5.4）。当 N_{eff} 小于某个阈值时，说明粒子差异性过大，进行重采样，否则，不进行。

$$N_{\text{eff}} = \frac{1}{\sum(\tilde{w}^{(i)})^2} \tag{5.4}$$

算法 5.1 总结了整个过程。每当有一个新的测量数据可用时，都会分别为每个粒子提议分布，然后使用它来更新该粒子。

算法 5.1　gmapping

输入：
　　S_{t-1}，上一时刻粒子群
　　z_{t-1}，最近时刻的雷达数据
　　u_{t-1}，最近时刻的里程计数据
输出：
　　S_t，t 时刻的粒子群
　　$S_t = \{\}$，采样子集初始化粒子群
　　for all $s_{t-1}^{(i)} \in S_{t-1}$ **do**　// 遍历上一时刻粒子群中的粒子
　　　　$<x_{t-1}^{(i)}, \omega_{t-1}^{(i)}, m_{t-1}^{(i)}> = s_{t-1}^{(i)}$　// 取粒子携带的位姿、权重、地图
　　　　$x_{t-1}^{'(i)} = x_{t-1}^{(i)} \oplus u_{t-1}$　// 通过里程计进行位姿更新
　　　　$\hat{x}_{t-1}^{(i)} = \arg\max_x p(x|m_{t-1}^{(i)}, z_t, x_{t-1}^{'(i)})$　// 极大似然估计求得局部极值
　　　　if $\hat{x}_t^{(i)} =$ **failure then**　// 如果没有找到局部极值
　　　　　　$x_t^{(i)} \sim p(x_t|x_{t-1}^{(i)}, u_{t-1})$　// 提议分布，更新粒子位姿状态

$\omega_t^{(i)} = \omega_{t-1}^{(i)} \cdot p(z_t | m_{t-1}^{(i)}, x_t^{(i)})$ // 使用观测模型对位姿权重更新
else // 如果找到局部极值
    for $k = 1, \cdots, K$ **do**
        $x_k \sim \{x_j \| |x_j - \hat{x}^{(i)}| < \Delta\}$ // 在局部极值附近取个位姿
    end for
    $\mu_t^{(i)} = (0,0,0)^T$ // 认为 k 个位姿服从高斯分布
    $\eta^{(i)} = 0$
    for all $x_j \in \{x_1, \cdots, x_K\}$ **do**
        $\mu_t^{(i)} = \mu_t^{(i)} + x_j \cdot p(z_t | m_{t-1}^{(i)}, x_j) \cdot p(x_t | x_{t-1}^{(i)}, u_{t-1})$ // 计算位姿均值
        $\eta_t^{(i)} = \eta_t^{(i)} + p(z_t | m_{t-1}^{(i)}, x_j) \cdot p(x_t | x_{t-1}^{(i)}, u_{t-1})$ // 计算位姿权重
    end for
    $\mu_t^{(i)} = \mu_t^{(i)} / \eta^{(i)}$ // 均值归一化处理
    $\Sigma_t^{(i)} = 0$
    for all $x_j \in \{x_1, \cdots, x_K\}$ **do**
        $\Sigma_t^{(i)} = \& \Sigma_t^{(i)} + (x_j - \mu^{(i)})(x_j - \mu^{(i)})^T \cdot p(z_t | m_{t-1}^{(i)}, x_j) p(x_j | x_{t-1}^{(i)}, u_{t-1})$ // 计算位姿方差
    end for
    $\Sigma_t^{(i)} = \Sigma_t^{(i)} / \eta^{(i)}$ // 方差归一化处理
    $x_t^{(i)} \sim n(\mu_t^{(i)}, \Sigma_t^{(i)})$ // 使用多元正态分布近似新位姿
    $\omega_t^{(i)} = \omega_{t-1}^{(i)} \cdot \eta^{(i)}$ // 计算该位姿粒子的权重
end if
$m_t^{(i)} = \text{Scan}(m_{t-1}^{(i)}, x_t^{(i)}, z_t)$ // 更新地图
$S_t = S_t \cup \{<x_t^{(i)}, \omega_t^{(i)}, m_t^{(i)}>\}$ // 更新粒子，循环遍历上一时刻所有粒子
end for
$N_{\text{eff}} = \dfrac{1}{\sum (\tilde{w}^{(i)})^2}$ // 计算所有粒子权重离散程度
if $N_{\text{eff}} < T$ **then**
    $S_t = \text{resample}(S_t)$
end if

3. 建图结果

gmapping 算法实验已经在各种环境中进行，并证明了该算法在室内和室外环境中的有效性。通过 gmapping 生成的大多数地图都可以放大到 1cm 的分辨率，而不会观察到明显的不一致。即使在覆盖面积约为 250m × 250m 的大型真实数据集中，该算法也从未需要超过 80 个粒子来构建精确的地图。该算法从多个数据集生成了高精度的栅格地图，这些地图、

原始数据文件以及地图系统的高效实现都可以在网址 http://www.informatik.uni-freiburg.de 上找到。

（1）英特尔研究实验室　英特尔研究实验室如图5.1左图所示，大小为 21m×21m。该数据集是由配备了 SICK 传感器的 Pioneer II 机器人记录的。为了成功地校正这个数据集，该算法只需要15个粒子。从图5.1的右图可以看出，最终的地图质量非常高，可以将地图放大到1cm的分辨率，而不会出现任何明显的错误。

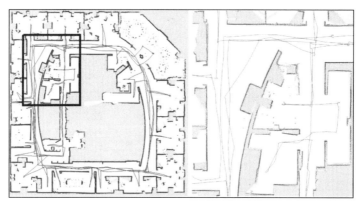

图 5.1　英特尔研究实验室建图结果

（2）弗莱堡校区　第二个数据集是在弗莱堡校区室外记录的。该算法只需要30个粒子就能绘制出高质量的地图，如图5.2所示。需要注意的是，该环境在一定程度上违背了环境是平面的假设。此外，还有像灌木丛和草地这样的物体，以及像汽车和人这样的移动物体。尽管结果是虚假的测量，该算法依旧能够生成一个准确的地图。

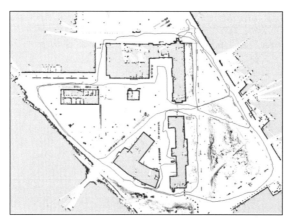

图 5.2　弗莱堡校区建图结果

（3）麻省理工学院基利安庭院　第三个实验是使用麻省理工学院基利安庭院获取的数据集进行的，结果如图5.3所示。该数据集极具挑战性，因为它包含多个嵌套循环，这可能会导致 RBPF 因粒子耗尽而失败。使用这个数据集，选择性重采样过程变得非常重要。使用 60 个粒子可以生成一致且拓扑正确的地图。然而，最终的地图有时会显示人工的双层墙。因此通过使用 80 个粒子，可以获得高质量的地图。

（4）湖南大学机器人学院　本实验使用 ROS 中的 gmapping 功能包进行建图实验，结果如图 5.4 所示。实验使用的教育机器人搭载了单线激光雷达、IMU 以及光电编码器，可以看出，实验结果存在一定地图漂移，原因是建图效果受到激光雷达与里程计精度的影响。

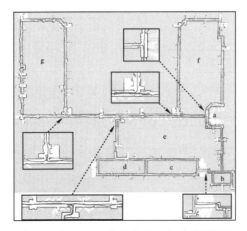
图 5.3　麻省理工学院基利安庭院建图结果

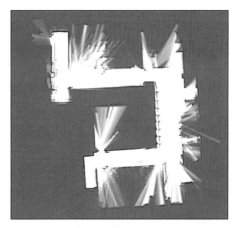
图 5.4　湖南大学机器人学院建图结果

5.2.2　hector_slam 建图

gmapping 建图作为 ROS 的开源软件为典型的类似办公室的室内场景提供了可靠的建图解决方案。然而，gmapping 更适用于平面环境并依赖于高精度的里程计，且不需要提供高更新率的现代激光雷达系统。对于非结构化环境所致机器人发生显著的横摇和俯仰运动，或需要在空中平台上实现建图的场景下，gmapping 算法并不适用或必须进行重大修改才能实现高精度建图。

hector_slam 算法是一个快速在线学习占用网格地图的系统，使用较少的计算资源，旨在保证计算力要求低的前提下，实现足够精确的环境感知和自我定位。它结合鲁棒扫描匹配方法，使用高更新速率的激光雷达系统，并应用在小尺度的、无须大闭环的系统中，利用激光雷达系统与基于惯性传感器（IMU）的 3D 位姿估计系统进行融合，通过地图变化的快速近似和多分辨率栅格地图，在各种有挑战性的环境中实现了可靠的定位与建图。

该算法结合了基于平面地图激光扫描的集成 2D SLAM 系统和基于 IMU 的集成 3D 导航系统，后者将来自 SLAM 子系统的 2D 信息合并为一个可能的辅助信息源，其框架如图 5.5 所示。

为了能够表示任意环境，该算法使用占用栅格地图，这是在现实环境中使用激光雷达进行移动机器人定位的一种行之有效的方法。由于激光雷达平台可能呈现 6 自由度运动，因此必须使用激光雷达系统的估计姿态将扫描转换为局部稳定坐标系。使用估计的平台方向和关节值，将扫描转换为扫描端点的点云。根据场景的不同，可以对该点云进行预处理，例如通过对点数进行下采样或去除异常值。对于 hector_slam 算法，只使用基于端点 z 坐标的滤波，因此在扫描匹配过程中只使用目标扫描平面阈值内的端点。

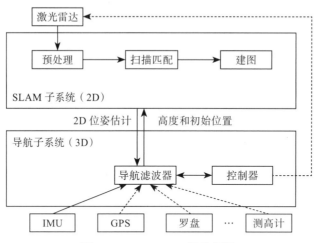

图 5.5 hector_slam 算法框架

1. 地图构建

占用栅格地图的离散性限制了建图的精度，并且该地图也不允许直接计算插值或导数。为此，hector_slam 算法采用的插值方案是通过双线性滤波实现子网格单元精度，并用于估计占用概率和导数，如图 5.6 所示。直观地说，可以将网格图单元值看作潜在连续概率分布的样本。

a）占用网格地图的双线性滤波，点 P_m 是需要插值的点　　b）占用网格图和空间导数

图 5.6 hector_slam 算法插值

给定连续地图坐标 P_m，占用值 $M(P_m)$ 以及梯度 $\nabla M(P_m) = \left(\dfrac{\partial M}{\partial x}(P_m), \dfrac{\partial M}{\partial y}(P_m) \right)$，可以通过使用四个最接近的整数坐标来近似，如图 5.6a 所示。然后沿 x 轴和 y 轴进行线性插值。

$$M(P_m) \approx \frac{y-y_0}{y_1-y_0}\left(\frac{x-y_0}{x_1-y_0} M(P_{11}) + \frac{x_1-x}{x_1-y_0} M(P_{01}) \right) + \\ \frac{y_1-y}{y_1-y_0}\left(\frac{x-x_0}{x_1-x_0} M(P_{10}) + \frac{x_1-x}{x_1-y_0} M(P_{00}) \right) \tag{5.5}$$

导数可近似为

$$\frac{\partial M}{\partial x}(P_m) \approx \frac{y - y_0}{y_1 - y_0}(M(P_{11}) - M(P_{01})) + \frac{y_1 - y}{y_1 - y_0}(M(P_{10}) + M(P_{00})) \quad (5.6)$$

$$\frac{\partial M}{\partial y}(P_m) \approx \frac{x - x_0}{x_1 - x_0}(M(P_{11}) - M(P_{01})) + \frac{x_1 - x}{x_1 - x_0}(M(P_{10}) + M(P_{00})) \quad (5.7)$$

应注意，地图的采样点或网格单元位于规则网格上，彼此之间的距离为1（在地图坐标中），这简化了所提供的梯度近似方程。

2. 扫描匹配

扫描匹配是将激光扫描彼此对齐或与现有地图对齐的过程。现代激光扫描仪具有较低的距离测量噪声和较高的扫描率。hector_slam算法是基于带有地图记忆的端点对齐的优化方法，使用高斯-牛顿法不需要在激光端点之间进行数据关联搜索或穷举搜索，当扫描与现有地图对齐时，匹配将通过所有前面的扫描隐式进行。

首先寻求一个刚性变换 $\xi = (p_x, p_y, \psi)^T$ 的函数最小值，即

$$\xi^* = \arg\min_{\xi} \sum_{i=1}^{n}[1 - M(S_i(\xi))]^2 \quad (5.8)$$

也就是说，需要找到一个变换，使得激光扫描与地图有最佳的对齐。在这里，$S_i(\xi)$ 是扫描端点 $s_i = (s_{i,x}, s_{i,y})^T$ 的世界坐标。可以通过式（5.9）表示机器人在世界坐标系中的坐标。

$$S_i(\xi) = \begin{pmatrix} \cos(\psi) & -\sin(\psi) \\ \sin(\psi) & \cos(\psi) \end{pmatrix} \begin{pmatrix} s_{i,x} \\ s_{i,y} \end{pmatrix} + \begin{pmatrix} p_x \\ p_y \end{pmatrix} \quad (5.9)$$

函数 $M(S_i(\xi))$ 返回 $S_i(\xi)$ 给出的地图坐标值。鉴于一些 ξ 的初始估计 $\Delta\xi$，它根据以下方程去优化测量误差

$$\sum_{i=1}^{n}[1 - M(S_i(\xi + \Delta\xi))]^2 \to 0 \quad (5.10)$$

首先对 $M(S_i(\xi + \Delta\xi))$ 做一阶泰勒展开，得

$$\sum_{i=1}^{n}\left[1 - M(S_i(\xi)) - \nabla M(S_i(\xi))\frac{\partial S_i(\xi)}{\partial \xi}\Delta\xi\right]^2 \to 0 \quad (5.11)$$

通过将 $\Delta\xi$ 的偏导数设置为零而使式（5.12）最小化，即

$$2\sum_{i=1}^{n}\left[\nabla M(S_i(\xi))\frac{\partial S_i(\xi)}{\partial \xi}\right]^T\left[1 - M(S_i(\xi)) - \nabla M(S_i(\xi))\frac{\partial S_i(\xi)}{\partial \xi}\Delta\xi\right] \to 0 \quad (5.12)$$

解 $\Delta\xi$ 得到高斯-牛顿方程的最小化问题，即

$$\Delta\xi = H^{-1}\sum_{i=1}^{n}\left[\nabla M(S_i(\xi))\frac{\partial S_i(\xi)}{\partial \xi}\right]^T[1 - M(S_i(\xi)] \quad (5.13)$$

$$H = \left[\nabla M(S_i(\xi))\frac{\partial S_i(\xi)}{\partial \xi}\right]^T\left[\nabla M(S_i(\xi))\frac{\partial S_i(\xi)}{\partial \xi}\right] \quad (5.14)$$

对地图梯度 $\nabla M(S_i(\xi))$ 的近似在上文中提到。由式（5.9）可得

$$\frac{\partial S_i(\xi)}{\partial \xi} = \begin{pmatrix} 1 & 0 & -\sin(\psi)s_{i,x} - \cos(\psi)s_{i,y} \\ 0 & 1 & \cos(\psi)s_{i,x} - \sin(\psi)s_{i,y} \end{pmatrix} \quad (5.15)$$

用 $\nabla M(S_i(\xi))$ 和 $\dfrac{\partial S_i(\xi)}{\partial \xi}$ 可以解出高斯 – 牛顿方程（5.13），得到一个 $\Delta\xi$ 接近最小值。该算法适用于非光滑线性逼近的地图梯度 $\nabla M(S_i(\xi))$，这意味着局部二次收敛到最小不能保证，但是该算法在实践中已经具有足够的精度。

3. 地图的多重分辨率表示

任何基于梯度的方法都有陷入局部极小的风险。由于 hector_slam 所提出的方法是基于梯度上升，所以它很容易陷入局部极小，因此使用计算机视觉中常用的类似于图像金字塔方法在多分辨率地图中表示会一定程度解决局部极小的问题。在 hector_slam 算法中，选择使用多个占用栅格地图，每个粗糙地图的分辨率是前一个地图分辨率的一半，然而多个地图的等级并不是从单一的高分辨率地图来生成的（采用高斯滤波和降采样等是图像处理中常见的做法）。相反，不同的映射被保存在内存中，同时使用对齐过程产生的位姿估计进行同步更新。扫描定位过程从粗糙地图的等级开始，由此估计的姿态作为下一级初始姿态估计，如图 5.7 所示。

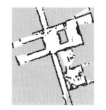
a) 20cm 网格单元长度

b) 10cm 网格单元长度

c) 5cm 网格单元长度

图 5.7　地图的多重分辨率表示

4. 建图结果

hector_slam 算法可应用在不同的场景中并验证了其通用性和鲁棒性。值得注意的是，用于基准化 SLAM 方法的标准数据集缺乏该方法所考虑的 6 自由度运动，以及它所利用的高激光雷达更新速率。因此，该算法在其开源仓库中提供了 ROS 包格式的数据集用于基准测试。

该算法可用于城市搜索救援的场景，场景举例如 RoboCup 救援机器人联盟竞赛。激光雷达在滚转轴和俯仰轴周围稳定，以保持激光与地平面对齐，并最大限度地提高平面激光雷达扫描的信息增益。如图 5.8a 所示，尽管 UGV 系统的 6 自由度状态发生了重大变化，但该算法能够学习高度精确且一致的地图。

该算法同时可用于手持的独立嵌入式建图系统，仅由激光雷达、处理器和 IMU 组成的便携系统即可满足该算法所必需的传感器要求。它可以很容易地安装在 UGV 上或随身携带构建环境地图。图 5.8b 所示为通过 RoboCup 2011 救援竞技场构建的地图，图 5.8c 所示

为在德国达格斯图尔构建的地图。从路径和地图上可以看到，该系统足够精确，可以在不使用显式循环闭合方法的情况下闭合小规模场景中通常遇到的循环，保持较低的计算要求，并防止在运行时更改估计的地图。

a) RoboCup 2010 构建的地图　　b) RoboCup 2011 构建的地图　　c) 德国达格斯图尔构建的地图

图 5.8　建图效果

5.2.3　Cartographer 建图

多年来，虽然基于滤波理论的 SLAM 方法取得了一定的研究成果，但由于滤波类算法是基于递归计算的，只估计相邻两个时刻的机器人位姿和地图信息，存在更新效率随地图规模增大后线性化下降、缺少闭环检测、适应性差等问题，难以应用在大规模、多回环、长距离、等宽度的环境中。故提出一种新的基于图优化的方法来解决大尺度场景建图的 SLAM 问题。其中最具代表性的是谷歌开源的 Cartographer，在实现 2D SLAM 中，它可以生成精度为 5cm 的二维栅格实时地图，采用回环检测来优化子图的位姿，消除建图过程中的累积误差，同时实现了计算量和实时性之间的平衡。

Cartographer 的主要思路是利用闭环检测来减少建图过程中的累积误差。该算法可以通过激光测距仪等传感器测量的数据生成分辨率为 5cm 的实时栅格地图。算法整体可以分为两个部分：第一个部分称为局部 SLAM，该部分通过一帧帧的激光雷达扫描数据建立并维护一系列的子图，子图就是一系列的栅格地图。当再有新的激光雷达扫描数据，会通过 Ceres 扫描匹配的方法将其插入子图中的最佳位置。但是，子图会产生误差累积的问题，因此，算法的第二个部分，称为全局 SLAM 的部分，即通过闭环检测来消除累积误差：当一个子图构建完成，也就是不会再有新的激光雷达扫描数据插入到该子图时，算法会将该子图加入闭环检测中。Cartographer 框架结构如图 5.9 所示。

1. 局部 SLAM

在 2D SLAM 中，由激光雷达扫描获得的平移 (x,y) 和旋转 ξ_θ 三个参数可确定移动机器人的位姿 $\xi = (\xi_x, \xi_y, \xi_\theta)$。子图构建是重复对齐扫描和子地图坐标帧的迭代过程，又称帧。将激光雷达传感器测量的数据记作 $\boldsymbol{H} = \{h_k\}_{k=1,\cdots,K}, h_k \in \mathbb{R}^2$，初始激光点为 $0 \in \mathbb{R}^2$。激光雷达扫描数据帧映射到子图的位姿变换记作 T_ξ，可以通过式（5.16）将扫描点 p 从扫描帧映射到子图坐标系下。

$$T_\xi p = \underbrace{\begin{pmatrix} \cos\xi_\theta & -\sin\xi_\theta \\ \sin\xi_\theta & \cos\xi_\theta \end{pmatrix}}_{R_\xi} p + \underbrace{\begin{pmatrix} \xi_x \\ \xi_y \end{pmatrix}}_{t_\xi} \quad (5.16)$$

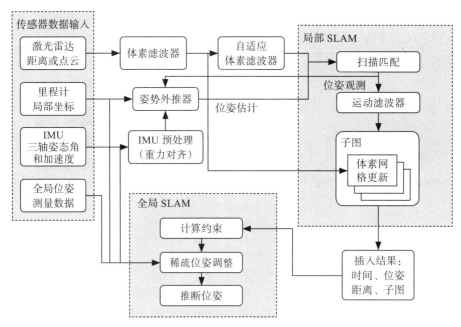

图 5.9 Cartographer 框架结构

局部 SLAM 中将连续几次的雷达扫描数据用于构建子图,这些子映射采用概率网格 $M:r\mathbb{Z} \times r\mathbb{Z} \to [p_{min}, p_{max}]$ 的形式,从给定分辨率 r(如 5cm)的离散栅格点映射到值,如图 5.10 所示。这些值可以被认为是栅格点被阻挡的概率,对于每个栅格点,将相应的像素定义为由最接近该栅格点的所有点组成。

每当雷达扫描数据被插入概率栅格时,就会计算一组命中(Hit)栅格的点和一组不相交未命中(Miss)栅格的点,同时计算地图上对应栅格的占据概率(Odds),见式(5.17)。对于每个 Hit,将最近的栅格点插入 Hit 集合。对于每一次 Miss,插入与每个像素相关联的栅格点,该栅格点与扫描原点和每个扫描帧之间的一条射线相交,不包括已经在 Hit 集合的栅格点。如果每个以前未观测到的栅格点位于其中一个集合中,则为其分配一个概率 P_{Hit} 或 P_{Miss}。如果已经观察到栅格点 x,将 Hit 和 Miss 的概率更新为 M_{new},见式(5.18),实际的地图占据情况如图 5.11 所示。

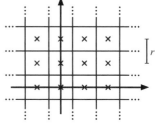

图 5.10 栅格点和相关像素

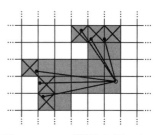

图 5.11 Hit(阴影和划 ×)和 Miss(阴影)相关联的扫描帧和像素

$$\text{odds}(p) = \frac{p}{1-p} \quad (5.17)$$

$$M_{new}(x) = \text{clamp}(\text{odds}^{-1}(\text{odds}(M_{old}(x)) \cdot \text{odds}(P_{Hit}))) \quad (5.18)$$

将扫描帧插入子图前,使用 Ceres 库的扫描匹配器对扫描帧的位姿 ξ 进行优化,扫描匹配器负责找到一个扫描帧位姿,使子映射中扫描帧的概率最大化。于是将求解扫描帧位姿的问题转变为求解非线性最小二乘的问题，见式（5.19）。

$$\underset{\xi}{\mathrm{argmax}} \sum_{k=1}^{K}(1-M_{\mathrm{smooth}}(T_{\xi}h_{k}))^2 \quad (5.19)$$

上式中 T_{ξ} 表示扫描帧转换到对应子图帧中的位姿变换，位姿变换将扫描帧 h_k 从扫描转换到子图帧中，平滑函数 $M_{\mathrm{smooth}}:\mathbb{R}^2 \to \mathbb{R}$ 将每个扫描帧概率值平滑映射到局部子图中，目标是使插入扫描的所有扫描帧概率值最大，构建非线性最小二乘目标函数。这里使用双三次插值，虽然可能会出现区间 [0,1] 以外的值，但是这些值可以被忽略。

这种平滑函数的数学优化通常可以比栅格的分辨率提供更好的精度。由于这是一个局部优化，因此需要良好的初始估计，能够测量角速度的 IMU 可用于估计扫描匹配之间姿势的旋转分量 θ，在没有 IMU 的情况下可以使用更高频率或像素精确的扫描匹配方法，但是会增加计算复杂度。

2. 全局 SLAM

由于激光雷达扫描帧仅与最近几次扫描的子图进行匹配，且环境地图由一系列的子图构成，因此随着子图数量的增多，扫描匹配过程中的累计误差会越来越大。该算法通过稀疏姿态调整（Sparse Pose Adjustment，SPA）的方法，优化所有激光雷达数据帧和子图的位姿，当子图不再变化时，所有的扫描帧和子图都会被用来进行闭环检测。

闭环检测和扫描匹配一样，也被描述为一个非线性最小二乘问题，它允许添加残差来考虑额外的数据。式（5.20）为 SPA 数学表达式。

$$\underset{\Xi^m,\Xi^s}{\mathrm{argmin}} \frac{1}{2}\Sigma_{ij}\rho(E^2(\xi_i^m,\xi_j^s;\Sigma_{ij},\xi_{ij})) \quad (5.20)$$

其中，$\Xi^m=\{\xi_i^m\}_{i=1,\cdots,m}$，$\Xi^s=\{\xi_j^s\}_{j=1,\cdots,n}$ 分别表示在一定约束条件下的子图位姿和扫描帧位姿。约束条件为相对位姿 ξ_{ij} 和关联协方差 Σ_{ij}，相对位姿 ξ_{ij} 表示扫描帧 j 在子图 i 中的匹配位置，与其相关的协方差采用 Ceres 库进行特征估计。该约束的残差 E 的可由式（5.21）计算。

$$E^2(\xi_i^m,\xi_j^s;\Sigma_{ij},\xi_{ij}) = e(\xi_i^m,\xi_j^s;\xi_{ij})^{\mathrm{T}}\Sigma_{ij}^{-1}e(\xi_i^m,\xi_j^s;\xi_{ij}) \quad (5.21)$$

$$e(\xi_i^m,\xi_j^s;\xi_{ij}) = \xi_{ij} - \begin{pmatrix} R_{\xi_i^m}^{-1}(t_{\xi_i^m}-t_{\xi_j^s}) \\ \xi_{i;\theta}^m - \xi_{j;\theta}^s \end{pmatrix} \quad (5.22)$$

此外，使用分支定界扫描匹配算法加速闭环检测和相对位姿的求解过程，确定搜索窗口，采用查找的方法构建回环，使用式（5.23）进行搜索。

$$\xi^* = \underset{\xi \in W}{\mathrm{argmax}} \sum_{k=1}^{K} M_{\mathrm{nearest}}(T_{\xi}h_k) \quad (5.23)$$

式中，W 为搜索窗口；M_{nearest} 为 M 中参数的最近网格点到对应像素（$\mathbb{R}^2$）的扩展，使用分支定界方法可以高效地计算 ξ^* 的值。

3. 建图结果

（1）Deutsches 博物馆　使用在 Deutsches 博物馆记录传感器数据，建图结果如图 5.12 所示。该实验在 3.2GHz 的 Intel Xeon E5-1650 工作站上，Cartographer 算法消耗了 1018s 的 CPU 时间，使用了高达 2.2GB 的内存和多达 4 个后台线程来进行循环闭合扫描匹配。它在 360s 的挂钟时间（Wall Clock Time）后完成，这意味着它实现了 5.3 倍的实时性能。生成的回环检测优化图由 11456 个节点和 35300 条边组成。每次向图中添加几个节点时，都会运行优化问题（SPA）。一个典型的解决方案需要大约 3 次迭代，并在大约 0.3s 内完成。

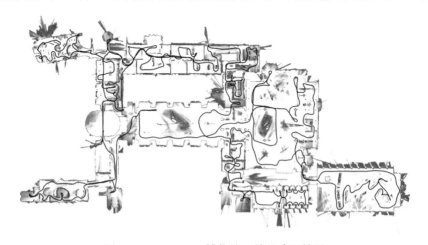

图 5.12　Deutsches 博物馆二楼的建图结果

（2）扫地机器人对房间建图　使用带有真空吸尘器的扫地机器人对整层房间进行建图，整个过程中保持 2Hz 的频率对环境进行扫描，建图结果如图 5.13 所示，地图分辨率为 5cm。将建好的地图与激光测绘结果进行比对发现，地图的精度误差在 1% 以内。

图 5.13　扫地机器人对房间的建图结果

5.3 定位

在未知环境中的同步定位与建图问题被定义为 SLAM 问题，SLAM 问题在 5.2 节进行了详细的描述，而在已知环境（已构建当前环境地图）中如何实现可靠的位姿估计也是移动机器人技术中的一个关键问题。移动机器人的定位问题可分为全局位姿估计和局部位置跟踪。全局位姿估计是机器人需要在已构建的地图中确定自身全局坐标，而一旦机器人在地图上完成全局定位，局部位置跟踪就是随着时间的推移跟踪机器人的问题。在已知地图中获取机器人的全局坐标是实现可靠路径规划和稳定导航的重要前提；另一方面，精确的局部位置跟踪对于高效导航和局部避障任务非常重要。

目前的定位技术主流还是滤波和图优化两种方法，本节将基于滤波的方法展开描述机器人定位算法。基于滤波的方法中，卡尔曼滤波技术可以实现鲁棒和准确地跟踪机器人，但并不能表示机器人位置的模糊性，并且在定位失败的情况下缺乏全局（重新）定位机器人的能力，尽管可以通过各种方式修改卡尔曼滤波器以应对其中某些困难，但其他方法通过贝叶斯路标学习、基于概率网格等方案可以表示其不确定性，摆脱了卡尔曼滤波器固有的受限高斯密度假设。为了获取机器人更准确的定位坐标，Frank Dellaert 等人提出蒙特卡洛定位（Monte Carlo Localization，MCL）方法，它采用了一种不同的方式来表示不确定性。该方法不描述概率密度函数本身，而是通过保持一组随机抽取的样本来表示它，并且会随着时间的推移更新这种密度表示。下面将介绍蒙特卡洛定位方法以及在其基础上进一步修改的自适应蒙特卡洛定位（Adaptive Monte Carlo Localization，AMCL）方法。

5.3.1 蒙特卡洛定位

1. 蒙特卡洛定位原理

蒙特卡洛定位是一种基于粒子滤波的定位算法，它可以用来估计机器人在已知地图中的位置。它的基本原理是：首先，随机生成一些粒子，每个粒子代表一个可能的机器人位置，初始时粒子的权重都相等；然后，根据机器人的运动模型，预测每个粒子在下一时刻的位置，并加上一些运动噪声；接着，根据机器人的观测模型和观测数据，更新每个粒子的权重，反映它们与真实位置的匹配程度，权重越大的粒子越有可能是正确的位置；最后，根据粒子的权重进行重采样，保留权重大的粒子，淘汰权重小的粒子，并生成新的粒子，这样可以使粒子集更加集中在正确的位置附近。重复上述过程，直到粒子集收敛到一个较小的区域，或者达到预设的迭代次数。

在机器人定位中，需要通过机器人的初始状态和当前时刻之前的所有测量值 $Z_k = \{Z_k^i, i=1,\cdots,k\}$ 估计出机器人在当前时刻步长 k 的状态，通常需要处理一个三维状态向量 $\boldsymbol{X} = [x,y,\theta]^\mathrm{T}$，即机器人的位置和方向。这个估计问题是贝叶斯滤波问题的一个例子，需要在已知所有测量值的条件下构造当前状态的后验密度 $p(X_k|Z^k)$。在贝叶斯方法中，这个概率密度函数（Probability Density Function，PDF）被用来表示已知状态 X_k 的所有知识，并且从中可以估计当前位置。然而，在全局定位阶段定位的概率密度是多模态的，不

能仅计算单个位置估计,而需要总体考虑所有位置的概率估计。综上所述,为了定位机器人,需要递归的计算每个时间步长的密度 $p(X_k|Z^k)$。因为样本和生成样本的密度之间存在本质的二元性,所以在基于抽样的方法中可以用一组 N 个随机样本或从中提取的粒子 $S_k = \{s_k^i; i=1,\cdots,N\}$ 表示密度 $p(X_k|Z^k)$。然后在每个时间步长 k 中递归计算从 $p(X_k|Z^k)$ 中提取的样本集 S_k。该算法分以下两个阶段进行。

预测阶段:在第一阶段,从上一次迭代中计算的粒子集 S_{k-1} 开始,通过从密度 $p(X_k|s_{k-1}^i, u_{k-1})$ 中采样,将运动模型应用于每个粒子 s_{k-1}^i 上,然后对每个粒子 s_{k-1}^i 从 $p(X_k|s_{k-1}^i, u_{k-1})$ 抽取样本 $s_k^{\prime i}$。这样就得到了一个新的集合 S_k',它近似于预测密度 $p(X_k|Z^{k-1})$ 中的一个随机样本。S_k' 中的素数表示在时间 k 时还没有加入任何传感器测量。

更新阶段:在第二阶段,考虑测量 z_k,并将 S_k' 中的每个样本加权 $m_k^i = p(z_k|s_k^{\prime i})$,即给定 z_k 的 $s_k^{\prime i}$ 的可能性。首先构建加权集合,即从 $\{s_k^{\prime i}|m_k^i\}$ 中抽取样本集合 $\{s_k^j, j=1,\cdots,N\}$,然后对加权集合进行重采样得到 S_k。重采样阶段选择具有较高概率的样本 $s_k^{\prime i}$,并在此过程中获得一个新的集合 S_k,该集合近似于来自 $p(X_k|Z^k)$ 的随机样本。

在更新阶段之后,递归地重复预测与更新步骤。为了初始化滤波器,在时间 $k=0$ 开始,从先验 $p(X_0)$ 中随机采样 $S_0 = \{s_0^i\}$。

该算法一次迭代的概率密度和粒子集如图 5.14 所示。在图中,第一行表示精确的密度,第二行则表示该密度基于粒子的形式。在 A 组中,从一团代表对机器人位置不确定性的粒子开始,在本例中机器人的朝向是未知的。B 组表示当机器人在一个时间步长间隔内移动 1m 时,可知机器人的真实位置在一个半径为 1m 的圆周上。C 组表示当机器人在半米外的右上角某处观察到地标时,第一行表示可能性 $p(Z_k|X_k)$,第二行表示每个样本 $s_k^{\prime i}$ 如何根据这种可能性加权。最后,D 组展示了在这个加权集合中重采样的效果,形成了下一次迭代的起点。

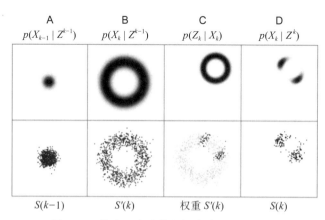

图 5.14 算法一次迭代的概率密度和粒子集

2. 定位结果

与基于卡尔曼滤波的方法相比,MCL 方法的一个关键优势是它能够表示多模态概率分布。这个优势是从零开始定位移动机器人的先决条件,即不知道其起始位置。MCL方法的全局定位结果如图5.15所示。在第一次迭代中,通过从已知(静态)障碍物的均匀概率密度中提取20000个样本来初始化算法。机器人从走廊的左边开始运动,接收到激光雷达数据后在整个地图范围初始化粒子,如图5.15a所示。当机器人进入左上角的房间时,粒子已经基本收敛于两个坐标,其中一个是机器人的真实位置,另一个是由于走廊的对称性误判断的坐标,如图5.15b所示。此外一些分散的粒子在其他坐标下仍被保留。应该注意的是,在定位的初期阶段,表示模糊概率分布的优势对于成功定位机器人的全局坐标至关重要。最后,由于左上角的房间与对称的右下角房间不同,所以机器人能够唯一地确定其位置,如图5.15c所示。

a) 初始化　　　　　　　　b) 对称环境引发的误识别　　　　　　　c) 成功定位

图 5.15　MCL 方法的全局定位结果

5.3.2　自适应蒙特卡洛定位

MCL算法虽然可以解决机器人全局定位与局部位置跟踪的问题,但在成功定位后粒子则会收敛于单个坐标,并与机器人的状态转移方程保持同步,因此MCL无法有效地解决可能出现的全局定位失败(误识别)或者绑架问题。MCL算法在迭代的过程中,进行重采样步骤时可能会错误地忽略正确坐标附近的粒子,导致粒子最终收敛在错误的坐标附近,且MCL没有考虑重定位问题,即如何从失败的全局定位中重新寻找最优位姿估计。自适应蒙特卡洛定位(Adaptive Monte Carlo Localization,AMCL)很好地解决了上述问题,AMCL算法在发生全局定位失败或机器人遇到绑架问题时会随机地注入粒子,即增加随机粒子到粒子集合中,从而在运动模型中产生一些随机状态,随机状态可能包含正确的机器人坐标,在迭代过程中最终可收敛于正确的坐标附近。

1. AMCL定位原理

AMCL与MCL的区别在于AMCL增加了随机注入粒子步骤,因此AMCL需要解决这个随机注入粒子步骤所带来的两个问题,一个是迭代过程中一次应该增加多少粒子,另一个是以何种分布产生这些粒子。

解决第一个问题可通过观测数据的概率 $p(z_t,|z_{1:t-1},u_{1:t},m)$ 来评估增加粒子,并将其与平均测量概率联系起来,在粒子滤波中这个数量的近似可根据重要性因子获取,因为重要性权重是这个概率的随机估计,其平均值为

$$\frac{1}{M}\sum_{m=1}^{M}w_t^{[m]} \approx p(z_t,|z_{1:t-1},u_{1:t},m) \qquad (5.24)$$

解决第二个问题可以根据均匀分布在位姿空间产生粒子,用当前观测值加权得到这些粒子。

与 MCL 定位相比,AMCL 算法整体框架与 MCL 定位相同,但增加了经验测量似然 ω_{avg},并计算长期和短期似然平均 ω_{slow}、ω_{fast},参数 α_{slow} 和 α_{fast} 分别估计长期和短期平均的指数滤波器的衰减率。AMCL 算法的关键在重采样过程中增加随机采样概率 $\max\left\{0.0, 1-\frac{\omega_{fast}}{\omega_{slow}}\right\}$。

如下给出 AMCL 的伪代码。

算法 5.2　AMCL 的伪代码

输入:
　　u_t, 机器人状态
　　z_t, 测量数据
　　m, 粒子总数
输出:
1: $\bar{\mathcal{X}}_t = \mathcal{X}_t = \phi$　// 初始化粒子群
2: **for** $m = 1,\cdots,M$ **do**
3: 　　$x_t^{[m]} = \text{sample\_motion\_model}(u_t, x_{t-1}^{[m]})$　// 状态转移模型
4: 　　$\omega_t^{[m]} = \text{measurement\_model}(z_t, x_t^{[m]}, m)$　// 测量模型
5: 　　$\bar{\mathcal{X}}_t = \bar{\mathcal{X}}_t + \langle x_t^{[m]}, \omega_t^{[m]} \rangle$　// 粒子更新
6: 　　$\omega_{avg} = \omega_{avg} + \frac{1}{M}\omega_t^{[m]}$　// 全局平均概率
7: **endfor**
8: 　$\omega_{slow} = \omega_{slow} + \alpha_{slow}(\omega_{avg} - \omega_{slow})$
9: 　$\omega_{fast} = \omega_{fast} + \alpha_{fast}(\omega_{avg} - \omega_{fast})$
10: **for** $m = 1,\cdots,M$ **do**
11: 　　**with probability** $\max\left\{0.0, 1-\frac{\omega_{fast}}{\omega_{slow}}\right\}$ **do**　// 概率下降(可能发生绑架)
12: 　　　　**add random pose to** $\mathcal{X}_t$　// 增加随机采样
13: 　　**else**
14: 　　　　**draw** $i \in \{1,\cdots,N\}$ **with probability** $\propto \omega_t^{[i]}$
15: 　　　　**add** $x_t^{[i]}$ **to** $\mathcal{X}_t$　// 不增加随机采样
16: 　　**endwith**
17: **endfor**
18: **return** $\mathcal{X}_t$

2. 定位结果

采用 ROS 中的 AMCL 功能包对 AMCL 算法进行实验，AMCL 定位的实验结果如图 5.16 所示。

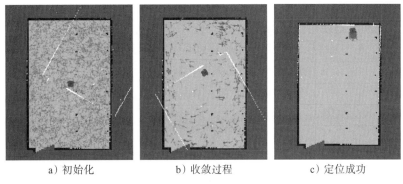

a）初始化　　　　b）收敛过程　　　　c）定位成功

图 5.16　定位结果

首先通过 ROS 的建图功能包构建环境地图，再运行 AMCL 功能包，其会根据激光雷达数据进行自主定位。在进行初始化时，粒子在自由空间内随机分布，如图 5.16a 所示。随着机器人的运动，粒子逐渐收敛，如图 5.16b 所示，该步骤对应测量概率的短期平均小于测量概率的长期平均的情况。多次迭代后，粒子紧紧环绕在真实的机器人位姿周围，如图 5.16c 所示，并且短期和长期测量似然平均都将增加。在这个定位阶段，机器人只是跟踪其位置，观察似然相当高，并且只偶尔增加小数量的随机粒子。当将机器人放置在其他位置时（机器人绑架），测量概率下降。在这个新的位置，第一次测量还没有触发任何附加粒子，因为平滑估计 ω_{fast} 仍然很高，在新位置进行了几次标记检测后，ω_{fast} 比 ω_{slow} 下降得快，并有更多的随机粒子被加进来，最后机器人重定位成功。

5.4　路径规划

移动机器人路径规划指的是机器人利用各种传感器采集到的数据，依照环境的感知，通过一个或多个评判标准规划安全的运行路线，寻找出一条机器人能从起始点运动到目标点的最佳路线。在规划中根据机器人功能用一定的算法计算机器人绕过某些必要的障碍物所需要完成的时间和效率，上节讲到可以将机器人路径规划分为全局路径规划和局部路径规划两类。全局路径规划和局部路径规划各有各的优势，因此要在路径规划的基础上，将避开障碍物也融入机器人路径规划的指标当中。路径规划是最重要的研究移动机器人导航的技术，在了解周围的环境之后，移动机器人的路径规划大多是根据之前提出的相关参数指标，在需要规划的环境中选择出从起始点到终点的最好的无碰撞路径。路径规划的结果会对移动机器人导航规划的研究产生极大的影响。

5.4.1 Dijkstra 算法

Dijkstra（迪杰斯特拉）算法是由贪心思想实现的，它是最典型的单源最短路径算法。该算法基于广度优先搜索思想，其特点是以源点为中心，然后向外围不断地拓展，直到拓展到目标点，然后规划出一条源点到目标点的路径。

用带权有向图寻找最短路径来理解该算法。在带权有向图 $G=(V, E)$ 中，V 和 E 分别代表顶点的集合和顶点间路径的集合，边的长度用 $W[i]$ 表示，寻找出顶点 $V0$ 到其他各点的最短路径。将 V 中顶点分为两组，分别用集合 S 和 U 表示。第一组 S 包含的是已经求出 $V0$ 到自身的最短路径的顶点；U 包含的都是剩下的没有确定顶点 $V0$ 到自身的最短路径的顶点。该算法的具体计算步骤如下。

第一步：初始状态下，S 中只包含顶点 $V0$，U 中包含除 $V0$ 外的所有点。如果 U 中顶点和 $V0$ 相邻，则距离表示为两点的长度 W；若不相邻，则用无穷远表示。

第二步：通过比较从 U 中挑选出离 $V0$ 距离最短的顶点 X，将顶点从集合 U 中移除，并将其加入集合 S 中。

第三步：根据集合 S 中新增的顶点 X 来更新集合 U 中各个顶点到顶点 $V0$ 的距离。更新原则是：如果以顶点 X 为中间点，U 中的顶点 Y 到顶点 $V0$ 的路径长度比不经过中间点 X 的长度小，则更新距离为 $(V0,X)$ 加上 (X,Y)，否则不更新。

第四步：重复第二步和第三步，直到所有点都被遍历完。

具体操作步骤如下。

初始状态（图 5.17）：S 是已计算出最短路径的顶点集合，U 是未计算出最短路径的顶点的集合。

第一步：将顶点 D 加入 S 中（图 5.18）。此时，$S=\{D(0)\}$，$U=\{A(\infty),B(\infty),C(3),E(4),F(\infty),G(\infty)\}$。注意：$C(3)$ 表示 C 到起点 D 的距离是 3。

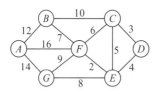
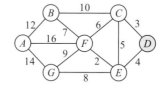

图 5.17 初始状态　　　　　　　图 5.18 将顶点 D 加入 S 中

第二步：将顶点 C 加入 S 中（图 5.19）。上一步操作之后，U 中顶点 C 到起点 D 的距离最短；因此，将 C 加入 S 中，同时更新 U 中顶点的距离。以顶点 F 为例，之前 F 到 D 的距离为 ∞；但是将 C 加入 S 之后，F 到 D 的距离为 $(F,C)+(C,D)=9$。此时，$S=\{D(0),C(3)\}$，$U=\{A(\infty),B(13),E(4),F(9),G(\infty)\}$。

第三步：将顶点 E 加入 S 中（图 5.20）。上一步操作之后，U 中顶点 E 到起点 D 的距离最短；因此，将 E 加入 S 中，同时更新 U 中顶点的距离。还是以顶点 F 为例，之前 F 到 D 的距离为 9；但是将 E 加入 S 之后，F 到 D 的距离为 $(F,E)+(E,D)=6$。此时，$S=\{D(0),C(3),E(4)\}$，$U=\{A(\infty),B(13),F(6),G(12)\}$。

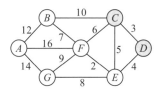   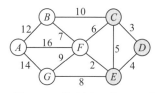

图 5.19　将顶点 C 加入 S 中　　　　图 5.20　将顶点 E 加入 S 中

第四步：将顶点 F 加入 S 中（图 5.21）。此时 S = {D(0),C(3),E(4),F(6)}，U = {A(22), B(13),G(12)}。

第五步：将顶点 G 加入 S 中（图 5.22）。此时，S={D(0),C(3),E(4),F(6),G(12)}，U= {A(22),B(13)}。

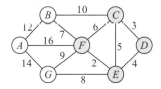   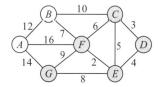

图 5.21　将顶点 F 加入 S 中　　　　图 5.22　将顶点 G 加入 S 中

第六步：将顶点 B 加入 S 中（图 5.23）。此时，S={D(0),C(3),E(4),F(6),G(12),B(13)}，U= {A(22)}。

第七步：将顶点 A 加入 S 中（图 5.24）。此时，S={D(0),C(3),E(4),F(6),G(12),B(13),A(22)}。

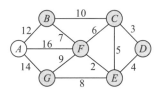   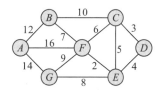

图 5.23　将顶点 B 加入 S 中　　　　图 5.24　将顶点 A 加入 S 中

此时，起点 D 到各个顶点的最短距离为 A(22)B(13)C(3)D(0)E(4)F(6)G(12)。

Dijkstra 路径规划结果如图 5.25 所示，实验采用 Python 环境，设置地图大小为 70cm×70cm 的方格，起点位于左下角（-5，-5），目标点位于右上角（50，50）。

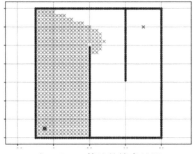   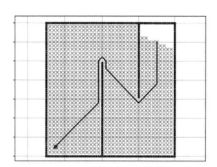

a）Dijkstra 算法的搜索过程　　　　b）最终的搜索路径结果

图 5.25　实验结果

5.4.2 A*算法

A*（A-Star）算法是一种静态环境中求解最短路径最有效的直接搜索方法，也是解决许多搜索问题的有效算法。算法中的距离估算值与实际值越接近，最终搜索速度越快。

1. 搜索区域

假设要从 A 点移动到 B 点，但是这两点被一堵墙隔开，如图 5.26 所示。首先，把要搜寻的区域划分成正方形的格子，简化搜索区域。然后，将搜索区域简化为二维数组，数组的每一项代表一个格子，方格的中心点称为"节点"，它的状态有可走（Walkalbe）和不可走（Unwalkable）两种。通过计算从 A 到 B 需要走过哪些方格，便得到了路径。

2. 开始搜索

把搜寻区域简化为一组可以量化的节点后，下一步便是查找最短路径。在 A*算法中，首先从起点开始，检查其相邻的方格，然后向四周扩展，直至找到目标。

1）从起点 A 开始，并把起点加入一个由方格组成的 Open List（开放列表）中。Open List 本质上是一个待检查的节点列表。

2）查看与起点 A 相邻的方格（忽略其中障碍物所占领的方格），把其中可走的（Walkalbe）或可到达的（Reachable）节点也加入到 Open List 中。把起点 A 设置为这些节点的父节点（Parent Node）。当在追踪路径时，这些父节点的内容是很重要的。

3）把 A 点从 Open List 中移除，加入 Close List（封闭列表）中，Close List 中的每个节点都是规划时不需要再遍历的。

黑的方格为起点，表示该方格被加入到了 Close List。与它相邻的灰色方格是需要被检查的。每个灰色方格都有一个黑色的指针指向它们的父节点，这里是起点 A，如图 5.27 所示。

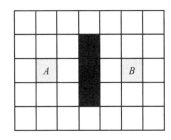

图 5.26 搜索区域

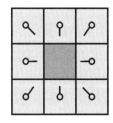

图 5.27 构建列表

3. 路径排序

为计算出最短路径需要使用下面这个等式。

$$F=G+H$$

其中，G 是从起点 A 移动到指定节点的移动代价，即沿着某条路径到达该节点的路径长度。H 是从指定的节点移动到终点 B 的估计代价。

通常规定横向和纵向的移动代价为 10，对角线的移动代价为 14。之所以使用这些数据，是因为实际的对角移动距离是 $\sqrt{2}$ 倍的横向或纵向移动距离，为计算出某节点的移动代价，其方法就是找出其父节点的移动代价，然后按父节点的方向，对应加上 10 或 14 的移动代价。

对于估计代价的计算通常采用曼哈顿距离，即只计算从当前节点横向或纵向移动到终点所经过的方格数，忽略对角移动，然后把总数乘以 10，从而得出该节点到达终点的估计代价。

把 G 和 H 相加便得到 F。首先在每个方格都标上 F、G 和 H 的值，就像起点右边的方格那样，左上角是 F 值，左下角是 G 值，右下角是 H 值，如图 5.28 所示。

4. 继续搜索

在 Open List 中选择 F 值最小的节点，把它从 Open List 里取出，放到 Close List 中。然后检查所有与该节点相邻的节点，忽略已在 Close List 中的或是不可走的节点，如果遍历的节点不在 Open List 中，则把它们加入 Open List 中。把该节点设置为这些新加入节点的父节点，如图 5.29 所示。

如果某个相邻的节点已经在 Open List 中，则检查这条路径是否更优，也就是说经由当前节点到达这个相邻节点是否具有更小的移动代价，如果没有，则不做任何操作。相反，如果移动代价更小，则把该相邻节点的父节点设为当前节点，然后重新计算该相邻节点的移动代价与估计代价。

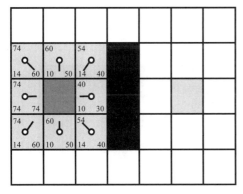
图 5.28 计算路径

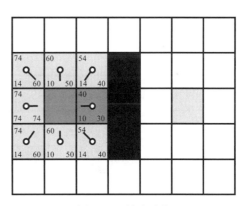
图 5.29 搜索路径

在最初的 9 个方格中有 8 个在 Open List 中，起点被放入了 Close List 中。在这些方格中，起点右边节点的 F 值最小，因此选择这个节点作为下一个要处理的节点。

首先，把该节点从 Open List 移到 Close List 中，然后遍历与它相邻的节点，忽略右边的障碍物以及在 Close List 中的起点，其他 4 个相邻的节点均在 Open List 中，接着需要检查经由该节点到达相邻节点的路径是否更好，使用移动代价来判定。移动到该节点上方的移动代价为 14，如果经由当前节点到达那里，移动代价将会为 20（其中 10 为到达当前节点的移动代价，此外还要加上从当前节点纵向移动到上面节点的移动代价）。显然 20 比 14 大，因此这不是最优的路径。当把 4 个在 Open List 中的相邻节点都遍历后，没有发现经由当前节点的更优路径,因此不做任何改变,如图 5.30 所示。然后重复上述操作。

不断重复上述过程,直到把终点也加入到 Open List 中,此时如图 5.31 所示。

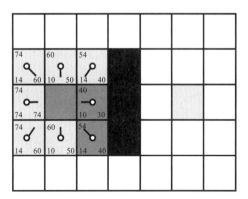

图 5.30　继续搜索

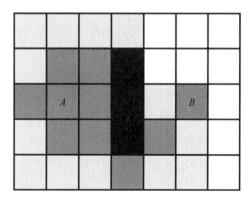

图 5.31　重复搜索

最后从终点开始,按着箭头向父节点移动,直到回到起点,这就是最短路径,如图 5.32 所示。

5. 路径规划结果

路径规划结果如图 5.33 所示,实验采用 ROS 中的 global_planner 全局路径规划插件,可在参数中选择 Dijkstra 算法或者 A* 算法进行路径规划。首先需要确定机器人的初始位姿,可通过 AMCL 算法进行定位或者手动确定初始位姿,然后确定目标点,路径规划算法即可规划出一条最短无碰撞的最优路径。

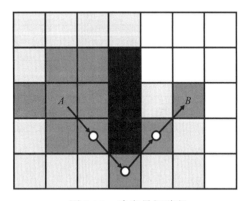

图 5.32　确定最短路径

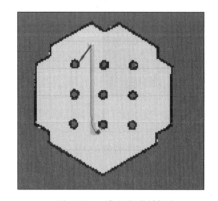

图 5.33　路径规划结果

5.5　DWA 算法

为实现机器人在导航时对动态障碍物进行避障的功能,因此需要设计路径规划算法,本项目中的局部规划方法主要采用的是动态窗口(Dynamic Window Approach,DWA)算法。

DWA 主要是在速度 (v, w) 空间中采样多组速度，并模拟机器人在这些速度下一定时间内的轨迹，在得到多组轨迹以后，对这些轨迹进行评价，选取最优轨迹所对应的速度来驱动机器人运动。

5.5.1 运动模型

在 DWA 算法中，要模拟机器人的轨迹，需要知道机器人的运动模型。该算法采用的是假设两轮移动机器人的轨迹是一段一段的圆弧或者直线（旋转速度为 0 时），一对 (v_t, w_t) 就代表一个圆弧轨迹。

计算机器人轨迹时，先考虑两个相邻时刻。由于机器人相邻时刻内，运动距离短，因此可以将两相邻点之间的运动轨迹看成直线，即沿机器人坐标系 x 轴移动了 $v_t \cdot \Delta t$。只需将该段距离分别投影在世界坐标系 x 轴和 y 轴上，就能得到 $t+1$ 时刻相对于 t 时刻机器人在世界坐标系中坐标移动的位移 Δx 和 Δy，具体的运动模型见式（5.25）。

$$\begin{cases} \Delta x = v_x \Delta t \cos\left(\theta_t + \frac{\pi}{2}\right) = -v_x \Delta t \sin\theta_t \\ \Delta y = v_y \Delta t \sin\left(\theta_t + \frac{\pi}{2}\right) = -v_y \Delta t \cos\theta_t \end{cases} \quad (5.25)$$

对位移增量累计求和，推算采样时间内轨迹为

$$\begin{cases} x_{t+1} = x_t + v\Delta t \cos\theta_t - v_y \Delta t \sin\theta_t \\ y_{t+1} = y_t + v\Delta t \sin\theta_t - v_y \Delta t \cos\theta_t \\ \theta_{t+1} = \theta_t + w\Delta t \end{cases} \quad (5.26)$$

5.5.2 速度采样

构建机器人的轨迹模型之后，通过 DWA 算法采样大量速度数据，根据速度推算轨迹，最后对轨迹进行评价。在速度的二维空间中，存在无穷多组速度，但是根据机器人本身的限制和环境限制可以将采样的速度控制在一定范围内，即

$$V_m = \{v \in v\text{max}_{\min}\} \quad (5.27)$$

由于电动机力矩有限，机器人存在最大的加减速限制，因此移动机器人轨迹前向模拟的周期内，存在一个动态窗口，在该窗口内的速度是机器人能够实际到达的速度，即

$$V_d = \left\{(v, w) \middle| \begin{array}{l} v \in [v_c - \dot{v}_b \Delta t, v_c + \dot{v}_a \Delta t] \\ w \in [w_c - \dot{w}_b \Delta t, w_c + \dot{w}_a \Delta t] \end{array}\right\} \quad (5.28)$$

式中，v_c、w_c 是机器人的当前速度，下标 a 和 b 分别对应最大加速度和最大减速度。

基于机器人安全考虑，为了能够在碰到障碍物前停下来，因此在最大减速度条件下，速度有一个范围，即

$$V_a = \left\{(v, w) \middle| v \leqslant \sqrt{2\text{dist}(v, w)\dot{v}_b} \cap w \leqslant \sqrt{2\text{dist}(v, w)\dot{w}_b}\right\} \quad (5.29)$$

式中，dist(v,w) 为速度（v,w）对应轨迹上离障碍物最近的距离。

5.5.3 评价函数

在采样的速度组中，有若干组轨迹是可行的，因此采用评价函数的方式为每条轨迹进行评价，评价函数见式 5.30。

$$G(vw) = \sigma(\alpha \text{heading}(v,w) + \beta \text{dist}(v,w) + \gamma \text{velocity}(v,w)) \tag{5.30}$$

分别对归一化处理后的方位角到障碍物的距离及速度进行评价，选择一条规避障碍物的最优路径。

5.5.4 实验结果

在 Python 环境下进行 DWA 仿真实验，实验结果如图 5.34 所示。图 5.34a 所示为初始实验环境，地图中除起点和终点外的黑色圆点为障碍物。图 5.34b 所示为路径规划过程，曲线为局部规划过程中的实时最优路径。图 5.34c 中的曲线为最终路径，到达目标点的依据为车辆中心与终点之间距离小于预设定的车辆半径。

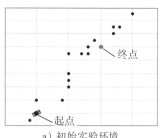 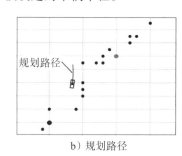 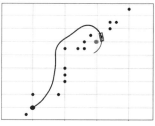

a）初始实验环境　　　b）规划路径　　　c）最终结果

图 5.34　实验结果

CHAPTER 6

第 6 章 多移动机器人协同编队与建图

本章节将介绍多移动机器人协同中的两个关键部分：协同编队和协同建图。在协同编队部分，介绍了预备的数据知识和领航机器人状态分布式估计的概念，以及基于估计器的编队控制方法。此外，还探讨了领航机器人和跟随机器人之间的通信和协调，以及编队过程中需要考虑的实时性和稳定性问题。在协同建图部分，介绍了多机通信和数据关联的概念，以及利用多台机器人的传感器和计算能力来创建高精度地图的方法。同时，还探讨了地图融合与后端优化的过程，以确保地图的准确性和一致性。最后，介绍了协同机器人在不同领域的应用场景。通过本章节的学习，读者将了解多移动机器人协同的核心概念和实现方法，以及多移动机器人协同在不同领域的应用前景，有助于读者深入理解机器人技术的发展趋势和应用前景。

6.1 协同编队

近些年来，多移动机器人系统分布式协调问题已得到人们的广泛关注。与单机器人相比，多移动机器人系统拥有时间、空间、功能、信息和资源上的分布特性，尤其在任务适用性、鲁棒性和可扩展性等方面表现出极大的优越性。多移动机器人编队控制是一个典型的多机器人协调问题，已经成为机器人学的研究热点。编队控制的目标在于通过调整个体的行为，使一组机器人保持位置，实现特定几何形状。多移动机器人协同编队具有广泛的应用前景，如合作运输、侦察、搜索等。编队控制是指多机器人系统在向特定目标或方向运动的过程中保持期望的几何队形，同时适应环境约束（如避开障碍）的控制问题。编队控制问题可以分为基于位置的控制和基于距离的控制。在基于位置的控制中，期望的几何图形由相对位置指定，经过适当的坐标变换之后，基于位置的编队问题可以转换为一致性问题；基于距离的控制中的期望几何队形由机器人之间的距离指定，由于距离的固有非线性，所设计的非线性反馈控制策略的稳定性分析依赖于图的刚性。多移动机器人编队方法主要包括基于行为法、基于图论法、虚拟结构法、领航 – 跟随法等。

6.1.1 预备知识

首先定义 $\mathbb{R}$ 和 $\mathbb{R}^+$ 分别表示实数集合和非负实数集合，$\mathbb{R}^n$ 表示 n 维实数空间，$I_n \in \mathbb{R}^{n \times n}$ 为 n 维单位矩阵；对于可积函数 $f(t)$，如果 $\int_0^\infty |f(s)|\mathrm{d}s < \infty$，则 $f(t)$ 属于 L_1 空间。

对于领航-跟随的情形，跟随机器人之间的通信拓扑结构可以用一个有向图 $G=\{V,E,A\}$ 表示，有向图 G 由节点集合 $V=\{1,2,\cdots,n\}$、边集合 $E \subseteq V \times V$、邻接矩阵 $A \in \mathbb{R}^{n \times n}$ 组成。有向边 (j,i) 表示节点 i 可以访问节点 j 的状态。邻接矩阵 $A=[a_{ij}]_{n \times n}$ 中的元素定义为如果 $(j,i) \in E$，则 $a_{ij} > 0$；否则 $a_{ij} = 0$。假设对所有 i 有 $a_{ii} = 0$，如果邻接矩阵 A 对称（对所有 $i,j \in V$ 有 $a_{ij} = a_{ji}$），则图 G 是无向的。与邻接矩阵 A 相关联的 Laplacian 矩阵 L 定义为

$$l_{ij} = \begin{cases} -a_{ij} & i \neq j \\ \sum_{j=1,j \neq i}^n a_{ij} & i = j \end{cases} \tag{6.1}$$

除了跟随机器人 $1 \sim n$，多机器人系统中还包含一个（虚拟）领航机器人，记为机器人 0。领航机器人与跟随机器人之间的交互关系通过权值 a_{i0} 表示：$a_{i0} > 0$ 表示领航机器人与跟随机器人 i 相邻，否则 $a_{i0} = 0$。令 $a = [a_{10},a_{20},\cdots,a_{n0}]^T$，定义矩阵 $H \in \mathbb{R}^{n \times n}$ 为

$$H = L + \mathrm{diag}(a) \tag{6.2}$$

矩阵 H 对称正定，当且仅当无向图 G 连通，且领航机器人至少与一个跟随机器人相邻（至少存在一个 $a_{i0} > 0$）。

考虑一个由 n 个非完整移动机器人组成的多机器人系统，机器人在笛卡儿空间的运动学模型为

$$\begin{cases} \dot{x}_i = v_i \cos\theta_i \\ \dot{y}_i = v_i \sin\theta_i \\ \dot{\theta}_i = \omega_i \end{cases} \tag{6.3}$$

式中，x_i、y_i、θ_i 分别为机器人 i 的位置和方向；v_i、ω_i 分别为机器人 i 的线速度和角速度。由于轮式移动机器人无法发生侧向移动，在其横轴上没有运动分量，由式（6.3）可以看出机器人受到式（6.4）描述的约束，是一种非完整约束。

$$\dot{x}_i \sin\theta_i = \dot{y}_i \cos\theta_i \tag{6.4}$$

在多机器人系统中，假设存在一个虚拟领航机器人为跟随机器人的运动提供参考信号，领航机器人参考信号的表达式为

$$\begin{cases} \dot{x}_r = v_r \cos\theta_r \\ \dot{y}_r = v_r \sin\theta_r \\ \dot{\theta}_r = \omega_r \end{cases} \tag{6.5}$$

式中，x_r、y_r、θ_r 分别为领航机器人的位置和方向；v_r、ω_r 分别为领航机器人的线速度和角速度。

在非完整移动机器人的轨迹跟踪控制中，常常假设领航机器人（参考信号）的线速度持续激励。本节同样基于此假设来实现编队跟踪误差的渐近收敛，即 v_r、ω_r 满足以下条件。

假设 1：信号 v_r、ω_r、$\dot{v}_r$ 存在且有界，另外信号 $v_r(t)$ 持续激励，即存在 T、$\mu > 0$ 使得对 $\forall t \geq 0$，有

$$\int_{t}^{t+T} |v_r(s)| \, \mathrm{d}s \geq \mu \tag{6.6}$$

为表明方法的分布式性质，每个机器人只能访问自身的状态信息和与之相邻的机器人的状态信息。本文使用无向图 $G=(V,E,A)$ 描述 n 个跟随机器人之间的通信拓扑结构。对应于图 G，用 $a = [a_{10}, a_{20}, \cdots, a_{n0}]^{\mathrm{T}}$ 表示领航机器人和跟随机器人之间的交互关系的权值。考虑如下假设。

假设 2：无向图 G 连通，并且至少存在一个 $a_{i0} > 0$。编队控制的目标在于调整各个体的行为，使系统实现特定几何图形，即驱动移动机器人，使它们的相对位置和方向满足期望的拓扑和物理约束。在本节中，多机器人系统的期望队形由机器人 i 与领航机器人之间的相对位置 $\Delta_i = [\Delta_{ix}, \Delta_{iy}]^{\mathrm{T}} \in \mathbb{R}^2$ 来描述。另外，跟随机器人与领航机器人的方向需要保持一致。因此，本文的任务是为每个机器人设计分布式控制律 v_i、ω_i，使下列表达式成立。

$$\lim_{t \to 0}(x_i(t) - x_r(t))t = \Delta_{ix} \tag{6.7}$$

$$\lim_{t \to 0}(y_i(t) - y_r(t))t = \Delta_{iy} \tag{6.8}$$

$$\lim_{t \to 0}(\theta_i(t) - \theta_r(t))t = 0 \tag{6.9}$$

6.1.2 领航机器人状态分布式估计

在领航-跟随编队控制策略设计中，通常假设所有的跟随机器人都知道领航机器人的信息。然而，当领航机器人和跟随机器人之间的通信是局部的，也即只有跟随机器人的一个子集能够访问领航机器人的信息时，该假设条件不能满足。本节提出了分布式估计策略，可仅使用局部信息来估计领航机器人的位置，方向和线速度等状态。

将需要对领航机器人估计的状态变量表示为

$$\boldsymbol{\zeta}_r = [x_r, y_r, \theta_r, v_r]^{\mathrm{T}} \tag{6.10}$$

用 $\boldsymbol{\zeta}_{ir} = [x_{ir}, y_{ir}, \theta_{ir}, v_{ir}]^{\mathrm{T}}$ 表示跟随机器人 i 对 $\boldsymbol{\zeta}_r$ 的估计值。为体现估计算法的分布式，估计律须遵循通信拓扑，只使用与之相邻的机器人的信息。

定义机器人 i 与其相邻的所有机器人的位置、方向和线速度的估计误差为

$$\boldsymbol{e}_i = \sum_{j=1}^{n} a_{ij}(\boldsymbol{\zeta}_{ir} - \boldsymbol{\zeta}_{jr}) + a_{0j}(\boldsymbol{\zeta}_{ir} - \boldsymbol{\zeta}_r) \tag{6.11}$$

利用误差 e_i，在假设条件 1 下，考虑如下估计律

$$\dot{\boldsymbol{\zeta}}_{ir} = \frac{1}{\lambda_i}\left(-\boldsymbol{\Gamma}_i \boldsymbol{e}_i + \sum_{j=1}^{n} a_{ij}\dot{\boldsymbol{\zeta}}_{jr} + a_{i0}\dot{\boldsymbol{\zeta}}_r\right) \tag{6.12}$$

式中，$\lambda_i = \sum_{j=1}^{n} a_{ij} + a_{i0}$；$\Gamma_i \in \mathbb{R}^{4 \times 4}$ 为对称正定矩阵。

对 ζ_{ir} 考虑分布式估计律式（6.12），有以下结果：

定理1：考虑估计律式（6.12），如果假设2成立，则 ζ_{ir} 指数收敛于 ζ_r。

对 e_i 关于时间变量求导，可得

$$\begin{aligned}\dot{e}_i &= \sum_{j=1}^{n} a_{ij}(\dot{\zeta}_{ir} - \dot{\zeta}_{jr}) + a_{i0}(\dot{\zeta}_{ir} - \dot{\zeta}_r) \\ &= \lambda_i \dot{\zeta}_{ir} - \sum_{j=1}^{n} a_{ij}\dot{\zeta}_{jr} - a_{i0}\dot{\zeta}_r = -\Gamma_i e_i\end{aligned} \quad (6.13)$$

由于 Γ_i 对称正定，可得指数收敛为零。令 $\tilde{\zeta}_i = \zeta_{ir} - \zeta_r$，$e = [e_1^T, e_2^T, \cdots, e_n^T]$，$\tilde{\zeta} = [\tilde{\zeta}_1^T, \tilde{\zeta}_2^T, \cdots, \tilde{\zeta}_n^T]$，则式（6.11）可以改写为

$$e = (H \otimes I_4)\tilde{\zeta} \quad (6.14)$$

式中，矩阵 $H \in \mathbb{R}^{n \times n}$ 定义为 $H = L + \text{diag}(a)$。在假设2条件下，应用定理1，可知矩阵 H 对称正定，因此 e 指数收敛于零，可以推出 $\tilde{\zeta}$ 指数收敛于零，定理1得证。

6.1.3 基于估计器的编队控制

本节提出了使用领航者估计状态的编队控制律，以实现编队控制目标，式（6.7）～式（6.9）。

利用跟随机器人对领航机器人的估计状态，按移动机器人跟踪控制研究中的通常做法，定义每个跟随机器人的跟踪误差为

$$\begin{bmatrix}\tilde{x}_i \\ \tilde{y}_i \\ \tilde{\theta}_i\end{bmatrix} = \begin{bmatrix}\cos\theta_i & \sin\theta_i & 0 \\ -\sin\theta_i & \cos\theta_i & 0 \\ 0 & 0 & 1\end{bmatrix}\begin{bmatrix}x_i - x_{ir} - \Delta_{ix} \\ y_i - y_{ir} - \Delta_{iy} \\ \theta_i - \theta_{ir}\end{bmatrix} \quad (6.15)$$

对式（6.15）求导，跟踪误差的动力学方程为

$$\begin{cases}\dot{\tilde{x}}_i = \omega_i \tilde{y}_i + v_i - v_{ir}\cos\tilde{\theta}_i + \eta_{ix} \\ \dot{\tilde{y}}_i = -\omega_i \tilde{x}_i + v_{ir}\sin\tilde{\theta}_i + \eta_{iy} \\ \dot{\tilde{\theta}}_i = \omega_i - \dot{\theta}_{ir}\end{cases} \quad (6.16)$$

式中，η_{ix} 和 η_{iy} 的定义为

$$\begin{cases}\eta_{ix} = (v_{ir}\cos\theta_{ir} - \dot{x}_{ir})\cos\theta_i + (v_{ir}\sin\theta_{ir} - \dot{y}_{ir})\sin\theta_i \\ \eta_{iy} = -(v_{ir}\cos\theta_{ir} - \dot{x}_{ir})\sin\theta_i + (v_{ir}\sin\theta_{ir} - \dot{y}_{ir})\cos\theta_i\end{cases} \quad (6.17)$$

对每个机器人考虑如下控制律

$$\begin{cases}v_i = v_{ir}\cos\tilde{\theta}_i - k_1\tilde{x}_i \\ \omega_i = -k_2\tilde{\theta}_i + \dot{\theta}_{ir} - k_3\dfrac{\sin\tilde{\theta}_i}{\tilde{\theta}_i}v_{ir}\tilde{y}_i\end{cases} \quad (6.18)$$

式中，控制增益 k_1、k_2、k_3 为正，将式（6.18）代入式（6.16），可得闭环系统

$$\begin{cases} \dot{\tilde{x}}_i = -k_1\tilde{x}_i + \omega_i\tilde{y}_i + \eta_{ix} \\ \dot{\tilde{y}}_i = -\omega_i\tilde{x}_i + v_{ir}\sin\tilde{\theta}_i + \eta_{iy} \\ \dot{\tilde{\theta}}_i = -k_2\tilde{\theta}_i - k_3\dfrac{\sin\tilde{\theta}_i}{\tilde{\theta}_i}v_{ir}\tilde{y}_i \end{cases} \quad (6.19)$$

由于 ζ_{ir} 指数收敛于 ζ_r，容易验证 η_{ix} 和 η_{iy} 指数收敛于零。在对闭环系统式（6.19）进行稳定性分析之前，首先给出一个引理。

引理 2：设 $V: \mathbb{R}^+ \to \mathbb{R}^+$ 连续可微，$W: \mathbb{R}^+ \to \mathbb{R}^+$ 满足一致连续，对任意 $t \geqslant 0$ 有

$$\dot{V}(t) \leqslant -W(t) + f(t)\sqrt{V(t)} \quad (6.20)$$

式中 $f(t)$ 在 L_1 空间取非负值，则可以推出 $V(t)$ 有界，并且当 $t \to \infty$ 时，$W(t) \to 0$。

$$\dot{V}(t) \leqslant f(t)\sqrt{V(t)} \quad (6.21)$$

这表明以下不等式成立

$$\frac{\mathrm{d}(\sqrt{V(t)})}{\mathrm{d}t} \leqslant \frac{f(t)}{2} \quad (6.22)$$

对不等式两端从 $0 \sim t$ 取积分，可得

$$\sqrt{V(t)} \leqslant \sqrt{V(0)} + \int_0^t \frac{f(s)}{2}\mathrm{d}s \quad (6.23)$$

因为 $f(t)$ 属于 L_1 空间，所以 $V(t)$ 是有界的。因此对任意 $\sigma > 0$，存在一个正的 γ，使得

$$\sqrt{V(t)} \leqslant \gamma, \quad \forall \sqrt{V(0)} \leqslant \sigma \quad (6.24)$$

根据式（6.20）以及 $\forall \sqrt{V(0)} \leqslant \sigma$，可得

$$\dot{V}(t) \leqslant -W(t) + \gamma f(t) \quad (6.25)$$

对不等式两端从 $0 \sim t$ 取积分，可得

$$V(t) + \int_0^t W(t)\mathrm{d}s \leqslant V(0) + \gamma\int_0^t f(s)\mathrm{d}s < \infty \quad (6.26)$$

式（6.26）表明 $W(t)$ 属于 L_1 空间。利用 Barbalat 引理，可推出 $W(t)$ 渐近收敛于零。由此引理 2 得证。使用引理 2 来研究闭环系统式（6.19）的稳定性。

定理 2：对系统式（6.3）考虑控制律式（6.18），闭环系统式（6.19）是全局渐近稳定的，因此如果假设 1 和 2 成立，则编队控制目标实现。

考虑如下 Lyapunov 函数

$$V_2 = \frac{1}{2}\sum_{i=1}^{n}\left(\tilde{x}_i^2 + \tilde{y}_i^2 + \frac{1}{k_3}\tilde{\theta}_i^2\right) \quad (6.27)$$

对函数 V_2 关于时间变量求导，并将式（6.19）代入，可得

$$\dot{V}_2 = \frac{1}{2}\sum_{i=1}^{n}\left(\tilde{x}_i\dot{\tilde{x}}_i + \tilde{y}_i\dot{\tilde{y}}_i + \frac{1}{k_3}\tilde{\theta}_i\dot{\tilde{\theta}}_i\right) = W_1 + W_2 \quad (6.28)$$

式中，$W_1 = \sum_{i=1}^{n}\left(-k_1\tilde{x}_i^2 - \frac{k_2}{k_3}\tilde{\theta}_i^2\right)$，$W_2 = \sum_{i=1}^{n}(\tilde{x}_i\eta_{ix} - \tilde{y}_i\eta_{iy})$。

根据 Lyapunov 函数 V_2 的定义，可以看出 V_2 满足

$$V_2 \geq \frac{1}{2}\sum_{i=1}^{n}\tilde{x}_i^2, \quad V_2 \geq \frac{1}{2}\sum_{i=1}^{n}\tilde{y}_i^2 \quad (6.29)$$

可以得到以下不等式

$$\sum_{i=1}^{n}|\tilde{x}_i| \leq \sqrt{2nV_2}, \sum_{i=1}^{n}|\tilde{y}_i| \leq \sqrt{2nV_2} \quad (6.30)$$

因此可得

$$W_2 \leq (\max_{1\leq i\leq n}|\eta_{ix}| + \max_{1\leq i\leq n}|\eta_{iy}|)\sqrt{2nV_2} \quad (6.31)$$

因为 η_{ix}、η_{iy} 均指数收敛于零，所以函数 V_2 满足引理 2 中的条件。由此可以推出 W_1 趋于零。W_1 趋于零，则有

$$\lim_{t\to\infty}\tilde{x}_i(t) = 0 \quad (6.32)$$

$$\lim_{t\to\infty}\tilde{\theta}_i(t) = 0 \quad (6.33)$$

由于 $\tilde{\theta}_i$ 趋于零，根据式（6.19）中 $\dot{\theta}_i$ 的方程，在假设 1 条件下有 $\lim_{t\to\infty}(\sin\tilde{\theta}_i(t)/\tilde{\theta}_i(t)) = 1$，$\lim_{t\to\infty}|v_r(t)| > 0$，应用 Barbalat 引理，可得

$$\lim_{t\to\infty}\tilde{y}_i(t) = 0 \quad (6.34)$$

因为 x_{ir}、y_{ir}、θ_{ir} 分别指数收敛于 x_r、y_r、θ_r，并且 $\tilde{x}_i$、$\tilde{y}_i$、$\tilde{\theta}_i$ 收敛于零，说明控制目标式（6.7）～式（6.9）得以实现。定理 2 得证。

6.2 协同建图

当今时代，多机器人协同 SLAM 技术已经成为机器人领域的研究热点之一。多机器人系统可以利用群体协作的优势弥补单机器人在能力和成本方面的限制，可以极大地提高工作效率，甚至完成单机器人无法胜任的工作。很多情况下，机器人是在一个未知的环境中工作的，如在火灾现场中清障、导航、搜索等，但在进行这些工作之前，要先获取一张环境地图。本节从协同建图的关键问题及方法入手，其中涉及架构选择、数据关联、地图融合与后端优化等关键问题。

6.2.1 协同建图整体架构

多机器人 SLAM 系统可以利用各机器人之间的相互协作，进行信息共享，协同同步定

位与建图（Cooperative Simultaneous Localization and Mapping，CSLAM），从而提高建图效率以及提升所建立地图的精度。为了适应 CSLAM 的需求，多机器人系统的控制结构也需要量身定制，根据任务的不同及单机器人所具有的性能不同，选择合适的协同建图架构。多机器人协同建图架构分为集中式、分布式和分布－集中式三种，如图 6.1 所示。

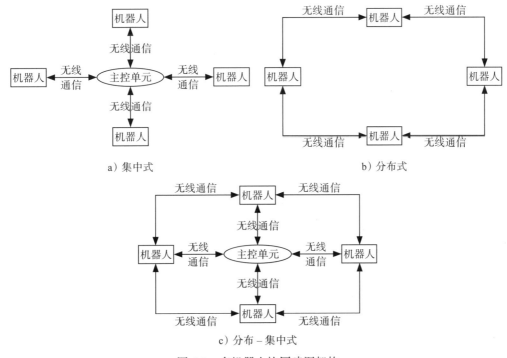

图 6.1 多机器人协同建图架构

1. 集中式

采取一个主控单元和多个执行单元为架构，通常由算力较高的计算机作为服务主控单元，每一个单机器人作为客户执行单元。其中，单机器人通过局域网或是移动网络与主控单元进行通信，主控单元掌握每个机器人的位姿信息和来自该机器人的环境信息，且依据这些信息对任务进行分解和分配，组织多个受控机器人完成任务，如图 6.1a 所示。协同多机器人建图中，集中式控制结构常常采用各子机器人分别处理各自的感知数据并创建子地图，再由中央主控模块进行地图融合的方式。

集中式控制结构的优点为系统结构清晰，实现起来较为直观。但其存在以下缺点：

1）容错性差：单个机器人的简单错误可能会导致整个系统的崩溃。

2）灵活性差：当机器人数目增多时，系统将变得复杂并且难以控制。

3）通信瓶颈：中央模块只有一个，当较多机器人需要与中央模块通信时，将会出现瓶颈。

2. 分布式

这种系统架构没有单独的中央控制单元，而是通过每个机器人之间互相的通信来共同完成局部地图的融合。分布式相比集中式来说，具有更强的鲁棒性，但同时协同 SLAM 的算法复杂度也更高。分布式要求系统为每个拥有不同计算力的机器人分配不同任务，计算力的不同也影响到各个机器人之间所交流的信息量。

分布式结构具有灵活等优点，但是在协调机制上，如任务分配、运动规划等方面开销很大。由日本学者 AsamaH. 等人设计的基于行动者的机器人与装备综合系统（Actor-Based Robot and Equipment Synthetic System，ACTRESS）和日本名古屋大学 Fukuda 教授提出的细胞机器人系统（Cellular Robotic System，CEBOT）是采用分布式控制体系结构的典型代表。

（1）ACTRESS　ACTRESS 概念框架如图 6.2 所示，它由多个被称为机器人的机器人代理组成，如智能机械臂、大型作业设备、智能传感器、计算机系统、特殊作业机器人等。每个机器人都有能力为实现一个给定的目标做出决定、执行任务，并通过交换信息与其他机器人进行通信。ACTRESS 拥有稳健性、可扩展性、灵活性、效率、适应性等优点。ACTRESS 的特点是具有根据不同机器人功能具有不同功能的代理，由多个机器人代理各自不同的特征，使用彼此之间灵活的通信，能够解决如任务分配、任务规划和路径规划等问题。

（2）CEBOT　CEBOT 将系统中众多相同或不同功能的机器人视为细胞元，这些细胞元机器人可以移动、寻找和组合。根据任务或环境的变化，这些细胞元机器人可以自组织成器官化机器人，多个器官化机器人可以进一步自组织形成功能更加复杂的机器人系统，如图 6.3 所示。CEBOT 强调的是单元体的组合如何根据任务和环境的要求动态重构。因此，系统具有多变的构型，可以具有学习和适应的群智能（Group Intelligence），并具有分布式的体系结构。

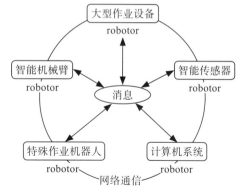

图 6.2　ACTRESS 概念框架

CEBOT 以一些简单的功能，同样的形状和种类的标准模块来作为组件，所以它的优点是可以根据目标任务的需要来对模块进行组合，进而形成具有复杂功能的系统。

3. 分布‒集中式

分布‒集中式架构可以将系统中的机器人进行分组，在分组内采用分布式生成局部地图，之后通过中央管理模块生成全局地图。或者，在通信范围内选择集中式控制方式，当超出通信范围时转换为分布式控制方式，以实现多机器人系统架构的稳定性。分布‒集中式同时具备集中式与分布式两种架

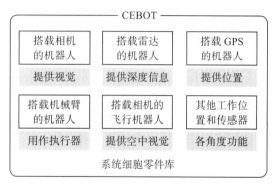

图 6.3　CEBOT 框架

构的优势，保持了一致性。在许多分布–集中式架构中，中央管理模块承担较多的计算量，在给子端发送命令时也会将部分任务分配给单机器人来处理。

分布–集中式架构既灵活又能够有效协调，其思想与一些应用的实际情况也较接近，是实际应用中采用较多的一种多机器人协同建图架构。

6.2.2 多机通信和数据关联

在未知环境中，移动机器人通过传感器提取环境特征构建环境地图，并利用所建地图同步估计自身位姿，这称之为移动机器人的同步定位与构图。

解决多机器人协同的 SLAM 问题是实现其在未知环境中自主导航的关键所在，其中两大核心问题是状态估计和数据关联。采用扩展卡尔曼滤波（EKF）对机器人的位姿和路标位置进行同步估计的方法，是 SLAM 领域中应用最广泛的方法之一。在每个时间步，EKF-SLAM 都要处理数据关联问题，即建立传感器测量与地图特征（路标）之间的对应关系，以确定它们是否共源。利用同源关联对计算信息方差，为状态估计服务。数据关联是状态估计的前提，一方面关联正确率通过信息方差间接影响到 EKF 的估计精度和收敛性；另一方面，数据关联速度制约着 EKF-SLAM 整体的实时性。

1. 通信与相对位姿

多机器人间的通信和数据关联对于多机器人协同建图是至关重要的。机器人间的数据信息通过稳定的通信信道进行传输，通信信道的带宽和覆盖范围一般表明该环境下的通信质量和稳定性，所以多机器人协同 SLAM 中通信信道的带宽和覆盖范围对协同建图的质量至关重要。数据的交换可以是机器人与机器人或机器人与中央主控单元间的原始数据，也可以是已经构建的局部地图或是优化以后的位姿等处理过后的数据，大多数情况下，交换的数据信息大多为机器人在建图过程中已经处理过的数据。

解决对带宽的需求有许多方法，如通过只发送压缩的关键帧、改进协议和路由、智能决策交换数据等方法。数据关联一直是实现 SLAM 的关键问题，这点在多机器人协同 SLAM 中尤为重要。成功的数据关联需要将正确的测量和正确的状态相关联，初始化新的轨迹，检测和过滤掉虚假的测量。数据关联问题常见的解决方案之一是最大似然估计，在给定位姿和基准标记的初始估计的情况下，计算最大似然数据关联集合，并随着机器人状态改变不断更新。

在单机器人 SLAM 中，单机器人依据自身搭载的一系列传感器获取自身位姿，创建局部坐标系和局部地图。当单机器人进行地图更新时，由于传感器误差和环境的不确定性会造成自身位姿的不确定。在多机器人协同 SLAM 中，多机器人系统需要对单机器人当前所处环境及位姿进行分析，并计算多机器人系统中每个机器人的相对位姿。由于单机器人本身存在一定的位姿不确定性，再加上机器人系统中存在多个机器人，所以相对位姿的确定是非常困难的。

在解决多机器人相对位姿问题上，通常有以下两种方案。

（1）机器人之间的直接相对位姿约束　假设机器人能够共享它们之间的 3D 点云数据，

或者识别环境中的基准标记,通过雷达、摄像头等传感器对彼此的姿态进行直接观察估计。在任务中与其他机器人相遇时,推测彼此在当前时间下的相对姿态并相应地更新它们的位姿估计。例如,在无人机顶端添加一个基准标记,该标记可以被无人机所搭载的视觉传感器所识别,进而在无人机之间优化更新相对位姿的估计。

(2)机器人之间的间接相对位姿约束 该约束可以建立在多个机器人观察到同一场景时。此外,可以在不同时间,多种机器人之间建立该约束,不需要机器人之间的直接视线和相遇,通过计算当前关键帧的视觉单词,并在由 DBoW2 构成的视觉词汇树中获取与当前关键帧相似的候选帧。对匹配度较高的候选帧进行 Sim3 变换,迭代计算相似变换,将回环检测的思想应用于帧间匹配,进而估计相对位姿。

2. 数据关联问题描述

数据关联是指建立在不同时间、不同地点获得的传感器测量之间、传感器测量与地图特征之间或者地图特征之间的对应关系,以确定它们是否源于环境中同一物理实体的过程。如图 6.4 所示,表明了数据关联在 SLAM 系统中的地位。数据关联介于状态预测和状态更新之间,是同步状态估计的前提条件。在 SLAM 系统中,数据关联影响着信息方差计算的正确性,进而直接涉及机器人定位与地图创建的准确性。错误的数据关联会将误差传导到后续环节,导致此后相关特征的预测也发生错误,甚至会导致定位与制图误差发散。

假设存在 M 个类型的模式,分别记作 ω_1,ω_2,$\cdots$,ω_M。假定通过已知类型属性的观测样本,已经抽取出 M 个样本模式向量 s_1,s_2,$\cdots$,s_M。给定一个任意的未知模式向量 x,判断它归属哪一类模式的问题称为模式分类。数据关联问题本质上也是一个模式分类问题。

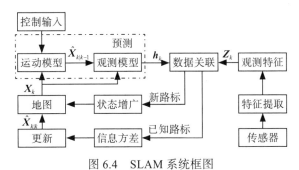

图 6.4 SLAM 系统框图

3. 数据关联算法

(1)最近邻数据关联算法 最近邻(Nearest Neighbor, NN)数据关联算法是由 Singer 等人于 1971 年提出的。最近邻数据关联算法的原理是:唯一选择落在某一环境路标的检测门限内的,并且与该路标的预测位置最近的观测作为与该路标关联的对象。其中最近的评价标准是满足归一化的平方信息最小,定义为

$$c_{l_i}^* = \mathrm{argmin}\{z_j | d_{ij} < \gamma\} \quad (6.35)$$

式中,$c_{l_i}^*$ 表示与路标 l_i 关联的观测下标,即路标 l_i 的关联变量取值。如果集合 $\{z_j | d_{ij} < \gamma\}$ 为

空，则表示没有观测与 l_i 相关联，此时 $c_{i_i}^*$ 取 0。

最近邻数据关联算法存储量和计算量都比较小，易于实现，非常适合观测精度高、路标密度小的环境下的 SLAM 过程，因此在 SLAM 问题研究的初期得到了广泛的应用。因为该算法没有考虑关联对之间的相关性，所以在大尺度密集环境中或者当系统误差比较大时，容易产生误关联假设，抗干扰能力较差。

（2）联合相容分枝定界数据关联算法　针对最近邻数据关联算法的不足，联合相容分枝定界（Joint Compatibility Branch and Bound，JCBB）数据关联算法考虑关联对之间的相关性，通过联合相容性度量进行数据关联。在观测噪声符合高斯分布的假设下，联合马氏距离服从卡方分布，且自由度为 A 中关联对数量的两倍。在给定的置信度 α 下，JCBB 数据关联算法以卡方分布边界值为下界，通过分支定界法寻找满足约束，且关联对数量最多的关联假设集。JCBB 数据关联算法时间复杂度随着环境地图规模的增长，计算量幂次增长，关联时间将超过机器人的控制周期，难以满足实时性需求，在大规模特征密集的环境中，此弊端更加突出。JCBB 数据关联算法还存在丢失关联的问题，JCBB 中联合马氏距离依赖于 EKF 的协方差阵，而协方差矩阵又依赖于机器人位姿估计点处的线性化精度。因此机器人位姿及地图协方差的估计偏差将导致关联对之间的马氏距离非严格服从卡方分布，导致丢失关联。

6.2.3　地图融合与后端优化

1. 地图融合

在多机器人协同 SLAM 中，单机器人在给定的任务范围内建立局部地图，协同 SLAM 需要将所有单机器人建立的局部地图融合起来生成全局地图。但由于每个单机器人在生成局部地图时的坐标系不统一，不能对局部地图直接进行合并。针对该问题通常有以下两种情况：

1）已知初始相对位姿的情况。可以直接利用初始位姿关系得到局部地图之间的变换关系，但该方法的误差会随着时间不断累积。为了使得误差尽可能最小，可以通过梯度下降法寻找最优变换，也可以通过粒子滤波的方法进行优化。

2）未知初始相对位姿的情况。可以通过机器人计算机器人间的直接相对位姿约束，进而得到所生成局部地图之间的变换关系；也可以在单机器人所生成的局部地图间进行重叠检测，寻找重叠区域，从而得到变换关系；或者基于点、线及其他特征进行匹配，对匹配的特征进行可靠性分析，以此来计算局部地图之间变换关系。

可以使用两台 turtlebot 实现多机建图，通过 ROS 的 rqt 工具查看协同建图中机器人的 TF 关系，可以清楚地看到两台机器人的子图最终融合成了一张地图。

通过可视化软件 Rviz 可以实时地查看协同建图的效果，其过程如图 6.5 所示。建图过程中机器人分别完成自身地图的构建，最终建图结果如图 6.6 所示，最后经过数据关联、后端优化及坐标变换等运算融合成为一张地图。

图 6.5　协同建图过程　　　　　　　　图 6.6　地图融合

2. 后端优化

多机器人协同建图中，后端优化的任务是根据前端所构成的约束，构建多机器人组成的全局误差目标函数。通过优化算法对目标函数求最优解，得到最小的全局误差，构建全局一致性地图。

与单机器人 SLAM 中后端优化类似，多机器人协同建图的后端优化主要分为滤波和图优化两方面。基于滤波算法的后端优化有基于卡尔曼滤波对机器人位姿和标志点进行滤波优化，卡尔曼滤波也有多种改进，如 EKF（扩展卡尔曼滤波）、UKF（无迹卡尔曼滤波）等。滤波中另一种常见的后端优化算法为基于粒子滤波算法的多机器人协同，通过假设每个机器人在进行任务时至少相遇一次，相遇时测量其相对位姿，通过两个队列来记录机器人相遇前后的观测数据和运动数据并创建全局地图。

但基于滤波的 SLAM 算法计算量比较大，特别是在复杂环境下对机器人的计算能力有较高要求，基于图优化的 SLAM 算法以其计算量小、精准度高等优点逐渐被广大研究者所关注。最早使用的是单机器人图优化 SLAM 算法获取局部位姿图，再通过软件进行聚合生成全局位姿图的多机器人协同 SLAM 框架，该框架可以与各种 SLAM 算法协同工作。2020 年，Francisco 等提出在单个基于姿态的图中连接不同机器人在相同场景下的多条轨迹，然后通过 HALOC 回环检测算法在不同机器人的轨迹图像之间寻找循环闭合，并向全局图添加附加约束，基于图优化的方法实现了多机器人水下协同 SLAM。

本节详细讲述多机器人中目前应用最广泛的地图融合后端优化算法——粒子群优化（Particle Swarm Optimization, PSO）算法。

PSO 算法是一种有效的全局寻优算法，由 Eberhart 和 Kennedy 于 1995 年首次提出，源于对鸟群捕食行为的模拟。与遗传算法（GA）相比，PSO 算法没有选择、交叉、变异等遗传操作，算法参数少，因此实现简单。目前，在一些学者的努力下，PSO 算法已经广泛应用于函数优化，并在系统辨识、神经网络训练等问题中取得了可喜的进展。自 1998 年以来，PSO 算法逐渐成为进化计算领域内在遗传算法之后的又一个研究热点。

PSO 算法模拟鸟群飞行觅食的行为，通过鸟之间的集体协作使群体达到最优，与遗传算法类似，它也是基于群体迭代，但没有交叉和变异算子，是一种利用群体在解空间中找寻最优粒子进行搜索的计算智能方法。PSO 算法求解优化问题时，所求问题的解就是搜索空间中的每一只鸟的位置，称这些鸟为基本粒子。所有的粒子都由一个被优化的函数决定的适应值（候选解）和一个决定它们飞翔方向和距离的速度。在优化过程中，每个粒子记忆，追随当前的最优粒子，在解空间中进行搜索。PSO 算法初始化为一群随机粒子（随机候选解），然后通过迭代找到最优的解。在每一次迭代的过程中，粒子通过追逐两个极值来更新自己的位置。一个是粒子自身找到的当前最优解称为个体极值 pbest，另一个是整个群体当前找到的最优解，这个解称为全局极值 gbest。PSO 算法的具体流程如图 6.7 所示。

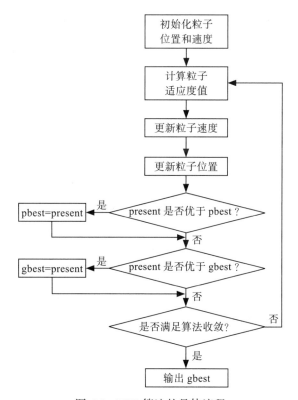

图 6.7 PSO 算法的具体流程

在 PSO 算法中，每一个可能的解都会表示成一个粒子。每一个粒子都有一个位置坐标 $\bar{x}$ 和一个速率坐标 $\bar{v}$，位置坐标和速率坐标分别表示为

$$\bar{x}_i = (x_{i,1}, x_{i,2}, \cdots, x_{i,N}) \tag{6.36}$$

$$\bar{v}_i = (v_{i,1}, v_{i,2}, \cdots, v_{i,N}) \tag{6.37}$$

向量长度 N 表示问题或未知变量个数，在每一次迭代中，都会计算每一个粒子的适应度函数。这个函数应该认真选择表达出希望的结果。每个粒子的位置和速度坐标都会根据

个体最优值和全局最优值，由下面的公式表示。

$$v_i^{n+1} = w^2 v_i^n + c_1 \beta_1^n (\text{pbest}_i - x_i) + c_2 \beta_2^n (\text{gbest}_i - x_i) \tag{6.38}$$

$$x_i^{n+1} = x_i + \Delta t v_i^{n+1} \tag{6.39}$$

上脚标中的 $n+1$ 和 n 分别表示当前和之前的迭代次数，系数 β_1^n 和 β_2^n 是平均分布在（0，1）之间的任意数，这些任意数随着粒子每一次参数的改变而更新，每个个体的最佳位置分别由参数 c_1 和 c_2 进行控制。c_1 和 c_2 最典型的值是 2.0。pbest_i 表示局部最优位置，gbest_i 表示全局最优位置。参数 w 表示在第 n 次重复时的惯性权数，根据它目前的速率和在群体中的最佳相对位置，在 0～1 范围内取值。Δt 表示采样时间。

粒子群按照式（6.40）和式（6.41）所描述的路线从不同方位向一个点聚。但是，最大的速度值 v_m 不应超过任何粒子在寻找过程中的一个有意义的解空间。由各个粒子的最佳位置参数便可以求出各个参数的最佳赋值。该算法就是通过这样不停地反复该过程最终确定一个最佳的结果。在评价粒子适应度的时候，可以根据实际需要确定一个适应度函数，通过每个粒子适应度值的计算来确定最优解。

6.3 常见应用场景

多机器人协同是指多个机器人在一个任务中协同工作，通过协同完成任务，以提高效率、降低成本、增强安全等方面的优势。在当前智能制造、智能物流、智能医疗、智能农业等领域，多机器人协同已经得到了广泛的应用。

在制造业中，德国的宝马汽车公司引入了一个名为"智能灵活生产系统"的多机器人协同系统，该系统由四个自主机器人、一个传送带、一个三维打印机和一个分拣区域组成，能够实现汽车轮毂的制造、分拣、存储等多个环节的自动化。在物流方面，亚马逊的机器人工厂中，多个机器人可以在不同的工作站上协同工作，从货架上取出货物并运送到指定位置，大幅提高了物流效率和准确性。在农业领域，美国机器人公司 Blue River Technology 开发了一款名为"See & Spray"的农业机器人，如图 6.8 所示。这个机器人使用机器视觉和人工智能技术，能够在作物间识别和区分不同的杂草，并喷洒相应的农药，以减少化学农药的使用量和成本。

在医疗方面，医疗机器人制造商 Intuitive Surgical 开发的达芬奇手术机器人如图 6.9 所示，该系统由多个自主机器人组成，可以在手术中协同工作，包括搬运病人、清洁卫生、辅助手术等。在教育领域，美国的一些学校引入了机器人教育助手，这些机器人能够帮助老师管理学生、辅助教学、与学生互动等，提高了教学效果和体验。

目前，多机器人协同技术在国内外得到了广泛的关注和研究。在国外，多机器人协同被广泛应用于工业制造、医疗、农业、物流等领域，并取得了良好的效果。国内的多机器人协同应用还处于起步阶段，但随着人工智能技术的发展和应用的推广，多机器人协同在国内的应用前景也十分广阔。在中国制造 2025 的指导下，多家企业开始探索多机器人协同技术在智能制造领域的应用。例如，华为在其智能制造工厂中使用多机器人协同技术，实现了智能化的生产流程。同时，在中国的物流行业中，多机器人协同也开始得到广泛的应用。中国的电商巨头阿里巴巴和京东都已经在他们的仓库中引入了多机器人协同系统，通过机器人的协同工作，使得仓库内的货物管理更加高效，从而提升了物流效率和客户体验。

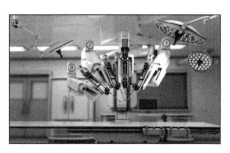

图 6.8　See & Spray 农业机器人　　　　图 6.9　达芬奇手术机器人

此外，多机器人协同技术还可以在其他领域中得到应用。例如，在城市管理中，多机器人协同可以协助清洁工人完成道路清扫和垃圾收集等任务。在环保领域，多机器人协同可以用于处理危险废物和有毒废气，从而减少环境污染。在救援领域，多机器人协同可以在灾难发生时提供快速响应和救援。

总之，随着人工智能技术和机器人技术的不断发展，多机器人协同将在更多的领域中得到应用和发展。同时，多机器人协同也将为我们创造更加高效、便捷、安全的生产和生活环境。

CHAPTER 7

第 7 章

移动机器人应用

7.1 移动机器人在智能配送场景中的应用

移动机器人智能配送场景中最典型的应用就是自动导引车（Automated Guided Vehicle，AGV）。AGV 是指配有电磁或光学自动导向装置，可以沿规定的导向路径移动的移动平台。AGV 是轮式移动机器人（WMR）的一个分支，其特点是自重轻、载重大、操作简单、安全、灵活、效率高、自动化程度高，广泛应用于机械制造、烟草、制药和食品工业。

随着网上购物的普及以及工业发展，货物运输成为物流系统中至关重要的环节。根据调查显示，产品在工业生产的过程中，处理、运输、存储和等待加工的时间成本占据总时间成本的近 95%，剩下的只有 5% 用于产品的核心的加工过程。在当今快递公司中，物流成本占总成本比重最大。为了降低物流系统所花费的时间和金钱成本，AGV 都是最佳的选择。智能化的浪潮下，不止在工业和物流领域，智能移动机器人还能工作在更复杂、要求精度更高的场景下，如在疫情期间的医药配送也可以由 AGV 来完成。

本章将介绍 AGV 的总体结构、应用平台及实例。

7.1.1 AGV 的总体结构

AGV 的总体结构按照功能可以主要分为控制系统、行走系统、导航系统和供电系统。双轮差速 AGV 的底盘模型如图 7.1 所示，使用双轮差速驱动，驱动轮位于底盘中部，四个角还分别有两对万向轮，悬挂系统用于减震。车身采用长方体结构，外壳为金属材质，旨在增大上部承重面积，减少货物对车身的压强，保护车内结构，同时，该类型车身便于车体拓展其他机械结构，如叉车部件、机械手臂部件等。还有另一种使用麦克纳姆轮作为底盘驱动模型的 AGV，这种 AGV 可以进行全向移动，搭载机械臂的全向移动机器人平台如图 7.2 所示。

AGV 的控制系统是 AGV 实现自动的核心，而运动控制器又是控制系统的核心。运动控制器是工业中控制电动机的主要应用设备，它通过特殊的芯片或者高性能的微处理器作为控制的"大脑"，可以实现伺服驱动、运动插补以及速度电动机轴的运动控制，此外还可以提供各种数字量、模拟量的输入与输出接口来对传感器信号进行处理。在 AGV 的实际运动控制过程中，工控机根据路径规划得到 AGV 质心的理想线速度和角速度，再将理想的线速度和理想的角速度传递给运动控制器。反过来说,运动控制器则将编码器返回得到的 AGV 左右两轮的真实角速度信息传给工控机。在自主实现从指定起始点到指定目标终点的任务时,为了实现自主性,AGV 用到的技术有即时自主定位与地图构建的 SLAM、路径规划,以及路径跟踪等,而这些算法则需要搭载在工控机的操作系统上,在运行过程中需要通过激光雷达传感器来读取 AGV 大量周边环境数据并且对这些庞大的数据进行处理,因此对工控机的性能要求是非常高的。

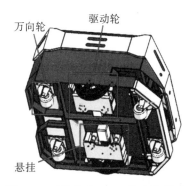 

图 7.1　双轮差速 AGV 的底盘模型　　图 7.2　搭载机械臂的全向移动机器人平台

行走系统除了上文提到的底盘模型,还有一个重要的部分就是驱动来源。电动机是整个 AGV 运动控制系统的驱动来源,目前工业中应用于轮式 AGV 较多的电动机为无刷直流电动机。以上文的双轮差速底盘模型的 AGV 为例,其驱动动力全部来自于 2 个安装在驱动轮上的电动机,则驱动轮上的 2 个无刷直流电动机需要满足 AGV 的货物载重以及运行速度等性能指标要求,因此电动机首先要具备一定的性能参数(如功率、转矩和转速),才能提供足够的动力。

AGV 的导航系统可分为有磁轨导航和无磁轨导航。多数工业生产中,为了保证稳定性,会使用有磁轨导航,因为有磁轨导航在 AGV 运行过程中相当于不断提出绝对坐标以修正其运动路径,由于磁轨是已经固定的,所以 AGV 的运动也稳定可靠,且这种方法简单有效不需要使用复杂的算法。其缺点就是铺设磁轨需要高额的成本,且一经固定就改动困难,不适合灵活多变的场景。无磁轨导航则通过视觉 SLAM 或激光 SLAM 等方法来进行运动中的实时坐标定位,这种方法的好处是可适应不同的场景,为了加强无磁轨导航的可靠性,常常辅助以二维码的形式来增加机器人移动过程中的绝对坐标输入。现有的成熟的 AGV 产品,都是可在有磁轨和无磁轨两种模式下自由切换的,这样既保证了 AGV 的可靠性,又在此之上增加了灵活性。例如,AGV 可在一定的工作区域使用无磁轨导航,以实现在区域内的复杂移动工作,而从一个区域到达另一个区域的过程则可使用有磁轨导航,从而增加长距离或恶劣环境下的移动稳定性。

AGV 的供电则只需要根据情况采用合适容量的电源即可,为了追求一定时间段的效率可以使用更为轻便的电池,也存在工作在特殊环境下不能使用锂电池的情况,这些都应该结合实际情况进行选择。

7.1.2 AGV 的应用平台

AGV 的运动控制系统硬件平台方案设计框图如图 7.3 所示。

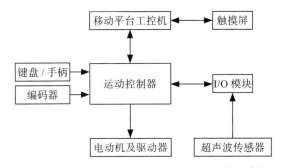

图 7.3　AGV 的运动控制系统硬件平台方案设计框图

在 AGV 进行自动运行以前，需要对周边环境进行扫描，在机器人完成建图以后，才能进行定位、自动导航、路径规划等操作，建图过程中操作人员通过控制遥控手柄，将开关信号和模拟信号传送给运动控制器，运动控制器再将信号处理后发送给电动机及驱动器。针对 AGV 的手动控制要求不同，可以设计不同的遥控按钮功能。

在建图过程中，需要用到激光传感器，并且激光传感器的数据通过 RS232 被实时地传到工控机中，并在 ROS 下进行算法的运行。所用的激光传感器可根据精度要求决定，更精确的激光传感器所能接受的数据量也更大，对工控机的运算能力要求也更高，否则会无法实现实时性。

AGV 在执行任务的过程中，避障是运动控制中必不可少的一部分，否则 AGV 便不能正常稳定地运行。通常避障采用超声波传感器来对 AGV 周围障碍物进行距离检测，经过超声波传感器测得的障碍物距离的模拟信号直接传入运动控制器，再通过程序判断给出相应的行为决策，最后把决策对应的信号发给电动机及驱动器，从而使机器人完成对应移动，实现躲避障碍的功能。这一过程具有一定的实时性要求，所以运动控制器即微处理器和工控机的性能一定要足够好，操作系统对此也会造成一定的影响，工业上用的实时操作系统比 ROS 更加快速，但是功能集成没有 ROS 方便。

总的来说，在 AGV 智能搬运的运动控制中，工控机发送 AGV 整车质心期望的角速度和线速度信息给运动控制器，运动控制器返回 AGV 左右两驱动轮的真实角速度信息给工控机，它们二者之间通过 RS232 串口连接。运动控制器通过施加给驱动电机和伺服驱动器电压输入信号，从而控制左右两轮驱动电机的角速度。电动机则通过编码器经由伺服驱动器返回 AGV 运行的真实角速度给运动控制器。超声波传感器将测得的障碍物的距离信息通过模拟量信号传递给运动控制器。I/O 模块通过数字量或模拟量的输入或输出与运动控制器进行信息交流。遥控手柄的加速、减速按钮和锁死按钮传递开关量信号给运动控制器，方向控制按钮传递模拟量信号给运动控制器。触摸屏通过 RS232 串口与工控机连接，这样 AGV 整个运动控制系统的硬件平台便搭建完毕。

AGV 的运动控制软件过程包括运动控制器与伺服驱动器的通信、工控机的通信、自动运行速度控制、手动运行速度控制、超声波避障。以运动控制软件平台 Motion Perfect V3.0 为例，运行在该软件平台上多个程序的运行方式是串行的，并不是所有程序同时运行，那么就需要合理安排程序的优先级顺序。整个程序运行以运动控制器以主站的角色，通过标准的 Modbus 通信协议向从站伺服驱动器发送请求开始。接下来判断是通过手动方式还是自动方式来控制 AGV 的运行，则分别运行相应的速度控制程序。运动控制器向伺服驱动器发送请求，则此刻驱动器做出回应，发送相应的信息给运动控制器。然后，运动控制器发送 AGV 实时相关状态信息给工控机，工控机又立即返回相应信息给运动控制器。最后运行超声波避障程序，这样就完成了一个程序周期。

7.1.3 AGV 的实例

本节以全向移动智能机械手平台 AMDP2A-A5 系列为例，介绍 AGV 实例，如图 7.4 所示。

1. 系统设计

图 7.4　AMDP2A-A5 系列移动智能机械手作业平台

全向移动智能 AGV 能实现自主导航、搬运、分拣、机械零部件安装等功能。AGV 的高速物料功能，能实现上下料及来回运输工作，实行不停机换料。它的行驶路径和速度可控，定位停车精准，大幅提高了物料搬运的效率。它的磁条导航系统可最大限度地更改 AGV 行驶路线，分配任务后可对 AGV 运行路线进行交通管制，具有较好的灵活性。同时，AGV 系统已成为工艺流程中的一部分，可作为众多工艺连接的纽带，因此具有较高的可扩展性。

搭载机械臂的全向轮 AGV 属于复合型 AGV，它是在传统的 AGV 上加机械手的手脚两项功能的新型 AGV。在过去的 AGV 定义中，一般工业机器人被称为机器人手臂（简称机械臂机器人），以取代人类胳膊的功能；复合式 AGV 用于取代人的腿和脚的功能。具有开发手和脚两者结合的移动作业的能力，在医药物资搬运方面具备巨大的优势。

（1）系统组成　全向移动机器人由全向移动机器人底盘、协助机器人、视觉传感器等组成。医药物资搬运机器人整体结构如图 7.5 所示。其底部采用可以全方位移动的 4 个麦克纳姆轮，每个轮子单独使用无刷直流伺服电动机带减速机输出后直接驱动；内部备有研华的 UNO-1372G 嵌入式工控机，其采用 Intel Atom E3845 作为处理器，通过 CANopen 总线与伺服驱动器进行通信，控制机器人的运动；系统电源为 24V 的锂电池组；为了运行目标检测算法以及深度相机定位算法，备有一台 IntelNUC 计算机，内含实现目标检测、定位算法以及 Socket 通信的相关程序；此外，还从工控机中引出了 USB 和网口等外部通信接口。

（2）系统总体功能　如图 7.6 所示，基于深度学习的视觉识别全向移动机器人抓取系统，开发出配套的视觉检测系统、抓取及避障系统，实现了医用物资的"智能抓取 – 准确运输"。医药物资搬运智能机器人可在隔离住院部开展物资配送工作，能够在复杂环境中自主定位并递送产品、货物等，载货能力 ≥ 100kg，它兼具传统递送机器人的负载和室内递送服务的双重功能。

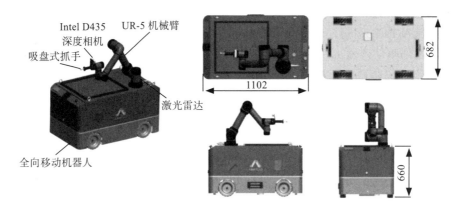

图 7.5　医药物资搬运机器人整体结构

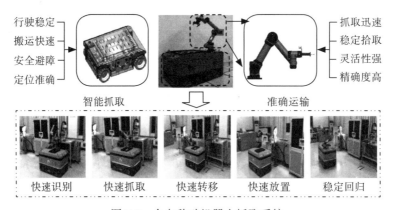

图 7.6　全向移动机器人抓取系统

2. 底盘操作界面

底盘操作界面如图 7.7 所示。该界面主要包含 AGV SDK 控制的一些状态信息。核心操作就是在方向操作盘中对机器人运动的方向控制，滑动条可以控制机器人运动的"最大速度""加速时间""最大角速度"。图 7.7 中显示的状态就是机器人模块全部就绪时的状态，可以此检测机器人是否可用。

3. 实际实现情况

如图 7.8 所示，在实际应用过程中，AGV 在沿预定轨迹运动时，摄像机捕捉的画面中不可避免地包括一些距离特别远的障碍物，或与 AGV 预定运动不冲突的障碍物，下文中统称这类障碍物为虚假障碍物。

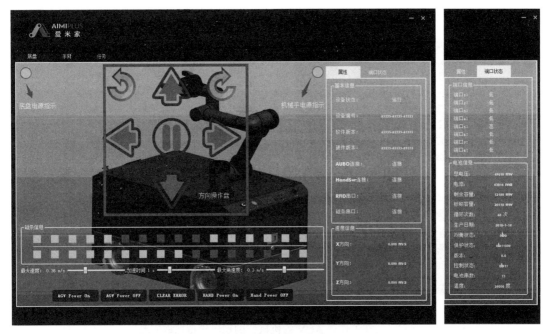

图 7.7 底盘操作界面

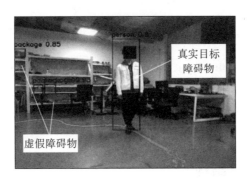

图 7.8 真实目标障碍物与虚假障碍物示意图

SSD-300 会将这些虚假障碍物同时检测出来，显然，AGV 在检测到这些虚假障碍物时不应该做出相应的启停策略。因此，提出基于 AGV 运动状态的目标障碍物定位方法，用于过滤此类虚假障碍物并对真实目标障碍物进行定位。

为模拟医药物资搬运智能机器人视觉伺服下的目标抓取及定位方案有效，如图 7.9 所示，本实验将 AGV 置于引导线上任一位置，于上料点，在 AGV 正常启动后，连接好上位机，打开控制软件。待各项参数正常之后，进入"任务"界面设定任务中的动作，检查无误后执行，再进行上料动作放置若干小块到 AGV 上。

在本次实验进行过程中所提出的障碍物检测、抓取、定位等方法，在实验过程中均达到较好的测试结果，并通过充分的实验验证了方案设计的优越性。同时，该医药物资搬运智能机器人可在隔离住院部开展物资配送工作，能够在复杂环境中自主定位并递送产品、货物等，兼具传统递送机器人的负载和室内递送服务的双重功能。

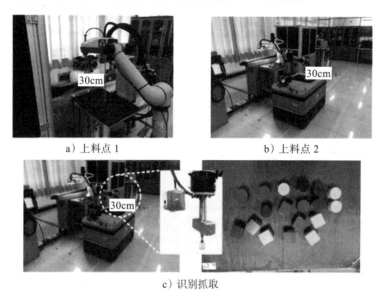

a）上料点1　　　　　　　　b）上料点2

c）识别抓取

图7.9　在工作台AGV的机械臂的现场模拟抓取实验

7.2　移动机器人视觉感知技术在智能车辆中的应用

移动机器人系统是一个集环境感知、动态决策与规划、行为控制与执行等多种功能于一体的综合系统。智能车辆作为移动机器人的一种，它在理论上和工程上都有许多有待研究和解决的问题，对其基础理论和关键技术进行系统性的研究，具有重要的科学价值和研究意义。

7.2.1　智能车辆的整体结构

过去的近十年中，智能车辆领域相关研究得到了政府、科研机构、车企及互联网企业人工智能产业的高度关注而持续推进。越来越多的研究者和消费者相信，智能车辆是能够满足人们对于减少交通事故、节能减排、环保和舒适出行日益增长需求的关键要素。智能车辆通过先进的车载传感器系统、信息处理系统和执行系统，模拟、延伸和扩展人的感知、控制和执行能力，对驾驶员状态、车辆周围环境及车辆自身状态进行监控分析和决策，帮助或接替驾驶员行使驾驶任务，从根本上避免由驾驶员错误判断或操作等人为因素造成的交通事故。

智能车辆可被视为自主移动机器人在交通运输领域的应用，因此从智能控制理论的角度，与移动机器人类似，其体系结构是包含3层结构的分层递阶的集散控制系统，分别是感知层、决策与控制层和操作执行层，如图7.10所示。其中，感知层利用丰富的传感器感知来自外部环境、驾驶员意图、车辆自身状态等信息，并采用多模态信息融合的技术手段为决策与控制层提供基本的信息来源。感知层是智能车辆体系结构中最为核心的基础层，由于智能车辆的工作环境复杂多变，外部环境感知部分是感知层的研究重点，涉及道路检测与跟踪、障碍物检测与识别、环境场景建模与理解等多方面的研究内容。感知层涉及的关键技术有车辆定位技术、环境感知技术和信息融合技术。决策与控制层根据感知层提供的信息，结合人工智能技术对当前状态做出决策，判断当前车况路况，对全局和局部路径进行规划，决定是否采取安全保护措施，并利用智能控制理论发出控制指令，同时实现与其他车辆的通信。决策与控制层相当于车辆的大脑，其涉及的主要关键技术有路径规划技术、智能控制技术、车辆通信技术等。操作执行层中的各种执行机构接收到指令后，采取相应的动作，最终实现主动安全驾驶，主要涉及电子电路技术、车辆控制等关键技术。

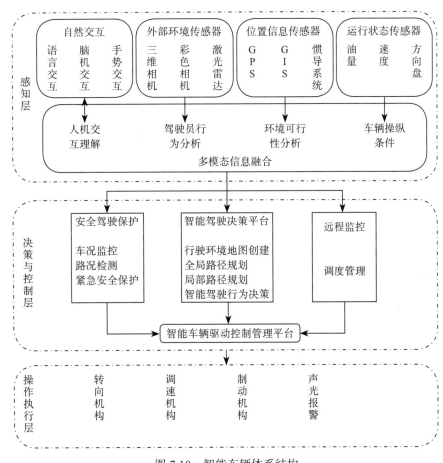

图 7.10　智能车辆体系结构

在智能车辆涉及的多种关键技术中，环境感知技术通过计算机模拟、延伸和扩展人的感知或认知能力，相当于给车辆装上了具有各种感知能力的人眼、人耳和触觉，是智能车辆进行后续导航控制的前提条件，是直接影响车辆智能化水平的关键技术。在各种途径的感知技术中，视觉感知技术具有感知信息丰富、数据直观、易于处理等特点。近年来，视觉传感器成本降低、计算机硬件性能的提高及图像处理技术的飞速发展促进了视觉信息处理能力，使得视觉感知技术广泛应用于工业检测、国防制导、安防监控和医疗辅助诊断等各行各业中。

7.2.2 智能车辆的视觉感知应用平台

智能车辆主动安全辅助驾驶平台系统设计框图如图 7.11 所示，平台采用高清视觉传感器进行车道线检测、驾驶员疲劳检测、典型障碍物（车辆、行人）检测以及交通标志检测识别，实现车道偏离预警、前方障碍物防撞预警及驾驶员疲劳预警等辅助驾驶功能，达到安全驾驶和无污染绿色出行。

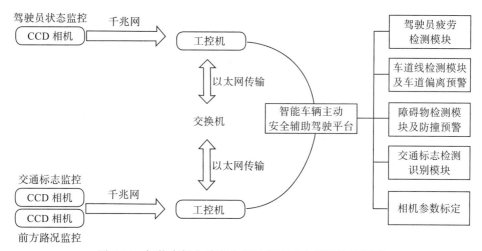

图 7.11 智能车辆主动安全辅助驾驶平台系统设计框图

1. 智能车辆的硬件平台

硬件平台在电动汽车的基础上进行搭建，利用车顶相机支架安装交通标志监控相机和路况监控相机。支架安装和拆卸方便，可以自由调整相机安装方式，适用于双目或单目视觉的不同使用方式。用于驾驶员状态监控的相机安装在前挡风玻璃的下方。相机选用 Point Gray 工业相机，在分辨率为 1280px × 960px 时帧率可达 31 帧 /s。视觉信息处理采用 NEXCOM 公司的工业计算机，通过 20V 直流电源供电。

智能车辆利用立体视觉、声呐和激光雷达等多种传感器感知外部环境，进行交通标志检测识别、障碍物检测和运动目标检测等。然后创建局部地图，理解道路环境并对过往行人和车辆进行运动估计，通过运动规划器获得智能车辆总体规划路径和当前场景下的期望运动轨迹，车辆底层控制器则依据该期望运动轨迹控制速度、方向和加速度使车辆能够正常运行并躲避障碍物。同时，智能能量管理系统（Energy Manage System，EMS）可以有效地管理车辆的电机使用率，提高能量的利用率。

2. 智能车辆的软件平台

软件平台利用 Visual Studio 结合 Open CV 进行开发，包括相机参数标定、行人、车辆检测及防撞预警，车道线检测及车道偏离预警检测，交通标志检测识别，驾驶员疲劳检测及预警等功能模块。

7.2.3 智能车辆视觉感知

在车辆正常行驶过程中，驾驶员会根据路面车道线的指引，在正确的路径上行驶。因此，识别路面上的车道线，使车辆在正确的道路上行驶是实现智能驾驶的重要功能之一。下面介绍一种基于机器视觉的车道线识别方法。

一般道路上的相同方向车道线为白色，方向不同的车道以黄线分隔，本小节选择 TuSimple 数据集中同方向车道为检测图像，如图 7.12 所示。

图 7.12 高速公路拍摄图片

对于同方向白色车道线而言，可以通过车道线与路面之间的颜色差异进行车道线提取。首先，通过观察图片发现，相机视野宽于车道，因此，可以减小图片宽度来排除一定的干扰。之后，利用 OpenCV 中的 HSV 颜色空间变换将图像二值化，再通过车道线的形态特征去除无用掩膜，最终构建车道线掩膜图片。掩膜提取代码如下，掩膜提取过程图如图 7.13 所示。

```
image = cv2.imread('. /road.jpg')   # 导入图片
cv2.imshow('imageRow',image)
image = image[:,200:1200]   # 裁剪图片
cv2.imshow('image1',image)
imageHSV = cv2.cvtColor(image,cv2.COLOR_BGR2HSV)
mask = cv2.inRange(imageHSV, (0,0,137), (255,255,255))   # 提取初始掩膜
cv2.imshow('mask',mask)
line_list = []
contours, _ = cv2.findContours(mask, cv2.RETR_LIST, cv2.CHAIN_APPROX_NONE)
for i in range(len(contours)):
    rect_min = cv2.minAreaRect(contours[i])   # 提取最小矩形
    rect = cv2.boundingRect(contours[i])
    rect_area = rect_min[1][0]*rect_min[1][1]
    if rect_area >= 1200 or rect_area <= 150 :   # 去除干扰掩膜
        cv2.drawContours(mask,contours,i,(0,0,0),-1)
    else:
```

```
            _,_,_,y1 = get_rect_position(rect)
            line_list.append([y1,i])
line_list.sort()
lines = line_list[-2:]    # 选取当前车道掩膜
for line in lines:
    cv2.drawContours(image, contours, line[1], (0, 0, 255), -1)
cv2.imshow('mask0',mask)
cv2.imshow('image2',image)
cv2.waitKey(0)
```

a) 原始图片裁剪结果　　　　　　b) 掩膜粗提取结果

c) 车道线精提取结果　　　　　　d) 车道标注结果

图 7.13　掩膜提取过程图

通过车道线轮廓提取出对应轮廓的最小外接矩形，再根据最小外接矩形的中心点与旋转角度，拟合出完整的车道线，具体代码如下，车道线检测结果图如图 7.14 所示。

```
line_list.sort()
lines = line_list[-2:]
print(lines)
for line in lines:
    cv2.drawContours(image, contours, line[1], (0, 0, 255), -1)
    if line[2][1][0]>line[2][1][1]:      # 提取角度信息
        angle = 180-line[2][2]
    else:
        angle = line[2][2]
    print(angle)
    k = -math.tan((angle/180)*math.pi)    # 计算车道线斜率
    x0,y0 = round(line[2][0][0]),round(line[2][0][1])    # 拟合车道线点 1
    if k < 0:
        x1,y1 = 0,round(-k*x0+y0)       # 拟合车道线点 2
    else:
        x1,y1 = image.shape[1],round(k*(image.shape[1]-x0)+y0)
```

```
cv2.line(image,(x0,y0),(x1,y1),(0,0,255),2)    #画出车道线
cv2.imshow('image2',image)    #显示最终结果图
cv2.waitKey(0)
```

图 7.14 车道线检测结果图

在车辆行驶过程中，除了正确选择车道外，还需要对车前流动的车流进行判断，避免交通事故的发生。通过视觉传感器，可以获取大量信息，信息的多样性会加大数据分析的难度。随着计算机技术的高速发展与人工智能技术的兴起，利用神经网络分析复杂多变的视觉信号引起了国内外研究者浓厚的兴趣。

使用语义分割网络对搭载在车辆前方的视觉传感器采集图像进行分析，提取出车辆行驶正前方的车辆、路面、人行道及建筑物信息，指导车辆正确行驶，是实现智能车辆的关键一步。路面图像难以获取，可以使用游戏模拟场景 GTA-5 数据集进行网络预训练，再通过真实路面图像 Cityscapes 数据集进行网络微调。使用 VGG-Net 作为骨干网络进行训练后，在测试数据集上的测试结果可视化如图 7.15 所示。

a）测试环境　　　　　　　　b）语义分割

图 7.15 语义分割网络测试结果可视化图

从图 7.15 中可以看出，训练之后的神经网络可以很好地区分出车辆行驶前方的车辆、行人、树木和道路，这些信息可以指导车辆对当前路况进行分析并做出相应的动作。但值得注意的是，该网络无法精准地分辨出人行道与机动车行驶道路。如何精准地区分两者也正是国内外研究员目前所关注的问题之一。

7.3 服务型移动机器人应用

移动式服务机器人是集机械、电子、硬件、软件和算法等为一体的综合智能体，其设定任务的实现往往需要通盘协作才能完成。因为服务的需求不同，所需要使用的各种资源也不同，所以难以在一台机器人上集合所有的服务功能，大多服务机器人往往采用针对性的设计，结合特定的工作环境，设计有某种或某几种服务。综上所述，服务型移动机器人的结构设计及其实现方式、物理形态等各方面，均存在多样化的特点。尽管如此，大部分机器人在总体功能结构和工作原理上还是存在一定的相同之处。本节从结构和应用方面介绍服务型移动机器人，帮助读者了解其工作原理及工作特点。

7.3.1 服务型移动机器人的结构

一般来说，为了能够实现一定的服务功能，一个完备的服务型移动机器人在总体结构上应包括以下几个功能模块：上位机系统、感知系统、控制系统、人机交互系统、电源系统以及服务执行机构。这里只列举了常用的大多数模块，并不是每个机器人都必须用到全部的模块，具体的模块使用还需要根据服务机器人的功能、任务要求和工作环境来决定。例如，只需要电池、操纵设备和移动平台及控制系统就能实现一个简单的只具有移动功能的机器人，在此仅具备移动功能的机器人上，再搭载服务执行机构就可以进一步实现某种服务功能，再进一步对其添加感知模块和相关算法，就能实现一定的自动功能。在机器人的移动和服务功能的基础上，增加各种其他模块，可增强机器人的人机交互能力和环境适应能力，从而实现具有较强自主性和智能性的服务型移动机器人系统。

1. 上位机系统

上位机系统是服务型移动机器人的核心，是移动机器人智能性得以体现的物理基础。通常情况下，机器人需要借助上位机协调系统的整体资源，实现同其他各模块相关的高级处理算法，并通过决策和规划实现机器人的类人化智能行为。具体来讲，上位机在服务型移动机器人中的主要任务可以体现在以下几个方面。

1）实现系统各模块之间的协调管理并监测其运行性能。
2）保存并管理机器人本体状态信息和环境地图信息。
3）接收并识别人机交互系统的命令信息。
4）接收感知系统检测得到的外部环境信息，并对其进行信息融合。
5）实现机器人视觉感知算法。

6）借助环境信息实现机器人在环境中的自定位算法。

7）结合特定任务、环境信息以及机器人的当前位置信息，实现机器人运动规划和导航算法。

8）搜索、获取机器人所需操作的目标对象的位置和姿态信息，并在此基础上实现服务执行机构的视觉伺服控制算法，完成抓取、放置等用户设定。

9）利用机器人的运动学和动力学模型，实现用户指令、决策结果指令到控制子系统命令的匹配映射和转换，并向控制系统实时发送该命令。

上位机系统主要由中央处理器（CPU）、存储设备以及输入/输出单元组成。CPU是上位机系统的核心配件，其主要功能是完成子系统内部的资源协调、指令译码和相关的运算操作；存储设备用来保存机器人工作程序、环境信息和机器人自身状态信息以及运行过程中产生的中间结果等；输入/输出单元及其管理机制则保证了上位机子系统能够可靠地同其他各模块进行信息交流、资源共享等操作。

2. 感知系统

感知系统是机器人的"感觉器官"，用于感知环境信息或者自身状态信息。感知系统主要由传感器及其辅助电路组成。在以普通计算机或者嵌入式系统作为上位机的机器人中，为支持使用多种类型、多个数量的传感器，通常在感知系统内部利用某种微控制芯片（如单片机、DSP等）对传感器的信息采集、处理和传输等过程进行管理。感知系统的框架结构如图7.16所示，其工作原理可描述为：传感器将外界信息或自身状态信息转换成模拟电信号，利用放大电路和模/数（A/D）转换电路将其转换至微控制器允许范围内的数字信号，微控制器对这些信号进行简单处理后按照传输协议将其打包发送至上位机，而上位机也可通过总线和设定协议控制感知系统的采集处理过程。

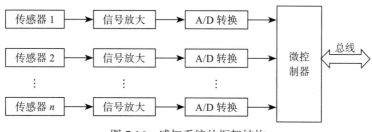

图7.16 感知系统的框架结构

根据功能特性的不同，移动机器人的传感器分为两大类：内部传感器和外部传感器。其中，内部传感器主要用来检测机器人自身的状态信息，具体检测对象有线位移、角位移等几何量，速度、角速度、加速度等运动量；外部传感器主要用来检测机器人周围的环境信息，通常用于机器人环境感知、目标识别与跟踪等方面。事实上，内、外部传感器的划分并没有明确的界限，某些传感器在特定的场合既可以作为内部传感器，也可以作为外部传感器。服务型移动机器人常常采用内、外部传感器相互协作的方式来实现对环境和自身状态的感知。由于传感器及其相关技术是机器人系统的核心之一，所以其丰富程度和性能的好坏直接影响到机器人智能程度的高低。

服务型移动机器人传感器中的内部传感器可大致分为：旋转角速度传感器、角速度传感器、姿态传感器和位置传感器。其中，旋转角度传感器一般由编码器来实现，包括增量式光电编码器、绝对式光电编码器和激光干涉式编码器以及分相器；角速度传感器包括增量式编码器、绝对式光电编码器和测速发电机；姿态传感器包括陀螺仪、地磁传感器和重力加速度传感器；位置传感器主要是 GPS。

服务型移动机器人传感器中的外部传感器可分为非视觉传感器和视觉传感器。其中，非视觉传感器可分为碰撞检测传感器、接近觉传感器以及执行机构传感器，接近觉传感器包括红外传感器、超声波传感器、PSD 传感器和激光传感器；用于执行机构的传感器包括力觉传感器、接触觉传感器、滑觉传感器和压觉传感器。视觉传感器分为单目视觉传感器、立体视觉传感器、多目视觉传感器、全方位视觉传感器和结构光视觉传感器等。

3. 控制系统

控制系统可以分为用来控制机器人的运动控制器和控制机器人任务执行的作业机构控制器。

控制系统是移动式服务机器人的关键组成部分，其主要任务是在复杂条件下，将预定的控制方案、规划指令转变为期望的机械运动，实现机械运动的精确位置控制、速度控制、加速度控制、转矩或力控制。因此，控制系统是上位机系统发出的命令能够得到有效执行的保证，其性能好坏直接影响整个机器人的运动精度和设定任务是否能够完成，同时对于机器人系统的灵活性和可靠性也起到至关重要的作用。如图 7.17 所示，控制系统硬件部分主要由微处理器、驱动器、减速器和电动机等组成；软件部分则用来实现控制软件和先进的控制策略，以控制整个系统的运行以及改善系统的稳态精度和动态特性，以期达到高性能的要求。

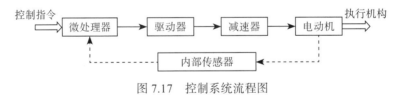

图 7.17　控制系统流程图

微处理器通常选用 DSP 或者单片机实现，主要作用是结合移动平台或者机械手的运动学、动力学模型完成从上位机命令到控制信号的转换过程，利用内部传感器的反馈信息在软件上实现电动机的电流环、速度环或者位置环闭环控制，协调管理控制器内部资源等。驱动器用来将微处理器的输出控制信号转换为施加在电动机的驱动电压，即起到功率放大作用，通常依据电动机类型和性能参数进行设计或选取。为降低电动机转速，提高其驱动能力，通常需要在电动机的后端安装减速器。电动机是控制系统的输出设备，其输出轴同机器人的运动装置（如轮子等）或者机械手连杆相连，电动机旋转将会带动这些装置产生相应的运动，从而实现机器人的动作控制。

4. 人机交互系统

在移动式服务机器人中，人机交互系统为用户和机器人提供了一个能够进行信息交流的平台，是二者之间相互沟通的桥梁，同时也是用户与机器人能够和谐相处的保障所在。人机交互系统的主要作用体现在：要能将机器人自身的状态、执行命令的情况、求助信号等信息都准确、及时地传递给人；同时也要能完整、快速、高效地将人的意图表达给机器人。通常情况下，采用单一模式的命令输入或状态输出手段很难满足人机和谐相处的目的，因此在服务型移动机器人系统中往往采用多通道的人机交互系统。

通道是指人或系统可用来实现交流的交互手段、方法、器官或设备，人与外界的交互通道可分为感知通道和效应通道。其中，感知通道包括人的眼、耳、皮肤等感觉；效应通道包括人的手、足、口、头、身体等运动器官，可用于手势、控制、语言表达等形式的信息输入。在通信活动中，人总是并行的、互补的同时利用多种感知通道和效应通道（即多通道）进行多种类型的通信任务，因此具有较高的通信效率。针对人类交互方式的这些特点，采用多通道方式实现服务型移动机器人的人机交互系统，不但能够通过信息冗余消除信息的多义性及噪声，而且还会促使人和机器人之间的相互交流更为自然和高效。

典型的人机交互系统结构如图7.18所示。一方面，机器人可以利用多种输入设备同时接受操作者多个效应通道的输入，如利用姿态识别装置跟踪操作者的手势、姿势，利用声音识别装置识别操作者的语音命令，利用视线跟踪设备检测人的注意力状态等；另一方面，机器人也可以利用多种输出设备同时向操作者提供视觉、听觉、力觉等信号，如利用图像反馈信息向用户提供机器人当前所处环境的状态，利用声音装置向用户提供机器人的工作状态和报警信息，利用触觉设备向用户提供机器人触摸某物体的感觉信息等。

5. 电源系统

电源系统是机器人的能量来源，是其他各系统能够正常工作的保障。服务型移动机器人的运动特性决定了其不可能采用线缆方式进行供电，只能使用电池作为供电电源。电池的选用通常需要考虑如下几个因素。

1）电池容量：决定了机器人的工作时间和续航能力。

2）可充电性：决定了电池是否能够二次使用。

3）尺寸和质量：在某种程度上决定了机器人本体的尺寸和质量。

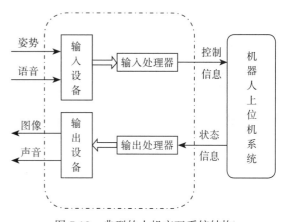

图7.18 典型的人机交互系统结构

7.3.2 服务型移动机器人应用实例

本节以防疫机器人作为实例介绍服务型移动机器人的应用。

防疫机器人的系统硬件由铝合金机身、嵌入式系统控制板、无刷电机驱动器、开关电源、紫外线消毒灯、超声波雾化器、电子镇流器、机载计算机、惯性测量单元（IMU）、激光雷达与一系列环境传感器等组成；软件部分包括：机器人嵌入式 MCU 程序、机器人上层控制器 ROS 端程序设计、人机交互软件系统。核心算法部分包括：基于多传感器融合的厘米级定位算法、基于图优化理论的 SLAM 算法、快速路径规划算法、基于 ROS-Qt 框架的人机交互软件。

本次应用实例展示了一个立体化的防疫机器人，其结合了人工智能技术，能通过自身的导航系统和定位系统来控制移动平台的运动，实现了防疫区域的全方位、无死角的防疫消杀作业。防疫机器人上搭载有各种传感器，如超声波测距传感器、激光雷达、深度相机、温度传感器、气体传感器等。利用传感器数据并结合计算机视觉、人体姿态识别等技术来实时监测周围环境，可对一定范围的人体进行感知。执行消杀操作时一旦有旁人误入消杀区域，会立刻关闭紫外线消毒灯，中止消杀，以免对人员造成伤害。

防疫机器人的总体结构设计如图 7.19 所示，由应用层、驱动层、硬件层三大部分组成。在智能防疫机器人进行消杀作业时，应用层在上层控制器中搭载的 ROS 上运行基于多传感器融合的厘米级定位算法、基于图优化理论的 SLAM 算法、快速路径规划算法、基于 ROS-Qt 框架的人机交互软件。同时控制底层控制器以 50Hz 的频率将底层采集的各类传感器信息（位置、姿态等）通过 RS232 通信上传到上层控制平台，上层通过数据分析以同样速率将控制命令下传给驱动层，完成紫外线消杀模块驱动、消毒液喷洒消毒驱动，由紫外线消毒灯管推出回收机构和消毒液超声雾化装置，协同完成对工作区域的消毒。硬件层为接入的各类传感器。

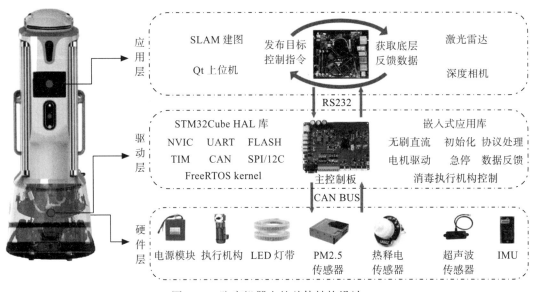

图 7.19　防疫机器人的总体结构设计

1. 原理分析与硬件电路图

嵌入式系统硬件部分采用分布式控制思想，秉持分散控制和协同管理的设计理念，能够把风险隔离，控制集中优化，同时也契合防疫机器人内部狭小的空间限制以及各类传感器分散的安装位置要求。嵌入式系统硬件框架示意图如图 7.20 所示。

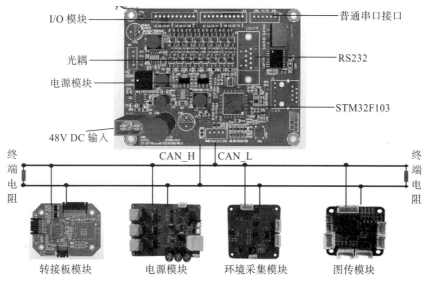

图 7.20　嵌入式系统硬件框架示意图

一块搭载高性能控制芯片 STM32F103 的工控板作为主控单元，多块低功耗芯片作为子控制板。由子控制板实现消毒执行机构控制、LED 灯带控制、环境信息采集、红外人体检测数据采集和距离传感器数据采集等功能，主控制板则承担主要的电动机控制任务以及汇总处理所有数据，并通过串口与上位机 NUC 进行数据交互。此外，通过轻量级 CAN 通信协议 UAVCAN 连接各子控制板。

该系统整体由 1 对差速电动机驱动轮组、4 个万向轮、弹簧、连杆、缓冲机架等部分组成，如图 7.21 所示。该驱动系统底盘采用轮毂电动机差速驱动的独立悬挂设计，通过连杆、弹簧与车身相连，任何一个轮子适应地面冲击而形成的跳动都不影响其他轮子，减小地面不平整导致的车身倾斜和振动。此结构运行平稳，紧凑可靠，能自适应地面高度，使主动轮有效贴合地面，可抵抗障碍物的冲击，可实现多楼层电梯跨越，具有优秀的越障能力。同时搭配 4 个万向轮辅助转向协同运动，方向更加灵活多变，可实现在狭小空间自由转向。

图 7.21　四辅助轮万向差动驱动系统三维图

防疫机器人的运动控制主要由无刷电动机驱动器完成。无刷直流电动机采用通电线圈来组成定子，由永磁体构成转子，因而运动控制程序要控制电动机转动，需要不断改变通电线圈的通电相序，来改变线圈磁场的方向来带动转子转动，控制程序相对于有刷直流电动机复杂很多。

2. 软件设计与流程

智能防疫机器人 Aimi-Robot UVC，其系统软件结构如图 7.22 所示，主要由迷你 PC（Intel NUC）、底层嵌入式控制器（电动机、编码器、超声波传感器、IMU、红外感应传感器等）、传感器/其他 ROS 设备（深度相机、激光雷达等）、人机交互界面等组成。整个机器人采用分布式控制系统的模式，分为上层控制平台和底层控制器两大部分。上层控制平台搭载机器人操作系统（ROS），其主要目的是将项目构建的过程集中化，同时提供足够的灵活性和工具来分散之间的依赖性。上层控制平台依靠 ROS，接收底层控制器的数据流，将其解析，按照类别分别发布到各个话题以供相对应的节点订阅处理，节点（对应每个功能包）按预先编写的程序处理好各类数据信息后将结果返回，再通过串口将上层控制平台的决策命令发送给底层控制器，对机器人进行控制。

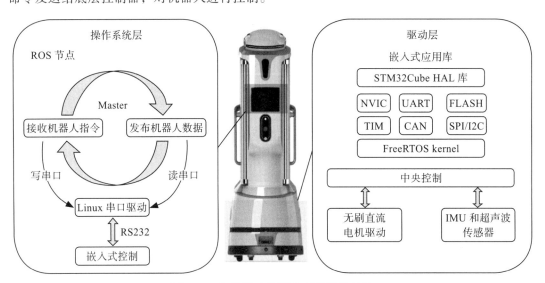

图 7.22 智能防疫机器人系统软件结构

同时，为确保主控制板的数据高速交互，命令可靠执行，在主控芯片上移植了稳定的开源嵌入式实时操作系统 FreeRTOS，其作为一个轻量级的操作系统，功能包括任务管理、时间管理、信号量、消息队列、内存管理、记录功能、软件定时器、协程等，可基本满足较小系统的需要，便于管理复杂的业务逻辑。

机器人的环境感知系统必须利用各种主动、被动传感器获取周围环境的信息，通过对传感器数据进行处理、融合、理解，实现机器人对环境中道路、障碍物的检测以及地形分类等，给智能防疫机器人的自主导航、路径规划提供依据。

与单传感器相比，运用多传感器数据融合技术在解决探测、跟踪和目标识别等问题方面，能够提高系统的可靠性和鲁棒性，增强数据的可信度，提高精度，扩展系统的时间、空间覆盖率，增加系统的实时性和信息利用率等。智能防疫机器人的传感器节点拟采用激光雷达、里程计、IMU、红外传感器、深度相机及超声波传感器等，根据传感器的探测原理，实现未知复杂环境下机器人状态的数字化感知与理解，给机器人控制系统提供高精度环境重建模型与机器人定位数据。

智能防疫机器人系统建图是基于激光雷达建图算法，使用的算法为 Cartographer，在 ROS 环境下使用该算法已开源的功能包。Cartographer 的主要思路是利用闭环检测来减少建图过程中的累积误差。该算法可以通过激光测距仪等传感器测量的数据生成分辨率为 5cm 的实时栅格地图。

3. 人机交互界面软件设计

上位机软件系统采用 ROS 架构，通过基于同步 RPC 样式通信的服务（Service）机制控制电动机、紫外线消毒灯、超声波雾化器等硬件，通过基于异步流媒体的话题（Topics）机制传递传感器数据，如图 7.23 所示。这种点对点的设计具有低耦合、方便灵活添加功能模块、易扩展、易维护的特点。人机交互界面是机器人操作系统的一部分，与硬件节点通信。其设计遵循易理解、及时反馈、风格一致、布局色彩合理等原则，将用户的需求转化为机器人的任务执行。图形用户界面（GUI）采用 Qt 框架，具有优良的跨平台特性、灵活的事件处理机制和丰富而便捷的样式设计，面向用户主要提供三种功能：消毒功能、测温功能、导诊功能（开发中）。用户可通过触摸屏操作，设定任务，得到反馈信息，如图 7.24 所示。

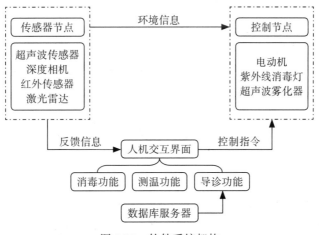

图 7.23　软件系统架构

在消毒模式中，用户建图并设定房间消毒点，机器人从深度相机和激光雷达感知环境，把地图坐标数据记录在文件中；工作时进行 SLAM 算法自主导航，其基本原理是运用概率统计的方法、通过多特征匹配来达到定位和减少定位误差；寻路到达任务目标点，打开紫外线消毒灯、喷洒消毒气体。测温模式显示实时画面，找到人脸并标注从红外热像仪获取的温度数据。导诊模式对接医院信息系统，提供排班信息查询接口、目标或设施查询接口，显示目的地所在楼层和路线。

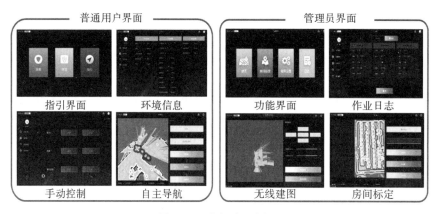

图 7.24 人机交互界面

4. 系统测试与分析

为验证算法的有效性，本次系统的测试地点为医院隔离单间病房。本次实验上层控制平台的硬件主要为 Intel NUC，在 NUC 上搭载的系统是 Ubuntu16.04 以及 ROS，通过 ROS 中 rosbag 命令机制，保存所有实验数据。

如图 7.25 和图 7.26 所示，在地图上随机选取 10 个路径点来评估全局定位性能。分别使用 AMCL 与 Cartographer 两种定位方法对每个路径点进行 10 次单独的随机测试。通过累积定位成功率（即 10 个路径点的平均成功率）来评估全局定位鲁棒性。为了验证 AMCL 算法的定位效果，在 Cartographer 构建的占用网格图上，利用 AMCL 算法进行了定位实验，全局定位过程如图 7.25 所示。为了加快收敛速度，在实际初始姿态附近随机生成初始粒子群，图 7.25 中的箭头代表姿态粒子，方形的线状为激光扫描点云。图 7.25a 所示为粒子群的初始状态。为加速定位收敛，给出了机器人初始姿态的近似估计，从图 7.25a 中可以看出，在初始姿态估计附近产生了很多粒子。图 7.25b 和图 7.25c 所示为当机器人移动时，粒子逐渐收敛。从图 7.25b 和图 7.25c 中的激光扫描点云可以看出，激光扫描点与障碍物没有很好的对齐。这是由于当前的环境是非结构化和复杂的，AMCL 算法使用粒子群的加权平均位姿作为估计的位姿，导致估计的位姿与实际位姿有一定的偏差。

 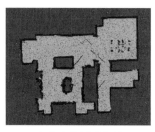 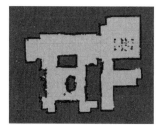

　a) 初始状态　　　　　　b) 分布粒子及收敛　　　　　c) 粒子收敛状态

图 7.25 基于 AMCL 的全局定位过程

  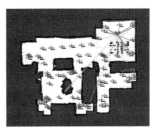

a）初始状态　　　　　　b）构建子图　　　　　　c）扫描匹配结果

图 7.26　基于 Cartographer 的全局定位过程

为了验证 Cartographer 算法的定位效果，加载图 7.26 所示的基于 .pbstream 格式地图文件，利用 Cartographer 算法纯定位功能进行全局定位实验，全局定位过程如图 7.26 所示。图 7.26a 所示为初始状态，方形线状为激光扫描点云。图 7.26b 所示为构建子图过程，子图构建完成后，通过扫描匹配算法与全局参考地图进行匹配，图 7.26c 所示为扫描匹配结果。

两种算法的累积定位成功率如图 7.27 所示，由图可知，AMCL 定位成功率有很大的不稳定性，在 10 个路径点实验中，最高为 70%，最低为 10%，而 Cartographer 纯定位模式定位成功率保持在 70%～90%，相对稳定，Cartographer 纯定位效果优于 AMCL。

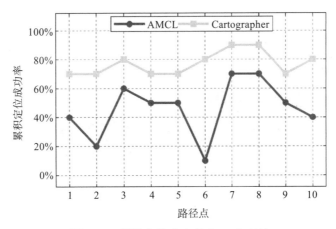

图 7.27　累计定位成功率（CSR）对比

7.3.3　机器人定位轨迹误差分析

为了测试智能防疫机器人重定位后的实时定位误差，在图 7.25 所示地图展开实验，无线手柄远程遥控机器人做无规则轨迹运动。如图 7.28 所示，分析运动过程中 x 轴和 y 轴方向上的误差，机器人实时定位误差在 0.04m 左右，为后续机器人自主导航提供了比较精确的实时定位信息。

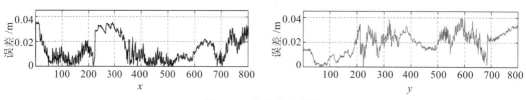

图 7.28 定位轨迹误差

7.4 空地协同机器人应用

7.4.1 空地协同机器人的系统结构

1. 系统组成

空地协同机器人系统结构如图 7.29 所示。硬件部分包括：无人侦察地面移动平台、无人侦察空中飞行平台、惯性测量单元（IMU）、I7 机载计算机、三维激光雷达、自组网传输模块、变焦 PTZ 网络摄像机和 GPS 模块。核心算法部分包括：基于 Dijkstra 的快速路径规划算法、基于 DWA 的局部路径跟踪避障算法、基于扩展卡尔曼滤波（EKF）的滤波优化算法、基于卡尔曼滤波的目标检测跟踪算法、基于一致性估计的领航者-跟随者编队控制算法。

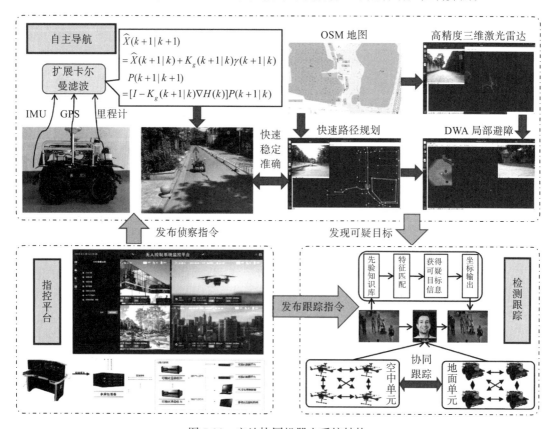

图 7.29 空地协同机器人系统结构

2. 系统整体设计

本系统主要由指控基础软件平台端以及空地协同机器人集群组成。机器人系统单元组采用空地协同模式，主要由自组网电台以及地面空中机器人集群组成。整个系统结构采用集中式架构，即以指控端为中心节点构成通信网络，指控基础软件平台与空地一体化机器人集群通信，同时采用 ROS2 作为机器人系统的软件框架。在整个自主侦察系统中，指控端发送目标侦察区域后，空地一体化机器人集群开始自主执行侦察任务。地面无人车上搭载了车载计算机、IMU、GPS、PTZ 网络摄像机、激光雷达，在侦察过程可以设置单模块大范围式定点侦察或多模块集群编队式侦察，通过车载摄像头实时检测周围可疑目标，同时激光雷达实时进行导航及避障。无人机搭载机载计算机、PX4 飞控模块、D435 相机，与地面无人车协同作业，通过相机对目标区域进行空中远距离环境感知与目标检测。

7.4.2 空地协同机器人的应用平台

1. 硬件平台

（1）整体架构　空地协同机器人应用平台硬件整体架构如图 7.30 所示，包括：差分 BDS 系统、控制系统、指控系统、驱动系统以及感知系统。差分 BDS 系统通过 BDS 基站可以获取高精度的经纬度数据，再通过无人侦察车上的两个 BDS 天线计算差分数据获取航向角，从而为控制系统提供准确的绝对位姿；感知系统由三维激光雷达与网络摄像头组成，用于实现无人侦察车的避障与侦察功能；指控系统由自组网基站与指控平台组成，通过指控平台对视频流进行处理，并向控制系统发布侦察指令以及速度指令；控制系统由自组网电台与工控机组成，通过自组网与指控系统进行通信，从而接收指控系统的指令以及反馈无人侦察车的状态；驱动系统通过 Mavlink 通信协议与控制系统进行通信，保证通信的稳定性。

（2）硬件结构

1）四轮差速底盘。无人侦察车的驱动系统底盘采用轮毂电动机差速驱动的设计，通过连杆、链带和车身相连，任何一个轮子适应地面冲击而形成的跳动都不影响其他轮子，可实现机器人在特定场景下的灵活越障。机器人在紧急制动时，由于后轮并行驱动，配合强抓地性轮胎，制动能力较其他一般移动机器人出众。假使存在一侧车轮制动趋于抱死状态，就会导致左侧轮与右侧轮产生差速，使得运行限制转矩朝制动方向产生作用，这使得底盘有着更为强大的刹车减速能力。

2）差动驱动系统。无人侦察车的运动控制主要由无刷电动机驱动器完成。无刷直流电动机采用通电绕组来组成定子，由永磁体构成转子，因而运动控制程序要控制电动机转动，需要不断改变通电绕组的通电相序，来改变绕组磁场的方向带动转子转动，控制程序相对于有刷直流电动机复杂很多，无人侦察车采用三相六步换相法进行控制。电动机驱动器实物图如图 7.31 所示。

3）工控机。工控机是无人侦察车的控制中枢，为机器人的运行进行大量的、实时的数据处理，同时系统具有实时监控功能。工控机嵌于工业系统内部，是能在工业极端环境里长期稳定可靠工作的工业型计算机。

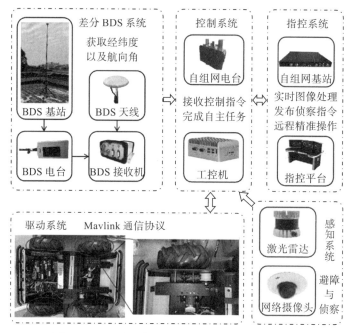

图 7.30 空地协同机器人应用平台硬件整体架构

图 7.31 电动机驱动器实物图

BOXER-8240AI 嵌入式 AI Edge 系统是 NVIDIA®Jetson AGX Xavier™与工业加固设计相结合的工业计算机，搭载 512 个 CUDA 核心和 64 个 Tensor Cores 的 Volta GPU，以提供高达 32 TOPS 的 AI 处理速度。AGX Xavier 具备多种电源模式，极大限度地提高了计算机的性能与能效。BOXER-8240AI 采用创新的无风扇设计，使 Jetson AGX Xavier SoC 能够在 $-10\sim55$℃的环境温度下运行，而不会造成性能损失，实物如图 7.32 所示。

4）惯性测量单元。惯性测量单元（IMU）是组合惯导产品，IMU 模块包括：三轴加速度计、三轴陀螺仪、磁力计。VG100 垂直陀螺仪可以测量运动载体的姿态参数（横滚和俯仰）、角速度和加速度信息。姿态和角速度偏差通过具有适当增益的 6 态卡尔曼滤波得到最优估计，适用于导航、定位的动态测量。通过非线性补偿、正交补偿、温度补偿和漂移补偿等多种补偿，可以大部分消除 VG100 的误差源，提高产品精度水平。加速度计检测物体在载体坐标系独立三轴的加速度信号，而陀螺仪检测载体相对于导航坐标系的角速度信号，通过测量物体在三维空间中的角速度和加速度，并以此解算出物体的姿态。机器人位置信息经 CPU 读取处理后，计算出需要的 x、y 的角度和角速度。

图 7.32　BOXER-8240AI 实物

5）三维激光雷达。三维激光雷达通过发射激光束来探测周遭环境，车载激光雷达普遍采用多个激光并建立三维点云图，从而达到实时环境感知的目的。激光雷达的优势在于其探测范围广，探测精度高。三维激光雷达成像系统的组件通常包括激光、扫描仪、光电探测器以及全球定位系统（GPS）。激光每秒向镜子发送数千个光束脉冲，脉冲向特定位置移动。

OS1 是现有市场上尺寸较小、质量较轻的高分辨率中距激光雷达，可直接集成到车辆、机器人、无人机和基础建设中，如图 7.33 所示。Ouster 的激光雷达传感器系列坚固、分辨率高，紧凑型激光雷达装置的适用范围为 120m，自带相机、惯导、黑匣子，时空锁定特性，超高快门，超大光圈，高水雾霾穿透，并联冗余接收，无线及 POE+ 供电，纵向 FOV 及子光束指向与密度分布可调。Ouster 引入了一个新的模块化径向帽，支持 OS1 系列激光雷达传感器的定制安装解决方案。

6）自组网模块。自组网模块终端结合"基站式"（车载、船载、固定）自组网设备可以进行混合分簇分级组网。"基站式"自组网设备之间形成骨干远距离通信组网，"移动式"无线自组网终端（模块）形成分队子网，可以通过"基站式"自组网设备形成的"骨干网"与远端另一子网的"移动式"无线自组网终端（模块）进行双向通信，支撑视频、话音、数据等多媒体业务的多跳通信。手机、平板、PC 等各类 IP 终端可通过节点的网口或 WiFi、AP 接口接入自组网，实现各类 IP 应用终端之间的互联互通。

NexFi 自组网系统是由远大装备研发的一套具有无线收发装置的移动通信终端，若干个终端可组成一个智能、多跳、移动、对等去中心化临时性自治网络通信系统。它是一种无中心的分布式控制网络，设备之间采用动态网状连接，无中心节点，能更有效地分摊网络流量，且具有更强的网络健壮性。网络中的任意终端节点互相平等，任何一个节点离开或消失不会影响整个网络的运行。

7）变焦 PTZ 网络摄像机。变焦 PTZ 网络摄像机可以覆盖非常大的区域，因其使用光学变焦，所以图像质量不受变焦影响。ePTZ 摄像机使用数字变焦，放大时图像会像素化，因为实际上是在拉伸原始图像。

本设计采用的 AXIS M5525-E PTZ 网络摄像机是一款设计紧凑的变焦云台摄像机，可提供 HDTV 1080p 分辨率，支持 10 倍光学变焦和自动对焦功能，可实现卓越的视频质量，如图 7.34 所示。日间/夜间功能和 WDR 宽动态猎影技术能够保证在低光或混合光条件下保持图像质量稳定，并且自带场景配置文件可用于自动优化。

图 7.33　OS1-32 激光雷达　　　　图 7.34　AXIS M5525-E PTZ 网络摄像机

此外，AXIS M5525-E 具备的 Zipstream 技术，能够实时分析视频流以确定关注区域。这些区域被压缩至比其他区域略小的程度，从而能保留完整图像质量的重要细节，同时降低存储和带宽高达 50%，在成像高质量图片的同时显著节省带宽。

8) GPS 模块。GPS 是一种具有全方位、全天候、全时段、高精度的卫星导航系统，能为全球用户提供低成本、高精度的三维位置、速度和精确定时等导航信息，是卫星通信技术在导航领域的应用典范，极大地提高了地球社会的信息化水平，有力推动了数字经济的发展。GPS 定位的基本原理是根据高速运动的卫星瞬间位置作为已知的起算数据，采用空间距离后方交会的方法，确定待测点的位置。GPS 可以提供车辆定位、防盗、反劫、行驶路线监控及呼叫指挥等功能。

本设计采用的天线线缆为 SYV-50 实心聚乙烯绝缘电缆系列，其适用于模拟信号和高速数字信号的传输，如固定、移动无线电通信和电子设备中的射频信号传输。该电缆具有阻抗均匀、低损耗、低延迟、最小衰减等特点，实物如图 7.35 所示。

a) GPS 基站　　　　　　b) GPS 天线

图 7.35　GPS 模块

2. 软件平台

（1）软件算法系统框架　空地协同机器人集群侦察系统由三大模块组成：自主导航模块、无人侦察模块以及指控平台模块，其算法流程如图 7.36 所示。

（2）软件算法

1) 全局路径规划算法。由于无人侦察车的应用场景在室外环境，对于大范围未知环境的建图在实际任务中较难实现且软件资源消耗过大，因此本项目使用开源可编辑的 OSM 地图，并采用基于 Dijkstra 的全局路径规划算法，如图 7.37 所示。

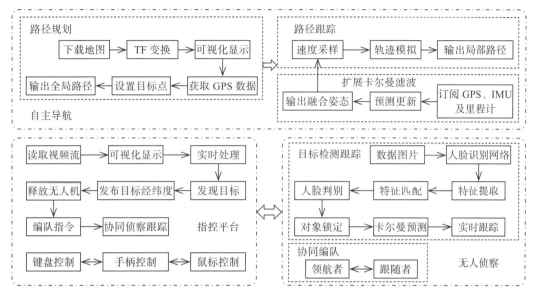

图 7.36　空地协同机器人集群侦察系统算法流程

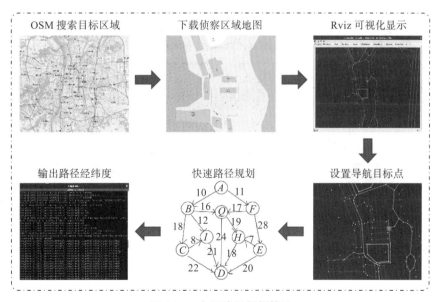

图 7.37　全局路径规划算法

由于无人侦察车针对的是室外场景，则必然存在地势复杂且通过性差的路段，所以仅仅依靠初始的 OSM 地图数据无法保证无人侦察车的高效稳定性，因此本项目对地势起伏大、障碍物多以及人流量或车流量大的路段赋以更高的权重，从而保证无人侦察车能稳定快速地抵达目标点。

Dijkstra 算法是由贪心思想实现的，是最典型的单源最短路径算法。该算法基于广度优先搜索思想，其特点是以源点为中心，然后向外围不断地拓展，直到拓展到目标点，然后规划出一条源点到目标点的路径。详见 5.4.1 节相关内容。

2）局部路径跟踪算法。为实现无人侦察车在执行巡检侦察任务时对动态障碍物进行避障的功能，需要设计局部路径跟踪算法，采用的是动态窗口（DWA）算法。DWA 算法主要是在速度空间（v, w）中采样多组速度，并模拟机器人在这些速度下一定时间内的轨迹，在得到多组轨迹以后，对这些轨迹进行评价，选取最优轨迹所对应的速度来驱动机器人运动。DWA 算法详见 5.5 节的相关内容。

3）扩展卡尔曼滤波算法。为实现无人侦察车在户外自主导航，首先需要知道自身的位姿信息。各个传感器获取的信息都存在一定的误差。与单传感器相比，运用多传感器数据融合技术在解决探测、跟踪和目标识别等问题方面，能够提高系统的可靠性和鲁棒性，增强数据的可信度，提高精度，扩展系统的时间、空间覆盖率，增加系统的实时性和信息利用率等。因此本项目采用多传感器融合算法，融合轮式里程计、IMU 及 GPS 的传感器输出，估计机器人的三维姿势，从而减少测量中的总体误差，实现高精度的户外导航功能，如图 7.38 所示。

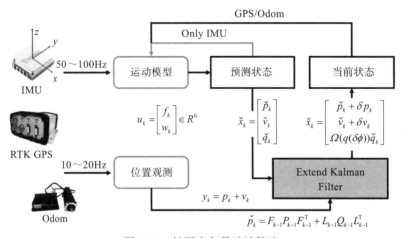

图 7.38　扩展卡尔曼滤波算法

4）目标检测跟踪算法。针对空地一体化机器人在可疑人员的检测任务中有室外环境复杂、人脸识别困难、目标特征难以提取等难点，本项目利用 PPYOLO 目标检测与 FaceNet 人脸识别算法，对行人脸部进行检测与识别，若识别为嫌疑目标，根据 PPYOLO 检测出的人体位置坐标，利用卡尔曼滤波算法进行目标跟踪。

FaceNet 训练时采用三元组损失，若 a 表示基准样本，p 表示与基准样本相同类别但类别不同的正样本，n 表示与基准样本不同类别的负样本，margin 表示阈值。则三元组损失可表示为

$$L = \max\{d(a,p) - d(a,n) + \mathrm{margin}, 0\} \tag{7.1}$$

将网络摄像头采集到的视频按帧送入 ResNet50 网络中进行特征提取，得到每一帧图片的特征，然后选取最后三个卷积层 C3、C4、C5 的特征，通过 FPN 结构将高层级语义信息和低层级信息进行融合，送往 Detection Head 对人脸位置进行检测，以获取人脸区域坐标。获取坐标后，再截取人脸区域，送入 FaceNet 网络中，通过计算先验特征库与截取图像所对应特征的欧式空间上点的距离，得到目标图片相似度分数。

若识别目标为嫌疑人，则通过 PPYOLO 检测出嫌疑人位置，通过卡尔曼滤波得到由前面帧 box 产生的状态预测和协方差预测。求跟踪器所有目标状态预测与本帧检测的 box 的 IOU，得到 IOU 最大的唯一匹配。IOU 等于"预测的边框"和"真实的边框"之间交集和并集的比值。用本帧中匹配到的目标检测 box 去更新卡尔曼跟踪器，计算卡尔曼增益、状态更新和协方差更新，并将状态更新值输出，作为本帧的跟踪 box，达到对嫌疑人目标追踪的效果。

5）协同编队算法。空地协同机器人集群侦察系统在城市巷战等协同任务中，针对单个地面机器人侦察范围有限、作战能力有限等问题，利用多个空地异构机器人编队控制，扩大侦察范围，无人机提供大范围视野，增强多机器人编队作战侦察能力。多机异构机器人协同编队控制架构如图 7.39 所示。

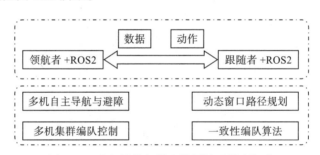

图 7.39　多机异构机器人协同编队控制架构

基于图 7.39 所示的多机异构机器人协同编队控制架构，由控制总台进行总体规划，应对不同的任务需求调用不同的任务模块。利用基于一致性估计的领航者 – 跟随者编队控制算法，在地面机器人携带定位传感器融合基础上，结合自主导航与避障技术，实现空地异构机器人协同编队控制。利用多机器人协同合作可提高工作效率、扩大侦察范围、提高任务成功率。下面对涉及的多级协同编队算法进行详细介绍。

编队实现：空地一体化机器人将 GPS 位置信息、IMU 数据以及里程计数据存储在车载终端上，编队参考点的选取为临近参考，各节点之间能够相互通信。通过 ROS2 话题将机器人数据发送到各个节点。领航者结合 ROS2 与数据信息做出动作命令，并将命令发送至其他节点，根据各个节点之间的位置差距，通过编队控制算法给出跟随者的控制命令，使位置差距趋于稳定值，达到编队效果。

基于一致性估计的领航者 – 跟随者编队控制算法：所有编队成员被指定为领航者或

跟随者这两种角色，编队系统的一阶连续模型为 $\dot{x}_i = u_i$。其中，x_i、$u_i \in R^n$ 分别为节点 i 的状态量和输入量，n 为状态量的维度。在理想情况下，考虑控制输入并引入全局变量 $\dot{x}_i = [x_1, x_2, \cdots, x_n] \in R^n$ 得到全局动态关系为 $\dot{x}_i = Lx$，编队的闭环特性取决于 L 矩阵，当且仅当编队的拓扑图具有一棵生成树，$-L$ 特征值均位于复平面左半平面时，才能保证系统达到一致性。

（3）指控平台　指控平台采用 ROS 2 架构，通过基于同步 RPC 样式通信的服务（Service）机制控制起降平台等硬件，通过基于异步流媒体的话题（Topics）机制传递传感器数据以及控制无人侦察车移动。这种点对点的设计具有低耦合、方便灵活添加功能模块、易扩展、易维护的特点。人机交互界面是机器人操作系统的一部分，与硬件节点通信。其设计遵循易理解、及时反馈、风格一致、布局色彩合理等原则，将任务的需求转化为无人系统的任务执行；GUI 采用 Qt 框架，具有优良的跨平台特性、灵活的事件处理机制和丰富而便捷的样式设计。指控平台界面如图 7.40 所示。

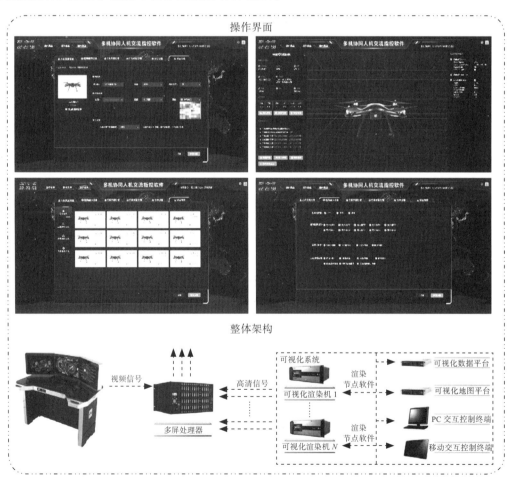

图 7.40　指控平台界面

CHAPTER 8

第 8 章

移动机器人实验指导

移动机器人实验是机器人技术领域中非常重要的一部分。本章提供一系列实验来帮助读者理解和掌握移动机器人的基础知识和技能。在这些实验中，使用 ROS 作为移动机器人的开发平台。ROS 是一个流行的机器人操作系统，广泛应用于机器人研究和开发。通过本实验，读者将能够学习使用 ROS 和移动机器人进行编程和实验。

8.1 ROS 小实验——"圆龟"

本实验的主题为"圆龟"，ROS 中的小乌龟大家应该都不陌生，作为 ROS 官方教程御用教官，它带领了大部分的 ROS 学员进入 ROS 的世界，本实验则使用这只小乌龟来画一个圆。

8.1.1 实验目的及意义

1) 通过输入命令行控制小乌龟移动，完成小乌龟画圆的整个例程。
2) 通过小乌龟画圆的例程，理解 ROS 的一些概念。

8.1.2 实验设备

软件设备：Ubuntu 系统、ROS。

8.1.3 实验内容

1) 通过输入命令成功启动小乌龟节点以及控制小乌龟移动。
2) 创建工作空间以及功能包，创建 CPP 文件并写入代码，编译运行实现小乌龟画圆。

8.1.4 实验步骤

1) 依次使用下面三条命令，将控制小乌龟移动的功能 demo 启动。启动以后的界面如图 8.1 所示。

```
$ roscore  //启动节点管理器
$ rosrun turtlesim turtlesim_node  //运行小乌龟仿真节点
$ rosrun turtlesim turtle_teleop_key  //运行小乌龟键盘控制节点
```

a）启动节点管理器　　　　　　　　　　　　b）运行小乌龟仿真节点

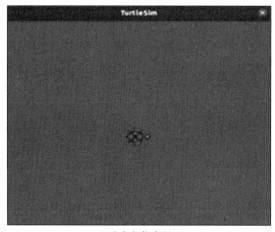

c）小乌龟仿真界面　　　　　　　　　　　　d）运行小乌龟键盘控制节点

图 8.1　控制小乌龟移动

2）经上述操作以后，使用方向键便可以控制小乌龟移动，接下来剖析小乌龟移动背后的逻辑。要了解控制小乌龟移动的功能 demo 的节点信息，使用 rqt_graph 可视化工具进行查看，如图 8.2 所示。

3）如图 8.2 所示，可以知道 teleop_turtle 节点通过 /turtle1/cmd_vel 话题向 turtlesim 节点发布了速度控制数据。通过 rostopic info /turtle1/cmd_vel 命令可以发现该话题传输的消息类型为 geometry_msgs/Twist 类型。

4）通过以下命令来查看该消息的具体信

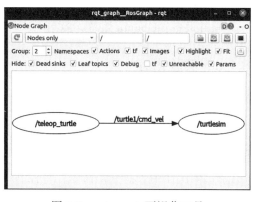

图 8.2　rqt_graph 可视化工具

息，运行结果如图 8.3 所示。

```
$ rosmsg show geometry_msgs/Twist
```

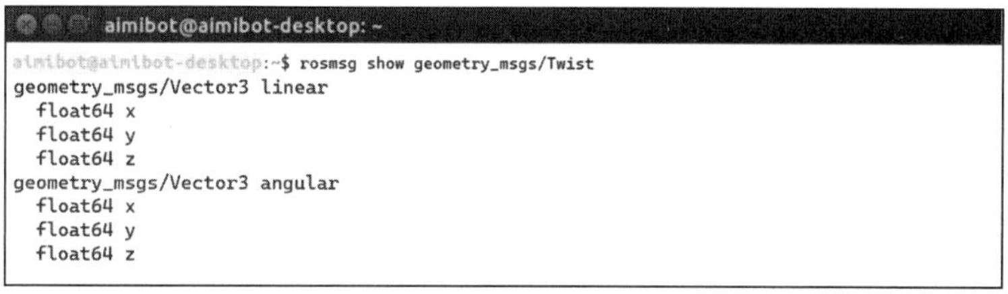

```
aimibot@aimibot-desktop: ~
aimibot@aimibot-desktop:~$ rosmsg show geometry_msgs/Twist
geometry_msgs/Vector3 linear
  float64 x
  float64 y
  float64 z
geometry_msgs/Vector3 angular
  float64 x
  float64 y
  float64 z
```

图 8.3　查看消息的具体信息

5）使用 rostopic echo /turtle1/cmd_vel 命令监听该话题的输出，运行结果如图 8.4 所示。结合小乌龟的表现形式不难发现，geometry_msgs/Twsit 消息类型的数据中，lincar.x 控制小乌龟前进或后退，angular.z 控制小乌龟旋转。

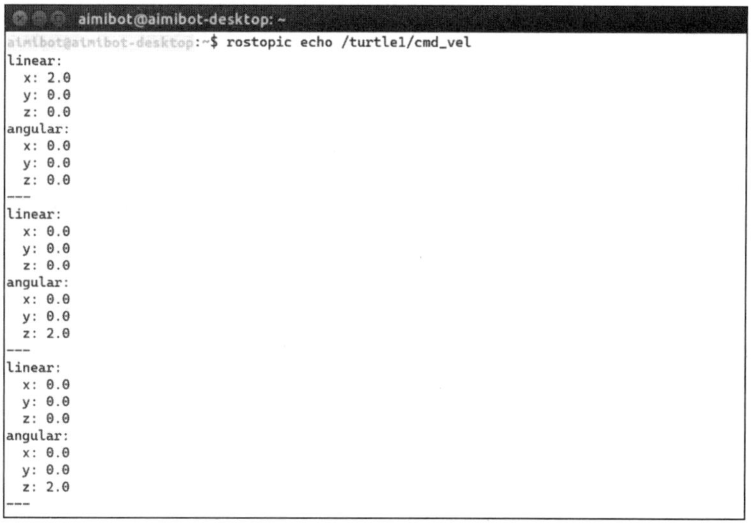

```
aimibot@aimibot-desktop: ~
aimibot@aimibot-desktop:~$ rostopic echo /turtle1/cmd_vel
linear:
  x: 2.0
  y: 0.0
  z: 0.0
angular:
  x: 0.0
  y: 0.0
  z: 0.0
---
linear:
  x: 0.0
  y: 0.0
  z: 0.0
angular:
  x: 0.0
  y: 0.0
  z: 2.0
---
linear:
  x: 0.0
  y: 0.0
  z: 0.0
angular:
  x: 0.0
  y: 0.0
  z: 2.0
---
```

图 8.4　监听话题输出

6）完全清楚小乌龟的节点信息、话题信息、消息信息以及控制接口等内容后，只剩下如何控制小乌龟运动了。通过 $v=\omega r$ 可以清楚地认识到，当小乌龟具有一个固定的线速度和角速度时，就会有一个圆的运动轨迹，那么现在只需要编写一个 ROS 程序，向 /turtle1/cmd_vel 发布一个固定线速度和角速度的话题就可以实现“圆龟”了。根据上面的信息自行编写程序代码实现小乌龟画圆的功能（例程以 C++ 代码实现）。

①创建工作空间，代码如下：

```
$ mkdir -p ~/catkin_xc/src //创建工作空间
$ cd catkin_xc/src //转到工作空间的 src 文档下开启终端
$ catkin_init_workspace
```

②创建功能包，代码如下：

```
$ cd ~/catkin_xc/src // 转到工作空间的 src 文档下开启终端
$ catkin_create_pkg learning_topic roscpp rospy // 创建功能包及其依赖
```

③创建 CPP 文件，代码如下：

```
$ cd ~/catkin_xc/src/learning_topic/src
$ gedit velocity_publisher.cpp // 创建 C++ 代码文件
```

将以下代码复制粘贴到该文件中，保存并退出。

```cpp
#include <ros/ros.h>
#include <geometry_msgs/Twist.h>

int main(int argc, char **argv)
{
    ros::init(argc, argv, "velocity_publisher"); // ROS 节点初始化
    ros::NodeHandle n; // 创建节点句柄
    ros::Publisher turtle_vel_pub = n.advertise<geometry_msgs::Twist>("/turtle1/
        cmd_vel", 10); // 创建一个发布者，发布名为 /turtle1/cmd_vel 的话题，消息类型为
        geometry_msgs::Twist，队列长度为 10
    ros::Rate loop_rate(10); // 设置循环的频率
    int count = 0;
    while (ros::ok())
    {
        geometry_msgs::Twist vel_msg;  // 初始化 geometry_msgs::Twist 类型的消息

        vel_msg.linear.x = 0.5;
        vel_msg.angular.z = 0.2; // 发布消息
        turtle_vel_pub.publish(vel_msg);
        ROS_INFO("Publsh turtle velocity command[%0.2f m/s, %0.2f rad/s]", vel_
            msg.linear.x, vel_msg.angular.z);
        loop_rate.sleep();// 按照循环频率延时
    }
    return 0;
}
```

④配置发布者代码编译规则，在 CMakeLists.txt 中加入以下内容：

```
add_executable(velocity_publisher src/velocity_publisher.cpp) // 添加依赖
target_link_libraries(velocity_publisher ${catkin_LIBRARIES})
```

⑤编译并运行程序，代码如下：

```
$ cd ~/catkin_xc // 转到该文档下开启终端
$ catkin_make // 编译工作空间
$ source devel/setup.bash // 环境配置
$ roscore // 启动节点管理器
$ rosrun turtlesim turtlesim_node // 运行小乌龟仿真节点
$ rosrun learning_topic velocity_piblisher // 运行小乌龟画圆程序（发布者）
```

运行成功后便能成功地看到小乌龟画圆，结果如图 8.5 所示。

在实验过程中可能会出现形态或颜色不一样的小乌龟，如图 8.6 所示。这是因为由

demo 自定的，所以每次打开小乌龟仿真节点产生的小乌龟都是随机的，不影响整个实验。

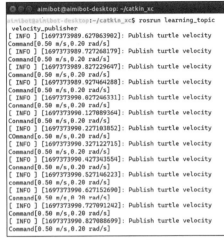
a）运行小乌龟画圆程序

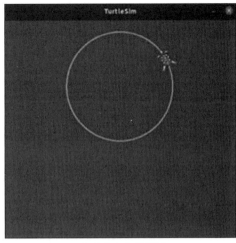
b）小乌龟仿真界面

图 8.5　发布小乌龟画圆命令及效果

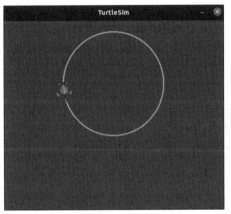
a）形态 1 小乌龟

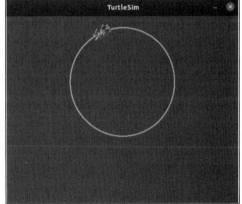
b）形态 2 小乌龟

图 8.6　随机乌龟画圆

8.1.5　实验总结

本节完成了"圆龟"这个功能 demo，通过"圆龟"让大家简单了解到 ROS 的开发流程、功能开发思路以及相关工具的使用，可为后续实体机器人与 ROS 联合实验建立基础。

8.2　小乌龟自主跟随运动

经过第一个 ROS 小实验，熟悉了工作空间与功能包的创建、发布者 CPP 文件的编写以及 ROS 相关工具的使用。接下来继续做一个与小乌龟相关的 ROS 小实验，让大家进一步地熟悉 ROS 的开发，为后续做实体机器人的实验做更充分的准备。

8.2.1 实验目的及意义

1）通过输入命令行启动第二只小乌龟，进而完成小乌龟跟随运动实验。
2）通过小乌龟跟随运动实验，理解其中的坐标变换。

8.2.2 实验设备

软件设备：Ubuntu 系统、ROS。

8.2.3 实验内容

1）通过编程客户端实现小乌龟仿真节点中第二只小乌龟的生成。
2）编写 TF 广播器与 TF 监听器实现坐标变换，通过 launch 文件启动小乌龟跟随程序。

8.2.4 实验步骤

首先创建两个功能包，并将写好的创建客户端的代码以及 TF 广播器与 TF 监听器的代码分布放置在两个功能包内。

1. 创建功能包

```
$ cd ~/catkin_xc/src
$ catkin_create_pkg learning_service roscpp rospy std_msgs geometry_msgs
    turtlesim
$ catkin_create_pkg learning_tf roscpp rospy tf turtlesim
```

2. 创建 CPP 文件

```
$ cd ~/catkin_xc/src/learning_service/src
$ gedit turtle_spawn.cpp
$ cd ~/catkin_xc/src/learning_tf/src
$ gedit turtle_tf_broadcaster.cpp
$ gedit turtle_tf_listener.cpp
```

1）将以下代码复制粘贴到 turtle_spawn.cpp 文件中，保存并退出。

```cpp
#include <ros/ros.h>
#include <turtlesim/Spawn.h>

int main(int argc, char** argv)
{
    ros::init(argc, argv, "turtle_spawn");  // 初始化 ROS 节点
    ros::NodeHandle node;  // 创建节点句柄
    ros::service::waitForService("/spawn");  // 发现 /spawn 服务后，创建一个服务客户端，
        连接名为 /spawn 的 service
    ros::ServiceClient add_turtle = node.serviceClient<turtlesim::Spawn>("/
        spawn");
    turtlesim::Spawn srv;  // 初始化 turtlesim::Spawn 的请求数据
```

```
    srv.request.x = 2.0;
    srv.request.y = 2.0;
    srv.request.name = "turtle2";
    ROS_INFO("Call service to spwan turtle[x:%0.6f, y:%0.6f, name:%s]",
        srv.request.x, srv.request.y, srv.request.name.c_str());  // 请求服务调用
    add_turtle.call(srv);
    ROS_INFO("Spwan turtle successfully [name:%s]", srv.response.name.c_str());
        return 0;
    };
```

2)将以下代码复制粘贴到 turtle_tf_broadcaster.cpp 文件中，保存并退出。

```
#include <ros/ros.h>
#include <tf/transform_broadcaster.h>
#include <turtlesim/Pose.h>

std::string turtle_name;
void poseCallback(const turtlesim::PoseConstPtr& msg)
{
    static tf::TransformBroadcaster br;  // 创建 TF 广播器
    tf::Transform transform;  // 初始化 TF 数据
    transform.setOrigin( tf::Vector3(msg->x, msg->y, 0.0) );
    tf::Quaternion q;
    q.setRPY(0, 0, msg->theta);
    transform.setRotation(q);
    br.sendTransform(tf::StampedTransform(transform, ros::Time::now(), "world",
        turtle_name));  // 广播器与小乌龟坐标系之间的 TF 数据
}
int main(int argc, char** argv)
{
    ros::init(argc, argv, "my_tf_broadcaster");  // 初始化 ROS 节点

    if (argc != 2)  // 输入参数作为小乌龟的名字
    {
        ROS_ERROR("need turtle name as argument");
        return -1;
    }
    turtle_name = argv[1];
    ros::NodeHandle node;  // 订阅小乌龟的位姿话题
    ros::Subscriber sub = node.subscribe(turtle_name+"/pose", 10, &poseCallback);
    ros::spin();// 循环等待回调函数
    return 0;
}
```

3)将以下代码复制粘贴到 turtle_tf_listener.cpp 文件中，保存并退出。

```
#include <ros/ros.h>
#include <tf/transform_listener.h>
#include <geometry_msgs/Twist.h>
#include <turtlesim/Spawn.h>

int main(int argc, char** argv)
{
```

```cpp
    ros::init(argc, argv, "my_tf_listener"); // 初始化 ROS 节点
    ros::NodeHandle node; // 创建节点句柄
    ros::service::waitForService("/spawn"); // 请求产生 turtle2
    ros::ServiceClient add_turtle = node.serviceClient<turtlesim::Spawn>("/
        spawn");
    turtlesim::Spawn srv;
    add_turtle.call(srv);
    ros::Publisher turtle_vel = node.advertise<geometry_msgs::Twist>("/turtle2/
        cmd_vel", 10); // 创建发布 turtle2 速度控制指令的发布者
    tf::TransformListener listener; // 创建 TF 监听器
    ros::Rate rate(10.0);
    while (node.ok())
    {
        tf::StampedTransform transform; // 获取 turtle1 与 turtle2 坐标系之间的 TF 数据
        try
        {
            listener.waitForTransform("/turtle2", "/turtle1", ros::Time(0),
                ros::Duration(3.0));
            listener.lookupTransform("/turtle2", "/turtle1", ros::Time(0),
                transform);
        }
        catch (tf::TransformException &ex)
        {
            ROS_ERROR("%s",ex.what());
            ros::Duration(1.0).sleep();
            continue;
        }
        // 根据 turtle1 与 turtle2 坐标系之间的位置关系，发布 turtle2 的速度控制指令
        geometry_msgs::Twist vel_msg;
        vel_msg.angular.z = 4.0 * atan2(transform.getOrigin().y(),
                                        transform.getOrigin().x());
        vel_msg.linear.x = 0.5 * sqrt(pow(transform.getOrigin().x(), 2) +
                                      pow(transform.getOrigin().y(), 2));
        turtle_vel.publish(vel_msg);
        rate.sleep();
    }
    return 0;
};
```

配置客户端与 TF 代码编译规则，在 CMakeLists.txt 中加入以下内容：

```
add_executable(turtle_spawn src/turtle_spawn.cpp)
target_link_libraries(turtle_spawn ${catkin_LIBRARIES})

add_executable(turtle_tf_broadcaster src/turtle_tf_broadcaster.cpp)
target_link_libraries(turtle_tf_broadcaster ${catkin_LIBRARIES})

add_executable(turtle_tf_listener src/turtle_tf_listener.cpp)
target_link_libraries(turtle_tf_listener ${catkin_LIBRARIES})
```

编译并运行程序，代码如下：

```
$ cd ~/catkin_xc
$ catkin_make
$ source devel/setup.bash
$ roscore
$ rosrun turtlesim turtlesim_node
$ rosrun learning_service turtle_spawn
```

运行成功便能成功地看到在小乌龟仿真节点中出现了两只小乌龟，如图 8.8 所示。

a）启动节点管理器   b）运行小乌龟仿真节点

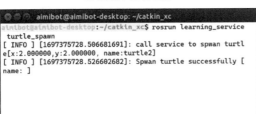
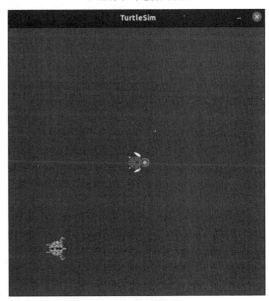

c）运行小乌龟生成节点   d）小乌龟仿真界面

图 8.7　生成第二只小乌龟

随后启动键盘控制节点，并启动 launch 文件实现小乌龟跟随，如图 8.8 所示。

通过 TF 树查看发布的信息关系，如图 8.9 所示。

```
$ rosrun tf view_frames
```

通过 TF 树可以清晰地看到整个程序拥有 world、turtle1、turtle2 三个坐标系以及它们之间的关系。

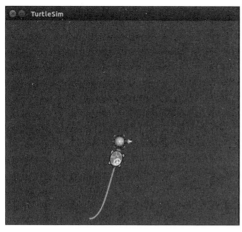
a）小乌龟跟随仿真 1

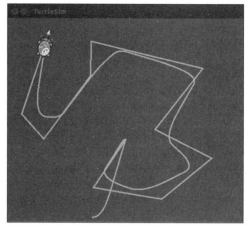
b）小乌龟跟随仿真 2

图 8.8　小乌龟跟随实验效果

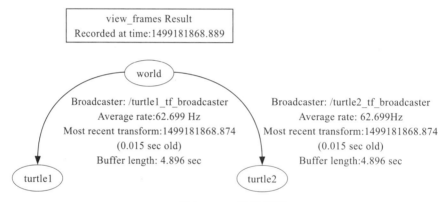

图 8.9　TF 树示意图

通过以下命令启动 Rviz，可视化地查看坐标系的变化，如图 8.10 所示。

```
$ rosrun rviz rviz -d `rospack find turtle_tf `/rviz/turtle_rviz.rviz
```

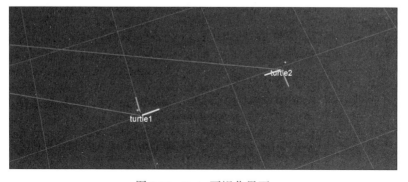

图 8.10　Rviz 可视化界面

8.2.5 实验总结

经过这个实验,大家应该对 ROS 更加熟悉了,锻炼了大家编写客户端、TF 广播器以及 TF 监听器的代码能力,其中体现出来的坐标变换也为大家理解机器人坐标变换奠定了一定的基础。

8.3 用上位机查看串口数据

8.3.1 Aimibot 教育机器人

Aimibot 教育机器人(图 8.11)是爱米家智能科技有限公司自主研发生产的一款教学机器人底盘,可搭载各种传感器设备,平台上可集成激光雷达、Realsense 深度相机、NUC 迷你计算机、七自由度机械臂,可扩展性强。Aimibot 教育机器人采用目前最先进的移动控制技术,拥有安全稳定的工作性能,在运动过程中不会发生驱动轮架空的现象,机器人运行平稳、噪声小,拥有安全避障、精准建图、路径规划等核心技术。Aimibot 教育机器人支持代码开源,适合深度二次开发。

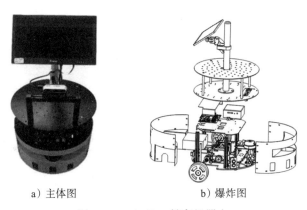

a)主体图　　b)爆炸图

图 8.11　Aimibot 教育机器人

Aimibot 教育机器人平台包含现实环境中用于感知和导航的所有基本组件,每一个移动机器人平台都配有坚固铁制车身,平衡的驱动系统(带两个万向轮和两个直驱动轮)、可逆直流电动机、电动机控制和驱动电子设备、高分辨率运动编码器和电池电源,可由 Windows 下移动机器人服务器软件和 Linux 下 ros 进行管理。Aimibot 教育机器人平台还附带了许多先进的机器人控制客户端软件应用程序和应用程序开发环境。

下面以 Aimibot 教育机器人为例,进行系列实验的学习与操作,从而达到了解并能熟练使用移动智能机器人的目的。

8.3.2 实验目的及意义

1)通过接触教育机器人机械结构,熟悉教育机器人的组成、初步了解智能移动机器人部件的位置及用途。

2）通过对上位机软件操作，熟悉机器人运动的主要参数，为后续实验深入做好准备。

8.3.3 实验设备

1）硬件设备：Aimibot 移动机器人主体、键盘、鼠标。
2）软件设备：Ubuntu 系统、Aimibot 上位机操作软件。

8.3.4 实验内容

1）通过机器人机械结构图以及机器人本体，充分熟悉机器人结构。
2）通过上位机软件获取机器人内部数据信息以及外部传感器设备数据，包括电池电压、车轮编码器数值、机器人 ID、超声波数据、惯性传感器数据、防跌落传感器数据等。
3）使用上位机软件对智能移动机器人进行简单运动控制。

8.3.5 实验步骤

1）打开软件，左上角打开串口通信设置（Communicate）。
2）在通信设置下，单击打开，保留窗口或者单击"×"关闭通信设置窗口（请勿单击关闭，此按钮为关闭串口）。
3）调整移动机器人运行速度和半径，建议以较低速度运动机器人（初始值默认为一半，建议将速度和半径降低为最大值的十分之一）。
4）检查机器人周围是否存在障碍物，然后单击方向，控制机器人进行运动。
5）分别调整速度和旋转半径的大小，控制机器人运动，观察机器人运动变化。
6）在机器人运动前后观察核心传感器以及底盘显示部分等，观察数据变化情况，并做好记录。
7）实验结束后，关闭上位机软件，关闭计算机，待计算机关闭成功后关闭总电源。
8）整理实验资料，对实验过程进行总结分析。

8.3.6 实验总结

1. 结果与分析

1）上位机软件展示了机器人内部数据信息，包括电池电压、车轮编码器数值、机器人 ID；外部传感器设备数据，包括超声波数据、惯性传感器数据、防跌落传感器数据等。
2）通过上位机对机器人进行简单的运动控制，控制程序直接驱动底层电路控制。这里并没有做太多的开发，因为本机器人主要是基于 ROS 进行操作，后续实验将带领大家熟悉 ROS，对机器人进行复杂运动控制。

2. 问题与思考

请思考：上位机所展示的数据对于移动机器人有什么作用和意义？

8.4 蓝牙键盘控制机器人运动

8.4.1 实验目的及意义

1）本次实验学习如何使用键盘控制移动机器人运动，学习相关 ROS 的操作方法，熟悉移动机器人的运动机制。

2）通过本次实验，学生应掌握键盘控制移动机器人的操作方法，进一步熟悉 ROS 的操作流程，理解移动机器人与 ROS 之间的关系。

8.4.2 实验设备

1）硬件设备：Aimibot 教育机器人主体、键盘、鼠标。
2）软件设备：Ubuntu 系统、ROS。

8.4.3 实验内容

1）学习在 Linux 系统下，ROS 键盘控制程序的打开方法。
2）熟悉键盘控制移动机器人操作方法的具体流程，理解操作键的具体含义。
3）操作键盘对移动机器人进行简单运动控制。

8.4.4 实验原理

1. 键盘控制原理

键盘控制移动机器人运动的原理主要通过以下步骤实现：

1）键盘输入获取：通过编程方式捕捉键盘按键事件，识别用户按下的具体键值。

2）指令解析和映射：将捕捉到的键值映射到对应的机器人运动指令。例如，方向键用于控制机器人前进、后退、左转和右转，空格键用于紧急停止等。

3）运动指令发布：解析后的运动指令通过 ROS 的消息发布机制，发布到相应的主题（Topic）上。机器人的控制节点订阅该主题并执行相应的运动指令。

2. 键盘控制运动思路

该例程中，目标线速度（最大线速度）设为 0.2m/s，目标角速度（最大角速度）设为 1rad/s，当按下控制机器人运动的按键时，目标线速度则为 ±0.2m/s，目标角速度则为 ±1rad/s；主循环一次，线速度增加 0.02m/s，五次循环后（即线速度为 0.1m/s），线速度在每次主循环时减少 0.02m/s，角速度类似，每次增加或者减少 0.1m/s，即机器人完成一次运动的过程是通过速度依次递增再依次递减实现的；当机器人还未停止时再次按下按键，循环的标志位会清零，则速度会继续增加，最大速度为目标速度；当按下控制机器人速度的按键时，则改变目标速度的值，通过改变最大速度的值来实现机器人的速度控制；当按下停止机器人运动的按键时，清空所有标志位。程序流程图如图 8.12 所示。

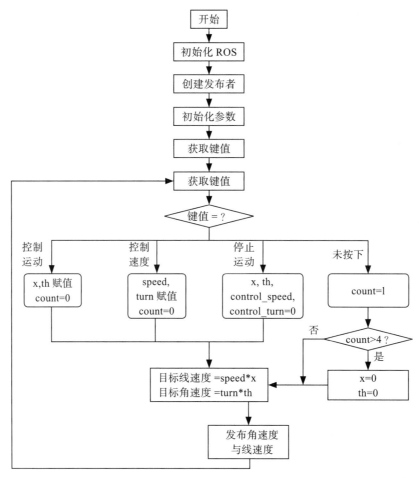

图 8.12　程序流程图

3. 程序代码

打开 Amos_WS/aimibotV2 文件夹,可以看到 launch、scripts 等多个文件夹,其中 keyboard_teleop.launch 文件位于 launch 文件夹中,aimibot_teleop_key 文件位于 scripts 文件夹中,依次打开这两个文件,查看代码。

(1) keyboard_teleop.launch 文件　打开 Amos_WS/aimibotV2/launch/keyboard_teleop.launch 文件,该 launch 文件运行了 aimibot 可执行文件与 aimibot_teleop_key 可执行文件,其中对 aimibot 可执行文件与 aimibot_teleop_key 可执行文件中的参数进行赋值,初始线速度设置为 0.5m/s,初始角速度设置 1.5rad/s,并将话题名称重映射为一样的名称。

(2) aimibot_teleop_key 文件　打开 Amos_WS/aimibotV2/scripts/aimibot_teleop_key 文件,该程序实现了键盘控制机器人运动的功能,主要函数为 getKey 函数和 main 函数,其中 getKey 函数的功能是获取键值,main 函数的功能是将键值对应的运动指令通过话题发布出去。

8.4.5 实验步骤

1）开启机器人，运行终端，键入命令 sudo chmod 777 /dev/ttyUSB*，输入 aimibot 密码打开串口权限。
2）终端键入 roslaunch aimibot keyboard_teleop.launch 启动键盘控制机器人程序。
3）此时终端显示移动机器人键盘控制程序的使用说明，保持此终端开启。
4）控制机器人前后运动、原地左右旋转等。
5）调整移动机器人线速度大小，控制机器人运动，观察机器人运动变化。
6）调整移动机器人角速度大小，控制机器人运动，观察机器人运动变化。
7）实验结束后，关闭所有终端，关闭计算机，待计算机关闭成功后关闭总电源。
8）整理实验资料，对实验过程进行总结分析。

8.4.6 实验注意事项

在编写运动数据发布函数的时候，应注意运动数据订阅者的队列长度，以及机器人处理运动数据的时间间隔，经实验证明，如果主函数的循环时间过短，会导致机器人无法执行运动过程，因为机器人在接收并处理前一次运动数据的过程中，下一次的运动数据到来，如果处理消息的速度不够快，后面到达的消息将会覆盖前面的消息，最终导致机器人只能处理最后到来的数据，即速度均为零的运动数据。可使用 time.time() 函数验证该程序主循环的执行时间，发现主循环的执行时间大概为 0.1s，主要为 getKey() 函数的执行时间；可修改程序，使每次运动的执行过程在一个 while 循环中，即按键之后不再调用 getKey() 函数，直到速度为零时跳出循环，再调用 getKey() 函数获取键值，此循环的时间大概为 0.002s，且机器人不再运动，可利用 time.sleep() 函数找出机器人处理运动数据最短的时间。

8.4.7 实验总结

1. 结果与分析

本次实验熟悉了 ROS 命令操作和移动机器人键盘控制程序使用方法，要求熟悉相关操作，初步了解机器人控制原理，主要注意对移动机器人运动速度的把控，避免高速造成机器人相互碰撞等损坏设备。

2. 问题与思考

请思考：机器人斜方向运动时，如何控制转向的幅度。

8.5 机器人自主轨迹运动

8.1 节的实验通过 ROS 完成了小乌龟画圆的程序，若将小乌龟换成实体机器人，那么该如何实现机器人自主按圆形轨迹运动呢，下面进行实践操作。

8.5.1 实验目的及意义

1）本次实验学习机器人如何进行自主轨迹运动，熟悉移动机器人的运动机制。

2）通过本次实验，学生应掌握移动机器人自主轨迹运动的操作方法，熟练 ROS 的操作流程，理解 ROS 与底层通信机制，了解机器人圆形自主轨迹运动的代码。

8.5.2 实验设备

1）硬件设备：Aimibot 教育机器人主体、键盘、鼠标。

2）软件设备：Ubuntu 系统、ROS。

8.5.3 实验内容

1）通过示例代码控制智能移动机器人进行圆形轨迹运动。

2）在充分熟悉 ROS 操作以及对 ROS 源码结构、编译方法有一定了解的情况下，查看机器人自主轨迹运动源码内容，尝试修改源码，改变圆形控制半径大小。

8.5.4 实验原理

1. 圆形轨迹运动思路

该例程中，控制机器人进行圆形轨迹运动是通过不断发布一样的线速度与角速度话题实现的。程序流程图如图 8.13 所示。

图 8.13　程序流程图

2. 程序代码

打开 Amos_WS/aimibotV2 文件夹，可以看到 launch、src、include 等多个文件夹，其中 movecircular.launch 文件位于 launch 文件夹中，movecircular.h 文件位于 include 文件夹中，movecircular.cpp 文件位于 src 文件夹中，依次打开这三个文件，查看代码。

（1）movecircular.launch 文件　打开 Amos_WS/aimibotV2/launch/movecircular.launch 文件，该 launch 文件运行了 aimibot 可执行文件与 movecircular 可执行文件，对 aimibot 可执行文件中的参数进行赋值，对 movecircular 可执行文件中线速度与角速度的参数进行赋值，并对话题名称进行重映射。

（2）movecircular.h 文件　打开 Amos_WS/aimibotV2/include/movecircular.h 文件，该头文件声明了一个 cirvelControl 类，对 movecircular.cpp 文件中的参数进行了定义，并创建了发布者的实例。

（3）movecircular.cpp 文件　打开 Amos_WS/aimibotV2/src/movecircular.cpp 文件，该

程序实现了机器人进行圆形轨迹运动的功能，主要函数为 init 函数和 velocityControl 函数。init 函数主要从 launch 文件中获取 /vel_line_ 与 /vel_angle_ 的参数数据，velocityControl 函数主要发布机器人的速度数据，控制机器人运动。

8.5.5 实验步骤

1）开启机器人，运行终端，键入命令 sudo chmod 777 /dev/ttyUSB*，输入 aimibot 密码打开串口权限。

2）终端键入 roslaunch aimibot movecircular.launch 启动移动机器人自主圆形轨迹运动程序。

3）保持此终端开启，机器人保持向左方向进行圆形轨迹运动。

4）观察机器人运动，关闭程序按 Ctrl+C 键，若出现紧急情况请迅速按下机器人电源位置的急停按钮，关闭终端，最后松开急停按钮。

5）实验结束后，关闭所有终端，关闭计算机，待计算机关闭成功后关闭总电源。

6）整理实验资料，对实验过程进行总结分析。

8.5.6 实验注意事项

1）移动机器人进行自主圆形轨迹运动时需要范围较大，必须在实验室空旷位置实验。

2）由于该例程中所发布的线速度与角速度无需改变值的大小，便可实现机器人进行自主圆形轨迹运动，所以只在 main 函数里循环调用发布机器人速度的函数即可。在进阶实验中需要改变机器人线速度与角速度的值，所以不能只在 main 函数里循环调用发布机器人速度的函数，因为在机器人改变方向时，线速度为零，机器人直线行驶时，角速度为零。以下提供三种在机器人运动的过程中改变线速度与角速度值的方法。

①使用里程计：利用里程计获得机器人 z 轴的旋转角，即机器人改变方向时转过的角度，当旋转角为 90° 的倍数时，使角速度为零，控制机器人直线行驶；再利用里程计获得机器人 x 方向前进的距离，当距离为某一固定值的倍数时，使线速度为零，控制机器人转向，即可实现机器人进行矩形轨迹运动。

②使用定时器：利用 ros::Timer timer = n.createTimer(ros::Duration(period), timerCallback) 函数创建一个定时器，每隔一定时间在回调函数里改变一次线速度与角速度的值，即可实现机器人进行矩形轨迹运动。

③使用循环标志位：该思路与例程中的思路类似，在 main 函数里循环调用发布机器人速度的函数，但在发布机器人速度的函数里增加一个循环标志位，即每调用一次发布机器人速度的函数该标志位加一，每调用到一定次数时，改变线速度与角速度的值。该方法与定时器的功能类似，但程序实现较简单，需要注意，由于程序简单，执行速度快，且线速度与角速度都有为零的时候，所以需要增加一个延时函数，否则会导致速度数据溢出，订阅者只能处理最后到来的数据，最终导致机器人不进行运动。

8.5.7 实验总结

1. 结果与分析

本次实验熟悉了 ROS 命令操作和移动机器人自主轨迹运动程序使用方法，要求熟悉相关操作，进一步了解机器人控制原理；熟悉 ROS 源码编译空间，了解源码结构，尝试修改机器人自主轨迹移动源码。

2. 问题与思考

1) 请思考：尝试修改源码为自主三角形轨迹运动。
2) 请思考：尝试修改源码为自主矩形轨迹运动。

8.6 超声波避障

8.6.1 实验目的及意义

1) 本次实验学习如何实现移动机器人超声波避障功能，熟悉移动机器人的运动机制。
2) 通过本次实验，学生应掌握移动机器人超声波避障原理，熟练操作 ROS。

8.6.2 实验设备

1) 硬件设备：Aimibot 教育机器人主体、键盘、超声波传感器。
2) 软件设备：Ubuntu 系统、ROS。

8.6.3 实验内容

1) 通过示例代码控制智能移动机器人进行超声波避障。
2) 通过修改示例代码控制智能移动机器人进行避障时的安全距离。

8.6.4 实验原理

1. 超声波测距原理

Aimibot 教育机器人前端安装有 5 个超声波传感器，每个超声波传感器的有效监测范围为 3m，检测幅度为 15°，为避免碰撞、特征识别、定位和导航提供目标检测和距离信息。超声波传感器包括超声波发射器、接收器与控制电路，实物如图 8.14 所示。

超声波传感器的 4 个接口端中，VCC 供 5V 电源，GND 为地线，TRIG 触发信号输入，ECHO 回响信号输出。其基本工作原理如下。

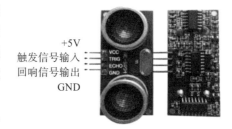

图 8.14 超声波传感器实物

1) 采用 IO 口 TRIG 触发测距，给最少 10μs 的高电平信号。

2）模块自动发送 8 个 40kHz 的方波，自动检测是否有信号返回。

3）有信号返回，通过 IO 口 ECHO 输出一个高电平，高电平持续的时间就是超声波从发射到返回的时间。

4）测试距离 = $\frac{1}{2}$ × 高电平时间 × 声速（340m/s）。

超声波传感器时序图如图 8.15 所示，表明只需要提供一个 10μs 以上脉冲触发信号，该模块内部将发出 8 个 40kHz 周期电平并检测回波。一旦检测到有回波信号则输出回响信号。

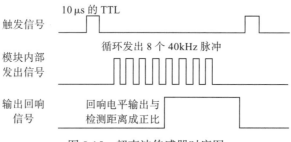

图 8.15 超声波传感器时序图

回响信号的脉冲宽度与所测的距离成正比。由此通过发射信号到收到的回响信号时间间隔可以计算得到距离。建议测量周期为 60ms 以上，以防止发射信号对回响信号的影响。

2. 超声波避障思路

机器人在行走的过程中检查前方有无障碍物，如果没有就继续向前走，有的话就测距并判断距离是否达到避障的条件（避障安全距离可视实际情况而定，可在程序中设置），若障碍物较多，为避免机器人不停左右转动，设置为默认左转，再根据障碍物方位主动停止或者调整方位向前运动。程序流程图如图 8.16 所示。

3. 程序代码

打开 Amos_WS/aimibotV2 文件夹，可以看到 launch、src、include 等多个文件夹，其中 UltrasnoicObstacle.launch 文件位于 launch 文件夹中，UltrasnoicObstacle.h 文件位于 include 文件夹中，UltrasnoicObstacle.cpp 文件位于 src 文件夹中，依次打开这三个文件，查看代码。

（1）UltrasnoicObstacle.launch 文件　打开 Amos_WS/aimibotV2/launch/UltrasnoicObstacle.launch 文件，该 launch 文件运行了 aimibot 可执行文件与 UltrasnoicObstacle 可执行文件，其中对 aimibot 可执行文件中的参数进行赋值，并对话题名称进行重映射。

（2）UltrasnoicObstacle.h 文件　打开 Amos_WS/aimibotV2/include/UltrasnoicObstacle.h 文件，该头文件声明了一个 runningtest 类，对 UltrasnoicObstacle.cpp 文件中的参数进行了定义，并创建了发布者与订阅者的实例。

（3）UltrasnoicObstacle.cpp 文件　打开 Amos_WS/aimibotV2/src/UltrasnoicObstacle.cpp 文件，该程序实现了机器人超声波避障的功能，主要函数为 runningtestultrasonic_data_callback 函数和 velocityControl 函数，其中 runningtest::runningtestultrasonic_data_callback(const aimibot:: UltrasonicConstPtr& sonic_pubdata) 是 ROS 里一个固定格式的调用。msg 是 sonic_pubdata，aimibot::Ultrasonic 是消息的结构，后面调用它的是一个长指针 ConstPtr& sonic_pubdata。当 &sonic_pubdata 进来之后，就会以一个长指针的形式指向"/aimibot/Ultrasonic"所有数据内容。

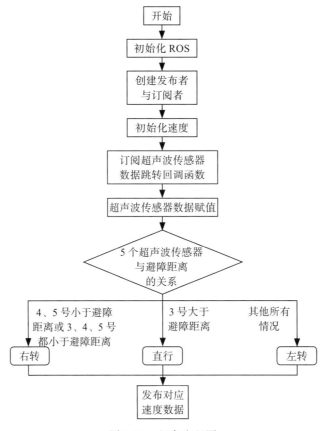

图 8.16　程序流程图

8.6.5　实验步骤

1）设置实验环境，在机器人即将运动部位放置部分实体障碍物。

2）开启机器人，运行终端，键入命令 sudo chmod 777 /dev/ttyUSB*，输入 aimibot 密码打开串口权限。

3）终端键入 roslaunch aimibot UltrasnoicObstacle.launch 启动超声波避障测试程序，保持终端开启。

4）观察移动机器人运动，注意保护移动机器人。

5）实验结束后，关闭所有终端，关闭计算机，待计算机关闭成功后关闭总电源。

6）整理实验资料，对实验过程进行总结分析。

8.6.6 实验注意事项

实验场地范围大体为 5m×5m 的正方形区域,内部有几个障碍物,每个障碍物之间的距离及长度不小于 20cm。避障时,障碍物有以下要求:

1)被测物体面积不宜小于 $0.5m^2$ 且尽量要求平整,否则会影响超声波传感器距离测量结果。

2)前方有平滑物体(如图书封面、镜面、墙体)与传感器夹角大于 45°(非垂直反射)时误差明显,且在 5~40cm 范围内超声波传感器测距结果读数不稳定。其中可能会出现的误差有三角误差、镜面反射、多次反射等。

3)前方有毛衣、毛毯等吸音材料时,超声波传感器测距结果读数不稳定。

8.6.7 实验总结

1. 结果与分析

1)本次实验熟悉了 ROS 命令操作和移动机器人超声波避障控制程序的使用方法;从实验中可以看到,移动机器人在直行过程中,路遇障碍物能够改变方向,达到避障效果。

2)学生在本次实验应理解超声波避障原理。

2. 问题与思考

请思考:如何在自主轨迹运动中加入超声波,使得机器人在轨迹运动中遇到障碍物能自主暂停,从而保护移动机器人。

8.7 相机标定

8.7.1 实验目的及意义

相机这种精密仪器对光学器件要求很高,由于相机内部与外部的一些原因,生成的物体图像往往会发生畸变,为避免数据源造成的误差,需要针对相机的参数进行标定。

8.7.2 实验设备

软件设备:Ubuntu 系统、ROS。

8.7.3 实验内容

1)在 ROS 下安装标定功能包,完成对相机的标定。

2)熟悉如何使用相机标定文件。

8.7.4 实验步骤

1)安装标定功能包,代码如下:

```
$ sudo apt-get install ros-kinetic-camera-calibration
```
进行标定时用到的棋盘格标定靶如图8.17所示。

2）启动相机，代码如下：

```
$ roslaunch robot_vision usb_cam.launch
```

3）启动标定包（启动以后就会出现标定界面），代码如下：

```
$ rosrun camera_calibration cameracalibrator.py
    --size 8×6 --square 0.024 image:=/usb_cam/
    image_raw camera:=/usb_cam
```

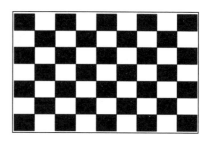

图8.17　棋盘格标定靶

上述命令行中一些参数的含义如下。

① size：确定棋盘格的内部角点个数，这里使用的棋盘一共有6行，每行有8个内部角点。

② square：确定每个棋盘格的边长，单位是m。

③ image 和 camera：设置相机发布的图像话题。

4）出现显示标定窗口 display 后将棋盘格放入，角点会被识别，并被连接起来，标定过程如图8.18所示。

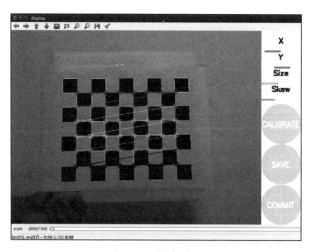

图8.18　标定过程

标定框中右上角参数的含义如下。

① X：标定靶在相机视野中的左右移动。
② Y：标定靶在相机视野中的上下移动。
③ Size：标定靶在相机视野中的前后移动。
④ Skew：标定靶在相机视野中的倾斜转动。

5）上下左右移动旋转棋盘格，右上角的 X、Y、Size、Skew 表示各个方向的标定进度，直到 CALIBRATE 呈绿色，表明标定结束，单击后，后台开始计算标定数据，耐心等待几分钟后，下面的 SAVE、CMMIT 会变成绿色，表明后台计算完毕。终端会显示获得的标定参数，如图 8.19 所示。

```
aimibot@aimibot-desktop: ~
( K = ', [514.4538649142406, 0.0, 368.31123198655376, 0.0, 514.428983410344, 224.58098408672336, 0.0, 0.0, 1.0])
('R = ', [1.0, 0.0, 0.0, 0.0, 1.0, 0.0, 0.0, 0.0, 1.0])
('P = ', [516.4229736328125, 0.0, 372.8872462120489, 0.0, 0.0, 520.513671875, 226.4447606538976, 0.0, 0.0, 0.0, 1.0, 0.0])
None
#oST version 5.0 parameters

[ image]

width
640

height
480

[narrow_stereo]

camera matrix
514.453865 0.000000 368.311232
0.000000 514.428903224.580904
0.000000 0.000000 1.000000

distortion
0.031723 -0.045138 0.004146 0.006205 0.000000

rectification
1.000000 0.000000 0.000000
0.000000 1.000000 0.000000
0.000000 0.000000 1.000000

projection
516.422974 0.000000 372.887246 0.000000
0.000000 520.513672 226.444701 0.000000
0.000000 0.000000 1.000000 0.000000
```

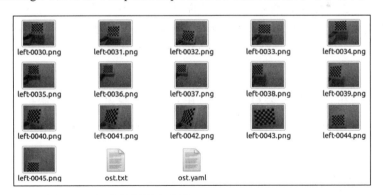

图 8.19　终端中的标定结果

6）保存数据：单击 SAVE 保存标定数据，终端显示将标定数据默认保存在路径 /temp/calibrationdate.tar.gz（在目录 Computer/tmp 文件夹下的压缩文件）中，如图 8.20 所示。

图 8.20　标定结果保存路径：/temp/calibrationdata.tar.gz

7）Kinect 标定流程，代码如下：

```
$ roslaunch robot_vision freenect.launch
$ rosrun camera_calibration cameracalibrator.py image:=/camera/rgb/image_raw
    camera:=/camera/rgb --size 8×6 --square 0.024
$ rosrun camera_calibration cameracalibrator.py image:=/camera/ir/image_raw
    camera:=/camera/ir --size 8×6 --square 0.024
```

Kinect 的标定与普通摄像头类似，要分别标定彩色摄像头和红外摄像头。

8.7.5 实验注意事项

1）使用标定文件时可能产生的错误如图 8.21 所示

```
aimibot@aimibot-desktop: ~
[ INFO ] [1506353339.162639856]: rgb frame id = 'camera rgb optical_frame '
[ INFO ] [1506353339.162694534 ]: depth frame id = 'camera depth optical_frame'
[ WARN ] [1506353339.174196977]: [rgb A70774707163327A] does'not match name narrow stereo in file
/home/hcx/catkin_ws/src/ros_exploring/robot _perception/robot vision/kinect rgb calibration.yaml
[ WARN ] [1506353339.174909313]:[depth A70774707163327A] does not match name narrow_stereoin file
/home/hcx/catkin_ws/src/ros_exploring/robot_perception/robot_vision/kinect_depth_calibration.yaml
```

图 8.21　标定文件产生的错误

2）错误产生的原因是标定文件中的 camera_name 参数与实际传感器名称不匹配。
3）解决方法：按照警示提示的信息进行修改即可。

例如图 8.21 所示的警示信息，可分别将两个标定文件中的 camera_name 参数修改为 "rgb A70774707163327A" "depth A70774707163327A" 即可。

8.7.6　实验总结

1. 结果与分析

本次实验针对因相机内部与外部的一些原因，生成的物体图像往往会发生畸变的情况，完成在 ROS 下安装标定功能包，并完成对相机的标定，得到标定文件。

成功完成相机标定，可以对标定文件进行使用。标定完成以后，在 /tmp/calibrationdate.tar.gz 压缩包解压之后可以看到标定过程中的图像帧，主要用到的是生成的标定文件 ost.yaml。打开该文件，是标定生成的参数。将 yaml 文件复制到功能包下，并在 launch 文件中写入就可以使用了。launch 文件分别如图 8.22 和图 8.23 所示。

2. 问题与思考

请思考：如何在 ROS 中安装 OpenCV 并用其实现人脸识别与物体跟踪实例。

```
<launch>
    <node name="usb_cam" pkg="usb_cam" type="usb_cam_node" output="screen" >
        <param name="video_device" value="/dev/video0" />
        <param name="image_width" value="1280" />
        <param name="image_height" value="720" />
        <param name="pixel_format" value="yuyv" />
        <param name="camera_frame_id" value="usb_cam" />
        <param name="io_method" value="mmap"/>

        <param name="camera_info_url" type="string" value="file://$(find robot_vision)/camera_calibration.yaml" />
    </node>

</launch>
```

图 8.22　相机标定文件

```
<launch>
    <!-- Launch the freenect driver -->
    <include file="$(find freenect_launch)/launch/freenect.launch">
        <arg name="publish_tf"                       value="false" />

        <!-- use device registration -->
        <arg name="depth_registration"               value="true" />

        <arg name="rgb_processing"                   value="true" />
        <arg name="ir_processing"                    value="false" />
        <arg name="depth_processing"                 value="false" />
        <arg name="depth_registered_processing"      value="true" />
        <arg name="disparity_processing"             value="false" />
        <arg name="disparity_registered_processing"  value="false" />
        <arg name="sw_registered_processing"         value="false" />
        <arg name="hw_registered_processing"         value="true" />

        <arg name="rgb_camera_info_url"   value="file://$(find robot_vision)/kinect_rgb_calibration.yaml" />
        <arg name="depth_camera_info_url" value="file://$(find robot_vision)/kinect_depth_calibration.yaml" />
    </include>
</launch>
```

图 8.23 kinect 标定文件

8.8 Rviz 可视化仿真

8.8.1 Rviz 简介

Rviz 是一款三维可视化工具，可以很好地兼容基于 ROS 软件框架的机器人平台。在 Rviz 中，可以使用可扩展标记语言（XML）对机器人、周围物体等任何实物进行尺寸、质量、位置、材质、关节等属性的描述，并且在界面中呈现出来；还可以通过图形化的方式，实时显示机器人传感器的信息、机器人的运动状态、周围环境的变化等信息。总而言之，Rviz 通过机器人模型参数、机器人发布的传感信息等数据，为用户进行所有可监测信息的图形化显示。用户和开发者也可以在 Rviz 的控制界面下，通过按钮、滑动条、数值等方式，控制机器人的行为。Rviz 部分功能的显示图如图 8.24 所示。

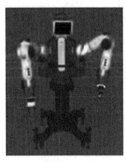
a）机器人模型

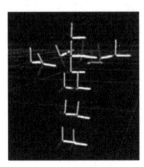
b）机器人关节

c）图像信息

图 8.24 Rviz 部分功能的显示图

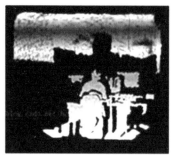  

d）点云信息　　　　　　e）简易仿真环境　　　　　f）机器人导航信息

图 8.24　Rviz 部分功能的显示图（续）

8.8.2　实验目的及意义

本次实验学习如何使用 Rviz 三维可视化工具，通过三维的方式显示 ROS 消息，将数据进行可视化表达。

8.8.3　实验设备

1）硬件设备：Aimibot 移动机器人主体、键盘、鼠标。

2）软件设备：Ubuntu 系统、Rviz 三维可视化工具。

8.8.4　实验内容

1）了解 Rviz 三维可视化工具的安装、运行以及使用。

2）通过仿真实验，使用移动机器人键盘控制程序对智能移动机器人进行简单运动控制，在 Rviz 中查看机器人数据变化。

8.8.5　Rviz 安装与运行

1）安装 Rviz：运行终端，分别键入命令：sudo apt-get install ros-kinetic-rviz；rosdep install rviz；rosmak rviz。

2）运行 Rviz：重新运行一个终端，键入命令：roscore。再重新运行一个终端，键入命令：rosrun rviz rviz。

3）Rviz 运行后，熟悉菜单（Menu）、工具（Tool）、显示屏（Displays）、视图（Views）、3D 视图、时间（Time）等界面。

8.8.6　实验步骤

1）开启机器人，运行终端，键入命令：roslaunch aimibot2_description display.launch，带有机器人模型的 Rviz 界面就会显示出来。

2）运行终端，键入命令：sudo chmod 777 /dev/ttyUSB*，输入 aimibot 密码打开串口权限。

3）终端输入：roslaunch aimibot keyboard_teleop.launch 启动键盘控制机器人程序。

4）控制机器人前后运动、原地左右旋转等，在 Rviz 可视化界面中的 3D 视图区可以看到机器人模型在进行同步运动，此时在显示屏（Displays）和视图（Views）等界面中查看机器人数据信息，观察数据变化情况，并做好记录。

5）实验结束后，关闭所有终端，关闭计算机，待计算机关闭成功后关闭总电源。

8.8.7 Rviz 界面说明

（1）菜单（Menu） 菜单位于顶部。用户可以选择保存或读取显示屏状态的命令，还可以选择各种面板。

（2）工具（Tool） 工具是位于菜单下方的按钮，允许用户用各种功能按键选择多种功能的工具。

（3）显示屏（Displays） 左侧的显示屏是从各种话题当中选择用户所需数据的视图的区域。

（4）视图（Views）

1）Orbit：以指定的视点（在这里称为 Focus）为中心旋转。这是默认情况下最常用的基本视图。

2）FPS（第一人称）：显示第一人称视点所看到的画面。

3）ThirdPersonFollower：显示以第三人称的视点尾追特定目标的视图。

4）TopDownOrtho：这是 z 轴的视图，与其他视图不同，以直射视图显示，而非透视法。

5）XYOrbit：类似于 Orbit 的默认值，但焦点固定在 z 轴值为 0 的 xy 平面上。

（5）3D 视图 屏幕中的黑色部分。它是可以用三维方式查看各种数据的主屏幕，其背景颜色、固定框架、网格等可以在左侧显示的全局选项（Global Options）和网格（Grid）项目中进行详细设置。

（6）时间（Time） 显示当前时刻（Wall Time）、ROS Time 以及它们各自经过的时间，主要用于仿真。如果需要重新启动，单击底部的"Reset"按钮。

8.8.8 实验总结

1. 结果与分析

1）了解了 Rviz 可视化工具的安装、运行以及简单使用。

2）本次实验使用移动机器人键盘控制程序对智能移动机器人进行了简单运动控制，在 Rviz 中查看机器人数据情况。

2. 问题与思考

请思考：Rviz 可视化工具对于后续机器人开发有什么作用和意义？

8.9 激光雷达建图（Gazebo 仿真）

8.9.1 实验目的及意义

1）本次实验通过 Gazebo 仿真环境模拟地图，熟悉 Gazebo 的使用。

2）通过本次实验应掌握 SLAM 基本原理、熟练操作仿真机器人运动、熟悉仿真建图、保存地图等。

8.9.2 实验设备

软件设备：Ubuntu 系统、ROS、turtlebot3 以及 turtlebot3_ 包。

8.9.3 实验内容

1）了解 SLAM 基本原理，熟悉 Gazebo 仿真实验。
2）操作仿真机器人进行地图构建。
3）保存地图，理解机器人建图作用。

8.9.4 实验步骤

1）通过命令行加载 Gazebo 仿真环境，如图 8.25 所示，代码如下。

```
$ export TURTLEBOT3_MODEL=${TB3_MODEL}   // 定义机器人模型
## TURTLEBOT3_MODEL 有 burger、waffle 或 waffle_pi 三种
$ roslaunch turtlebot3_gazebo turtlebot3_house.launch   // 打开 Gazebo 仿真环境
```

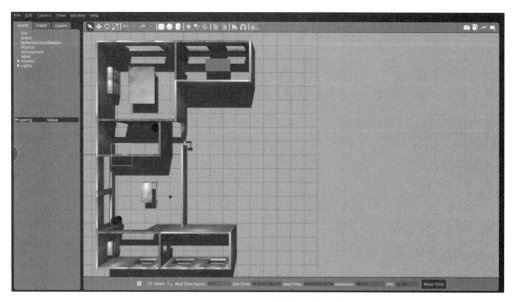

图 8.25 Gazebo 仿真环境

2）打开一个新终端，启动 SLAM 程序，如图 8.26 所示，代码如下。

$ export TURTLEBOT3_MODEL=${TB3_MODEL} // 定义机器人模型
TURTLEBOT3_MODEL 有 burger、waffle 或 waffle_pi 三种
$ roslaunch turtlebot3_slam turtlebot3_slam.launch // 启动 SLAM，默认算法为 gmapping 算法

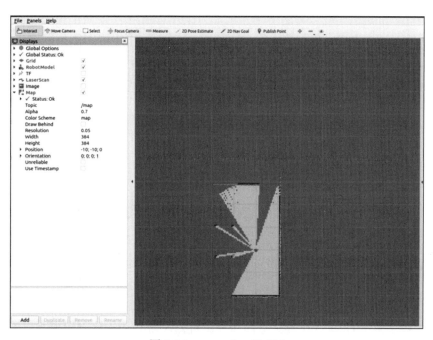

图 8.26　gmapping SLAM

3）打开一个新终端，启动键盘控制程序，如图 8.27 所示，代码如下。

$ roslaunch turtlebot3_teleop turtlebot3_teleop_key.launch // 键盘控制节点

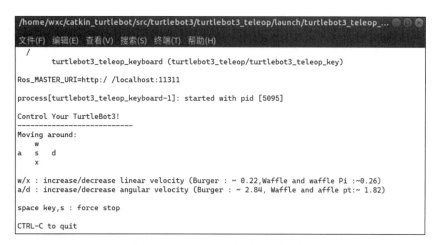

图 8.27　turtlebot3 键盘控制程序

4）使用键盘控制环境中的机器人移动建图。

通过 a、w、s、x、d（左转、前进、停止、后退、右转）键来控制机器人移动，完成建图。

5）打开一个新终端，保存地图，完整的地图如图 8.28 所示，代码如下。

$ rosrun map_server map_saver -f ~/map // 保存地图至主目录下

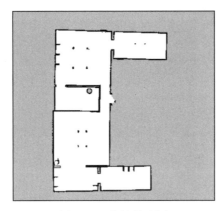

图 8.28　完整的地图

8.9.5　实验总结

1. 结果与分析

本次实验了解了 Gazebo 仿真环境的建立，机器人激光 SLAM 基本原理以及移动机器人 SLAM 程序使用方法。

2. 问题与思考

请思考：如何修改 SLAM 的 launch 文件，从而使用 cartography 算法完成建图。

8.10　激光雷达建图（实地建图）

8.10.1　实验目的及意义

1）本次实验学习 SLAM 基本原理，了解机器人通过激光雷达构建栅格地图的基本操作流程。

2）通过本次实验应掌握 SLAM 基本原理、熟练操作机器人运动、熟悉建图和保存地图的方法等。

8.10.2　实验设备

1）硬件设备：Aimibot 教育机器人主体、键盘、激光雷达。

2）软件设备：Ubuntu 系统、ROS、slam_gmapping 包。

8.10.3 实验内容

1）了解 SLAM 基本原理,学习移动机器人 SLAM 操作方法。

2）操作移动机器人进行地图构建。

3）保存地图,理解机器人建图的作用。

8.10.4 实验原理

1. 激光雷达原理

详见 4.3 节相关内容。

2. 建图（gmapping）原理

详见 5.2.1 节相关内容。

3. 激光雷达建图思路

1）激光雷达主要获取机器人前方物体的距离数据,程序流程图如图 8.29 所示。

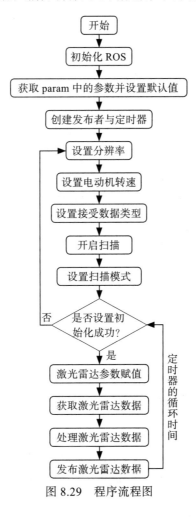

图 8.29　程序流程图

2）gmapping 的作用是根据激光雷达和里程计的信息，对环境地图进行构建，并且对自身状态进行估计。因此它的输入应当包括激光雷达和里程计的数据，而输出应当有自身位置和地图。gmapping 算法运行结构如图 8.30 所示。

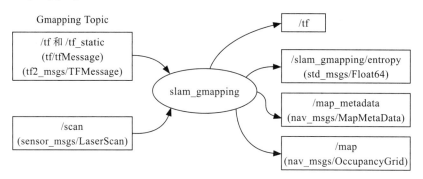

图 8.30　gmapping 算法运行结构

3）gmapping 的输出。

① /tf：主要输出 map_frame 和 odom_frame 之间的变换。

② /slam_gmapping/entropy：输出机器人位姿估计的分散程度。

③ /map_metadata：输出地图的相关信息。

④ /map：输出 slam_gmapping 建立的地图。

4）gmapping 的输入包括 TF 坐标变换与激光雷达数据，其中一定得提供的有两个 TF 变换，一个是 base_frame 与 laser_frame 之间的 TF 变换，即机器人底盘和激光雷达之间的坐标变换；另一个是 base_frame 与 odom_frame 之间的 TF 变换，即机器人底盘和里程计原点之间的坐标变换。TF 坐标变换维护了整个 ROS 三维世界里的转换关系，而 slam_gmapping 要从中读取的数据是 base_frame 与 laser_frame 之间的 TF 变换，只有这样才能够把周围障碍物变换到机器人坐标系下，更重要的是 base_frame 与 odom_frame 之间的 TF 变换，这个 TF 变换反映了里程计（电动机的光电码盘、视觉里程计、IMU）的监测数据，里程计会把这段变换发布到 odom_frame 和 laser_frame 之间。

gmapping 利用激光雷达的数据通过基于 RBPF 粒子滤波的算法，构建出机器人所在环境中的地图。

4. 程序代码

打开 Amos_WS/aimibotV2 文件夹与 Amos_WS/ls01b_v2 文件夹，可以看到 launch、src、include 等多个文件夹。其中，ls01B_gmapping_demo.launch 文件位于 aimibotV2/launch 文件夹中，ls01b.h 文件与 ls01b_node.h 位于 ls01b_v2/include 文件夹中，ls01b.cpp 文件与 ls01b_node.cpp 文件位于 ls01b_v2/src 文件夹中，依次打开这五个文件，查看代码。

（1）ls01B_gmapping_demo.launch 文件　打开 Amos_WS/aimibotV2/launch/ls01B_gmapping_demo.launch 文件，该 launch 文件运行了 ls01b 可执行文件、gmapping 可执行文件以及打开 Rviz，其中对 ls01b 可执行文件与 gmapping 可执行文件中的参数进行赋值。

（2）ls01b.h 文件　打开 Amos_WS/ls01b_v2/include/ls01b.h 文件，该头文件声明了一个 ls01b 类，对 ls01b.cpp 文件中的参数进行了定义。

（3）ls01b_node.h 文件　打开 Amos_WS/ls01b_v2/include/ls01b_node.h 文件，该头文件声明了一个 ls01b_node 类，对 ls01b_node.cpp 文件中的参数进行了定义，并创建了发布者的实例。

（4）ls01b.cpp 文件　打开 Amos_WS/ls01b_v2/src/ls01b.cpp 文件，该程序的功能包括判断激光雷达是否初始化成功、重置初始化标志位、激光雷达扫描数据赋值、获取版本号、开始扫描、停止扫描、设置扫描模式、停止接收数据、选择接收数据的类型、设置电动机转速、设置分辨率、获取激光雷达数据等。其中只有获取激光雷达数据的函数是读取激光雷达通过串口传输来的数据，其他函数均是通过串口向激光雷达写入数据指令，程序实现方法类似，只需向串口写入不同的数据即可。

（5）ls01b_node.cpp 文件　打开 Amos_WS/ls01b_v2/src/ls01b_node.cpp 文件，该程序的功能主要是初始化激光雷达以及发布激光雷达的数据，该程序利用定时器每隔 0.1s 发布一次激光雷达数据的话题。

8.10.5　实验步骤

1）设置实验环境，在机器人即将运动部位放置部分实体障碍物。

2）开启机器人，运行终端，键入命令：sudo chmod 777 /dev/ttyUSB*，输入 aimibot 密码打开串口权限。

3）新开终端启动 gmapping，用于构建地图，执行：roslaunch aimibot ls01B_gmapping_demo.launch；此命令将打开 Rviz 显示实时建图信息，如图 8.31 所示。

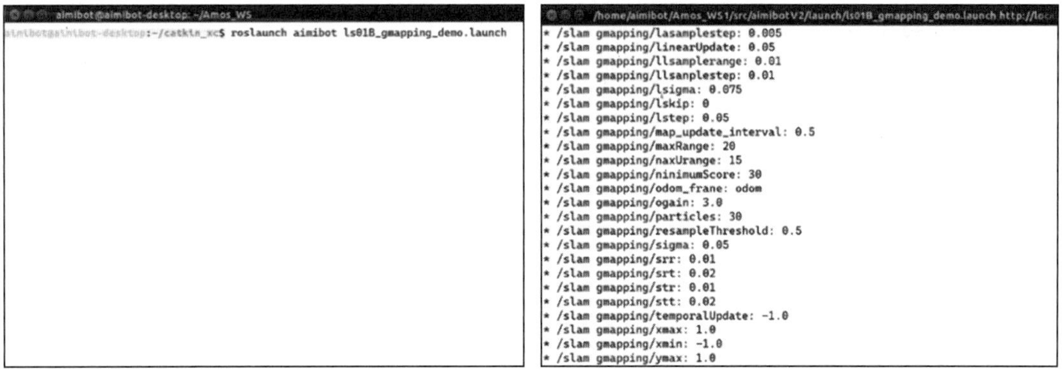

a）执行 launch 文件　　　　　　　　b）终端打印实时建图信息

图 8.31　实时建图信息图

4）打开终端启动键盘操作 Aimibot，执行：roslaunch aimibot keyboard_teleop.launch，通过键盘或手柄控制底盘开始建图，控制机器人在区域中运行，并在 Rviz 界面中实时显示，获得该区域的完整地图，如图 8.32 所示。

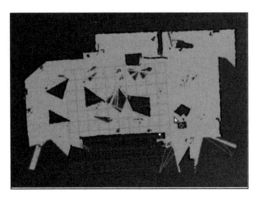

图 8.32　完整地图

5）在 home 路径下检查是否存在 map 文件夹，若不存在，则需要新建文件夹 map；最后输入 rosrun map_server map_saver –f ~/map/aimibot 保存地图。

6）实验结束后，关闭所有终端，关闭计算机，待计算机关闭成功后关闭总电源；整理实验资料，对实验过程进行总结分析。

8.10.6　实验总结

1. 结果与分析

1）本次实验了解了机器人激光 SLAM 基本原理和移动机器人 SLAM 程序使用方法，熟悉了相关操作，进一步了解了机器人的运动过程。

2）需注意对移动机器人进行急停或者关闭程序，避免高速造成机器人相互碰撞等损坏设备。

2. 问题与思考

请思考：如何通过修改示例代码控制智能移动机器人进行避障时的安全距离。

附　　录

附录 A

RoboMaster 大赛介绍

A.1　RoboMaster 大赛

机器人技术是当今世界的主流尖端科技，在经过了 50 多年的发展之后，迎来了全新的时代。在未来的 3～5 年内全球机器人产业将呈现井喷式增长，而中国将成为全球最重要的市场之一。一群来自全国各地的大学生怀揣着对机器人的梦想以及他们参加各种机器人比赛的经验，在深圳市大疆创新科技有限公司的资助下开始了 RoboMasters 项目。RM2018 比赛舞台如图 A.1 所示。

图 A.1　RM2018 比赛舞台

RoboMaster 全国大学生机器人大赛比拼的是参赛选手们的能力、坚持和态度，展现的是个人实力以及整个团队的力量，通过这项机器人大赛主要传递如下理念：发掘有风度的"机神"级人物，助力一代明星工程师在此起航；帮助理工男从幕后走到台前，完成技术宅的"逆袭"；将大学生从网络游戏中解放出来，通过机器人竞技实现自我理想；激发大学生纯粹的做事态度，培养他们对极致的追求。

RoboMaster 全国大学生机器人大赛与其他科研大赛相比，有着以下独特的特点与风格。

1）一个机器人的科技竞技场：参赛选手独立研发实体机器人；第一人称视角（FPP）沉浸式射击体验；英雄、步兵、无人机、基地等多兵种协同作战。

2）一个工程人才的创新舞台：精密机械设计强化机器人稳定性；机器视觉技术自动目标识别跟踪；裁判系统实时通信人机智能交互；软件系统控制算法顶级工程博弈。

3）一场席卷全球的科技盛会：北美、东亚、中欧顶尖高校强势参赛；海外先锋媒体争相报道赛事进程，掀起全球科技狂潮。

4）一场顶级享受的视听盛宴：拥有专业导演舞美团队；展现华丽现场激战画面；现场电竞解说热血讲解。

湖南大学 RoboMaster 团队跃鹿战队于 2018 年成立，作为湖南大学第一支参加 RoboMaster 机甲大师赛的战队，跃鹿战队已经聚集了一大批敢于挑战、富于创新的机器人爱好者，大家因对机器人的热爱相聚在一起，为一个目标努力奋斗。2024 年，团队共有指导老师 5 名、技术顾问 1 名、队员 21 名，分为机械、电控、视觉三个小组，在自主研发、自主建队、自主管理等方面不断探索创新。

时至今日，湖南大学跃鹿战队参赛六年来，有着丰富的技术经验和文化传承。2023 年 10 月，湖南大学跃鹿战队第六次全体大会准时召开。会议分为四个部分，队长首先对 2023 赛季跃鹿战队的项目成果、比赛情况做了总结，包括兵种完成度、奖项情况、队内成员架构等具体内容。在此基础上，会议来到第二部分：跃鹿战队对 2024 新赛季的规划。广纳贤才，招新工作摆在重要位置。本次招新策划完整，渠道多样，吸引了电气与信息工程学院、机械与运载工程学院、信息科学与工程学院等近 10 个院系的 130 余名同学加入，增强了战队的人员储备基础，相应地也提升了战队影响力。

放远目标，脚踏实地，跃鹿战队提出了新赛季战队的主要规划：参加 RoboMaster 高校比赛，完成主要的参赛机器人。结合参赛经验和战队水准，在 2024 赛季抓住机会，稳步提升，争取挺进更强比赛，拿到更高名次。新项目受到学校重视，也代表着跃鹿战队勇攀高峰、敢于挑战的创新精神。新队员的加入和项目比赛互为补充，二者在稳定而灵活的人员结构中平衡着战队的发展。跃鹿不会止步不前，跃鹿始终生生不息。有勇不惧，日日自新。

A.2　RoboMaster 发展历程

RoboMaster 于 2013 年启程，于 2014 年形成 RoboMaster 竞赛规则雏形，自 2015 年后比赛才开始初具规模，因此，从 2015 届 RoboMaster 大赛开始讲述 RoboMaster 的发展历程，如图 A.2 所示。直至今日，2024 届大赛也即将打响。

A.3　RoboMaster 大赛内容

RoboMaster 大赛平台要求参赛队员走出课堂，组成机甲战队，自主研发制作多种机器人参与团队竞技。他们将通过大赛获得宝贵的实践技能和战略思维，在激烈的竞争中打造先进的智能机器人。目前已发展为包含面向高校群体的"高校系列赛"、面向 K12 群体的"青少年系列赛"两大竞赛体系。

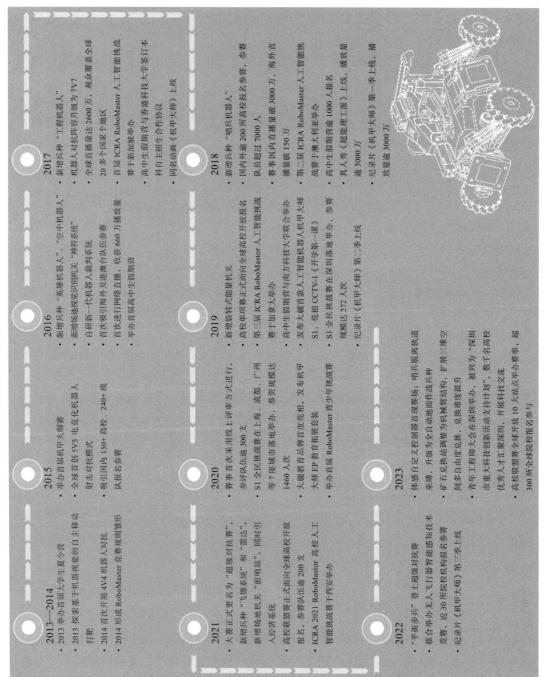

图 A.2 RoboMaster 发展历程图

1. RoboMaster 机甲大师高校系列赛

面向高校的"高校系列赛"的规模逐年扩大,每年吸引全球 400 余所高等院校参赛、累计向社会输送 5 万名青年工程师,并与数百所高校开展各类人才培养、实验室共建等产学研合作项目。RoboMaster 机甲大师高校系列赛(RoboMaster University Series, RMU)是由大疆创新发起,专为全球科技爱好者打造的机器人竞技与学术交流平台。自 2013 年创办至今,始终秉承"为青春赋予荣耀,让思考拥有力量,服务全球青年工程师成为追求极致、有实干精神的梦想家"的理念,致力于培养与吸纳具有工程思维的综合素质人才,并将科技之美、科技创新理念向公众广泛传递。

RoboMaster 机甲大师高校系列赛下设置有超级对抗赛、高校联盟赛以及高校人工智能挑战赛三个赛事内容。

(1)超级对抗赛 RoboMaster 机甲大师超级对抗赛(RoboMaster University Championship, RMUC),由共青团中央、深圳市人民政府联合主办,DJI 大疆创新发起并承办,面向全球高校学子开放。作为全球首个射击对抗类的机器人比赛,在其诞生伊始就凭借其颠覆传统的机器人比赛方式、震撼人心的视听冲击力、激烈硬朗的竞技风格吸引到全球数百所高等院校、近千家高新科技企业以及数以万计的科技爱好者的深度关注。RoboMaster 机甲大师超级对抗赛侧重考察参赛队员对理工学科的综合应用与工程实践能力,充分融合了"机器视觉""嵌入式系统设计""机械控制""自主导航""人机交互"等众多机器人相关技术学科,同时创新性地将电竞呈现方式与机器人竞技相结合,使机器人对抗更加直观激烈。

(2)高校联盟赛 RoboMaster 机甲大师高校联盟赛(RoboMaster University League, RMUL)由地方学术机构及高校申办,辐射周边高校参赛,旨在促进区域性高校机器人技术交流,形成浓厚的学术氛围,为地区科技创新发展助力。参赛队伍还可通过积分体系晋级到超级对抗赛。

(3)高校人工智能挑战赛 RoboMaster 高校人工智能挑战赛(RoboMaster University AI Challenge, RMUA)是一项由 DJI RoboMaster 组委会与全球机器人和自动化大会联合主办的赛事。自 2017 年起,该赛事已经连续举办了五年,并先后在新加坡、澳大利亚、加拿大和中国西安落地执行。该赛事吸引了全球大量顶尖学府、科研机构参与竞赛和学术研讨,进一步扩大了 RoboMaster 在国际机器人学术领域的影响力。

比赛要求参赛队伍综合运用机械、电控和算法等技术知识,自主研发全自动射击机器人参赛,对参赛者的综合技术能力要求极高。赛事特点包括对战双方需自主研发不同种类和功能的机器人,在指定的比赛场地内进行战术对抗,并且沿袭对抗性质。

2. RoboMaster 机甲大师青少年系列赛

RoboMaster 机甲大师青少年系列赛,是全国大学生机器人竞赛 RoboMaster 机甲大师赛办赛五年后拓展至青少年群体的全新尝试。赛事由 DJI 大疆创新发起,要求青少年以团队为单位,系列赛分为:4V4 激烈对抗,上阵 EP 机器人与 TT 机器人的机甲大师空地协同对抗赛和使用 TT 编程无人机参与的机甲大师越障迷宫赛。本赛事着重培养青少年的工程理论知识与人工智能实践能力,帮助青少年完成从机器人基础、程序设计到人工智能、机器人控制原理的知识进阶,并通过竞赛的形式,考查学生的临场反应能力、发现问题和解决问题的能力。同时,赛事将充分考验学生的团队协作能力与责任感,让青少年在科技竞技中获得快乐和成就感,充满信心地面对未来,朝着改变世界的方向前进。

  RoboMaster 机甲大师青少年系列赛下设置有机甲大师越障迷宫赛以及机甲大师空地协同对抗赛。

  (1)机甲大师越障迷宫赛　　机甲大师越障迷宫赛是一项技术挑战赛性为主的任务性比赛,主要面向全国中小学生。这项赛事通过无人机编程比赛的形式,旨在吸引青少年群体对前沿科技领域的兴趣与热爱,学习图形化代码编程和人工智能等知识。比赛要求参赛者通过编程控制无人机,使其在比赛场地内完成越障、探索以及穿越任务。这项赛事以兴趣驱动,通过实践培养青少年面对未来的创新精神。

  (2)机甲大师空地协同对抗赛　　机甲大师空地协同对抗赛是一项面向全国各地中小学生的赛事,由中国航空学会主办。这项赛事着重培养青少年的工程理论知识与人工智能实践能力,并通过竞赛形式,考查学生的临场反应能力、发现问题和解决问题的能力。赛事要求参赛队伍操作自主研发或改装的机器人,包括步兵机器人、工程机器人和空中机器人,在指定场地进行 4V4 战术射击对抗。

APPENDIX B

附录 B

RoboMaster 机器人介绍

在整个 RoboMaster 大赛赛场上，经过数届的历程，各大高校的机器人层出不穷、数不胜数，各类机器人的结构更是千姿百态。下面主要对 RoboMaster 官方的两类常见机器人进行简单介绍，方便大家更好地理解 RoboMaster 大赛。

B.1 机甲大师 RoboMaster S1

机甲大师 S1 源自享誉全球的机器人教育竞技平台——RoboMaster 机甲大师赛，秉承寓教于乐的设计理念，是 DJI 大疆创新首款教育机器人，如图 B.1 所示。

图 B.1 机甲大师 S1

机甲大师 S1 用简洁形体构建骨架，硬朗线条勾勒出力道十足的轮廓，采用了模块化设计，核心组件主要包含有智能中控、发射器、两轴机械云台、麦克纳姆轮、高性能电动机、感应装甲等。智能中控拥有强大算力，同时支持低延时高清图传、人工智能运算、编程开发等功能，可协调各路命令信号的传输与执行，确保一切有条不紊。发射器由 LED 灯光勾勒实时弹道，逼真的音效和后坐力呈现震撼打击感，还有水晶弹和红外光束两种发射方式可供选择，更有射速检测装置，提升使用安全性。云台转动范围可达 540°×65°，配合 FPV 相机，具有广阔视野；内置无刷直驱电动机，配合 IMU（惯性测量单元）及出色的控制算法，抖动控制精度可达 ±0.02°，能实现流畅稳定的画面和更好的操控体验。轮组由 4 个各含 12 个辊子的麦克纳姆轮构成，可轻松实现全向平移及任意旋转，配合前桥悬挂，尽显灵动，实现神奇走位。机甲大师 S1 定制的 M3508I 电动机，内置集成式 FOC 电调，输出转矩高达 250 mN·m，提供强悍动力；线性霍尔传感器配合先进的闭环控制算法，实现精细操控；更有多重保护机制，提供出色稳定性。6 块感应装甲覆盖机身，可实时感应水晶弹击打或红外光束，结合竞技规则，智能判定胜负。

一方面，作为连接数字世界与现实世界的桥梁，机甲大师 S1 支持图形化编程与 Python 两种编程语言，将抽象理论与实践操作合二为一，让人们重新理解知识，体验人工智能，培养独立思考的习惯和动手解决问题的能力。另一方面，机甲大师 S1 具有 46 个可编程部件提供了广阔创造空间；6 个 PWM 接口和 1 个 SBus 接口支持操控自定义配件。机甲大师 S1 拥有线路识别、视觉标签识别、行人识别、掌声识别、姿势识别、S1 机器人识别（识别另一台机甲大师 S1）等多个功能，能适应竞速模式、乱斗模式、征服模式等多种赛事类型。机甲大师 S1 自动驾驶示意图如图 B.2 所示。

图 B.2 机甲大师 S1 自动驾驶示意图

B.2 机甲大师 RoboMaster EP

机甲大师 RoboMaster EP 教育拓展套装在机甲大师 S1 教育机器人的基础上开放官方 SDK，延展出丰富的软硬件拓展性，配套完善的人工智能与竞赛课程以及全新 RoboMaster 青少年挑战赛。RoboMaster EP 套装组装机器人如图 B.3 所示。

a）步兵机器人　　　　　b）工程机器人

图 B.3 RoboMaster EP 套装组装机器人

RoboMaster EP 在 S1 的基础上扩展了许多模块，主要包含机械臂、机械爪、高性能舵机、转接模块以及红外深度传感器等。机械臂用金属材质打造，机械感十足，且结构紧凑，运动灵活；支持 FPV 精准遥控，即使目标物体不在眼前，学生仍可在 APP 中通过第一人称视角操控机械臂和机械爪完成任务。机械爪配合机械臂使用，让其化身为强大的功能车，采用了巧妙的结构设计，且支持夹力控制，环抱抓取多种形状物体时不易脱落。高性能舵机为 RoboMaster EP 的动力部件，可通过编程接口进行自定义控制，其侧隙小、扭矩大、重复定位精度高，除了作为伺服单元驱动机械臂外，还支持直流减速电机模式，方便学生搭建升降结构，实践相关物理知识。每个传感器转接模块均有两个传感器接口及供电功能；电源转接模块在为第三方开源硬件供电的同时，还提供接口拓展功能，方便学生们连接更多硬件，发挥创造力，灵活搭建设备。红外深度传感器可在 0.1～10 m 的测距范围内实现约为量程 5% 的高测量精度；图形化编程中也新增了对应的可编程模块，提供测距信息，让学生在实现智能避障及环境感知的同时，学习自动驾驶原理。

RoboMaster EP 支持外接 Micro:Bit、Arduino、树莓派等第三方开源硬件，且能利用自身电池为它们供电，让学生轻松将它们融入 EP 教育套件体系；同时支持通过人工智能芯片平台 Jetson Nano 和 SDK 进行模型训练和场景识别，帮助学生在实践中更深入地理解人工智能运作原理。

RoboMaster EP 教育套装可以组装出步兵机器人或工程机器人。其中，步兵机器人在外观上与常规版本的 S1 较为接近，并在软硬件上进行了升级，增加了许多新部件，极大地提升了拓展能力，升级后的机器人能够通过传感器转接模块接入第三方传感器，拥有更多的可编程空间。工程机器人在外观上基于 S1 做了较大的改动：采用一个并联机械臂代替安装在底盘正中央的云台结构，保留了图传系统，并且在机械臂末端装配一个机械夹爪，从而可以执行更加复杂的任务，在底盘的行动能力和整机的拓展能力方面，则与步兵机器人水准相当。

APPENDIX C

附录 C

竞赛相关视觉算法与应用

RoboMaster 目前一共有七个兵种：步兵、英雄、工程、哨兵、无人机、飞镖、雷达。关于每一个兵种，都有着各自的战术定位，它们涉及的视觉功能主要是以下几类：设计自瞄算法，以供机器人精准打击敌方装甲板；设计能量机关算法，以供机器人有效打击大小能量机关；设计飞镖制导算法，以供拦截敌方飞镖。以下将依次选取部分算法进行简要介绍，对此感兴趣的同学可在课后进行探索学习。

C.1 部分视觉算法

1. 自瞄算法

自瞄算法的作用是自动瞄准敌人，精准有效地攻击敌方机器人，如图 C.1 所示。自瞄算法在 RoboMaster 的应用范围最广，在步兵、英雄、工程、哨兵、无人机、飞镖上都有应用。攻击敌方基地和敌方机器人，都离不开自瞄算法。自瞄算法的实现方法有很多，如可以通过目标检测定位装甲板的位置，也可以通过 OpenCV 库定位敌方装甲板，可以在 Python 中实现，也可以在 C++ 中实现。自瞄算法的具体流程如下。

a）对抗现场　　　　　　　　　b）目标机器人

图 C.1　机器人自瞄对抗赛

（1）采集图像　通过相机源源不断地获取当前的画面，也就是一帧帧的图像。自瞄算法处理的对象，就是这每一张图像。为了便于分离灯条与其他光线，一般将曝光设置得很低。

（2）预处理　因为要从图像中找到装甲板上的灯条，因此需要先对图像进行预处理，即排除画面中其他多余的光线。

（3）找到符合灯条条件的轮廓　通过预处理得到的图片是二值图，即把可能是灯条的位置处理成白色，其他地方为黑色。此时可以通过 OpenCV 的函数将轮廓用旋转矩形框起来，然后通过几何关系判断其是否符合灯条的条件（角度、长宽比等条件）。

（4）匹配装甲板　如果上一步得到的灯条个数大于 1（装甲板的灯条都是成对的），就进行装甲板的匹配，主要是通过两个灯条的几何信息进行匹配（高度差、宽度差、角度差、形成的装甲板的角度、长宽比），最终得到若干个装甲板。

（5）选择最后的装甲板　如果上一步得到的装甲板个数大于 0，则进行装甲板的选择。装甲板的选择有很多种方法，如下面介绍的两种。

1）选择距离相机中心点最近的装甲板，则相机偏移的位置就比较小。

2）通过对装甲板进行数字识别，按照一定的击打优先级进行选择，如优先打英雄，再打步兵，再打工程。

（6）PNP 结算装甲板信息　找到装甲板的位置后，还需要告诉相机应当如何移动才能让枪管指向敌方装甲板的中心。这里的如何移动，其实就是角度的偏移，如左右偏多少度（yaw 角）、上下偏多少度（pitch 角）、相机距离装甲板的距离是多少，将这些信息发送给下位机之后，相机就知道如何移动了。

相机每秒钟可以获取很多张图片，上述步骤在 1s 内就要执行非常多次，因此算法的时间复杂度就显得非常重要，一般是几毫秒处理一张图片较好，否则就会因为延时而带来击打不准的负效果。多线程是一个加速的好方法，因为相机获取图片和处理图片是两个相对独立的过程，所以可以创立双线程进行加速。

随着自瞄算法的不断升级进步，RoboMaster 的赛场上也出现了"反自瞄"，其中的代表之一就是"小陀螺"。机器人在小陀螺模式下，云台和底盘处于分离状态，并且底盘绕运动中心高速自旋。在这种情况下，视觉识别的难度会大幅上升，一是自瞄很难跟上装甲板的高速转动，基本上我方机器人的云台运动会滞后于装甲板的运动，且难以预测装甲板的轨迹；二是即使跟随到一个装甲板，由于该装甲板随着底盘的转动很快消失在视野中，此时就要锁定另一块装甲板，使得云台会来回转动，无法稳定，导致弹丸命中率下降，从操作手的第一界面看来，整个画面不断晃动会带来晕眩感，体验极差。

因此，反"小陀螺"算法出现了：通过设计算法，识别对手的机器人处于小陀螺状态，然后让云台对准敌方机器人的中心位置而不再跟随装甲板移动。由于机器人处于"小陀螺"状态时基本上是匀速转动，这样就可在适当的时机开火（可以采用预测算法预测装甲板何时运动到云台所对准的位置），提高命中率。

2. 能量机关算法

能量机关的核心是在当前扇叶亮起来的几秒内精准打击，且不能击错别的扇叶，否则就要重新开始，如图 C.2 所示。在算法实现方面，可以通过 OpenCV 进行扇叶的定位，通过帧与帧之间识别到的信息来计算能量机关的角速度，进而预测击打位置，具体实现思路如下。

a）能量扇叶　　　　　　　　b）机器人瞄准

图 C.2　能量机关图

（1）预处理得到轮廓　根据图像的二值图筛选出要击打的扇叶，如图 C.3 所示。

（2）轮廓分类　需要做到最后两个大扇叶的连续击打，那么就需要对整个图像进行识别，把未击打的扇叶和已击打的扇叶分类，并对分割出来的各个扇叶图像分别进行处理。

（3）计算各个亮起扇叶的位置　通过二值图像的子轮廓找到装甲板位置，当图中出现了四个扇叶轮廓，那就可以计算得到四个装甲板位置，则最后一个没有亮起的装甲板的位置即可锁定。

（4）根据帧间对比得到旋转方向　上面求出的都只是某一帧图像上的坐标位置，在比赛中扇叶是转动的，而且每场比赛都是随机方向，所以应学会自动判断其转动方向。可通过记录每一帧图像中未击打扇叶的外接矩形的倾角，与前一帧对比得到旋转方向。

（5）计算预测量　弹丸飞行过程需要时间，所以需要计算预测量。官方规则给出扇叶转动的函数是 sin 函数，可以利用其函数特性，将最值作为进入实时计算算法的入口，即只有当其旋转到最快或者最慢时才开始计算预测量，开始预测后，只需要记录上一帧花费的时间，将该时间代入 sin 函数即可得到当前预测量（最值对应的相位需作为初相）。

（6）数据整合　有了实际坐标、方向和预测量，简单计算得到实际需要打击的目标位置坐标，将整合后的坐标发送给下位机即可。

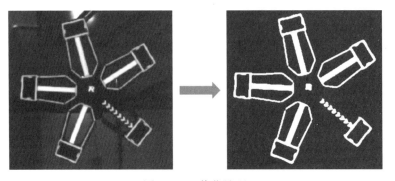

图 C.3　二值化处理

3. 飞镖制导算法

飞镖制导目的是击打敌方基地，射程非常远，如图 C.4a 所示。视觉算法主要是让飞镖在飞行过程中矫正飞行方向，以助于有效击打到敌方基地。由于飞镖体积非常小，因此使用 OpenMV 这种小巧的摄像头作为载体，如附图 C.4b 所示。OpenMV 能够基于 Python 实现若干视觉功能，很多功能都已经封装好了，只需要调用即可。飞行时间短意味着给识别留下的时间有限，所以需要选择高帧率的摄像头和低延时的算法来结合使用。

a）发射装置　　　　　　　　　b）OpenMV 摄像头

图 C.4　飞镖制导

目前，飞镖的识别目标仅为飞镖引导灯，所以识别方法也十分简单。根据规则中要求，飞镖引导灯是绿色圆形灯，所以直接选取较为严格的阈值筛选出绿色光源（自然光就算缩小阈值范围也无法完全剔除），再用圆形的相关条件去挑选出最合适的色块计算其中心坐标即可。下位机会根据绿色色块中心坐标和镜头中心坐标对比，进行飞行姿态调整，具体实现过程与代码读者可参考 OpenMV 官网的色块识别例程。

C.2　视觉在各兵种中的应用

1. 装甲板识别（步兵、英雄、无人机）

由于机器人上安装的图传模块到操作手看到的第一视角的延迟，加上操作手反应速度的延迟，操作手几乎很难手动瞄准高速运动的机器人上的装甲板。因此，视觉组在这三个兵种的研发上主要是负责装甲板的识别算法，通过处理图像找到相机视野范围内的装甲板（相机一般安装在云台上，与枪口平行放置并指向同一个方向，类似瞄准镜），进而向下位机（STM32 等用于控制的 MCU）发送此装甲板相对枪口的角度数据，电控系统根据此数据控制电动机自动转向目标装甲板，实现装甲板的自动打击。

2. 能量机关（步兵）

在比赛场地的中央有一个风车形状的结构，就是能量机关。能量机关的激活点距能量机关 7m，需要用小弹丸连续击中五片随机亮起的扇叶的末端装甲板才可以激活能量机关。激活小能量机关能够为队伍带来 50% 的攻击力增益，激活大能量机关能为队伍提供

100%的攻击力增益和50%的防御增益。从操作手的第一视角来看，五片扇叶的间距非常小，难以通过鼠标移动来进行打击，并且小能量机关是匀速旋转的状态，大能量机关更是以 $0.785\sin(1.884t)+1.305$ 的角速度旋转，所以操作手很难预测其运动轨迹。这便需要视觉组设计算法来识别未被击打过的末端装甲板并对其实现自动瞄准，找准时机控制弹丸的发射从而实现自动击打能量机关。

除了激活我方的能量机关，还可以在对手激活能量机关的过程中进行干扰。倘若击打了错误的扇叶（如已经击打过的扇叶或尚未亮起的扇叶），能量机关则会重置，回到初始状态。因此，可以进入敌方半场，通过识别对手已经激活的扇叶并自动瞄准，发射弹丸击中错误的装甲板进而触发重置以干扰对手的激活过程。

3. 哨兵

哨兵机器人被悬挂在基地前方的导轨上往复运动，是场上的一个全自动机器人，其移动、搜索目标、打击敌人都依赖于其自主决策，相当于基地的防御塔。编写一个优秀的感知程序和决策程序，是发挥哨兵机器人威力的关键。哨兵机器人的云台会不断地转动使得上方安装的相机能够扫描到它附近的每一个角落，一旦识别到敌方的机器人便能立即锁定对手，随后根据其决策算法判断是否开火。

还可以让在哨兵机器人在遭到攻击时进入快速机动的规避状态，在导轨上进行随机的不规则动作以躲避敌方的弹丸并干扰敌方机器人搭载的预测算法。

在前哨站尚未被击毁时，哨兵机器人处于无敌状态，这时可以让哨兵机器人保持固定以提高自己的命中率，一旦前哨战被摧毁，立即启动哨兵机器人的底盘，进入巡逻状态。

4. 工程

工程机器人的任务主要有：抓取矿石、兑换矿石和救援阵亡机器人。这里的每一步都可以利用视觉识别以完成自动化。

在抓取矿石的时候，可以在工程机器人的机械爪上安装相机、测距传感器，再编写相关的算法来识别矿石，实现自动对位和夹取。在兑换矿石时，根据兑换站上的一些图像特征，可以定位扫描矿石窗口的位置，来快速地完成兑换。

在我方机器人阵亡后，可以通过两种方式复活阵亡机器人：工程机器人将其抬回基地旁的补血点或是让工程机器人所携带的复活卡（RFID射频卡）与其他机器人上的场地交互模块接触（被称为"刷卡复活"）。在这两种情况下，都可以通过编写视觉算法来实现快速准确的救援。将阵亡机器人抬回时可以在工程机器人的救援机构（夹爪、电磁铁）旁安装相机，在将阵亡机器人上的救援结构（环、柱、磁铁等）与工程机器人自动套牢后，就可以将阵亡机器人抬回了。

5. 雷达

雷达是新增的兵种，被放置在场边的一处高地上，拥有全局视野，利用目标检测算法和三维重建，可以定位敌方机器人在场上的位置。能利用这些信息可为我方制作一张实时更新的"小地图"，掌握对方机器人的动向，以帮助我方操作手进行战术决策，做到知己知彼而百战不殆。

雷达在将全局数据处理后，还能通过多机通信功能和己方的自动机器人如哨兵、自动步兵进行通信，相当于为它们开了一双"天眼"。这无疑是极大地增强了这些自动单位的感知能力和决策能力，使得机器人不再受到边缘计算平台计算能力的限制，也使得全自动机器人战队成为现实又更近了一步。

6. 步兵

步兵也是新增的兵种。当不为步兵机器人配置操作手时，可以将此机器人配置为自动步兵。自动步兵的所有属性都高于普通步兵机器人，其底盘功率、枪口热量上限、冷却速度、血量上限、弹丸射速都相当于同级的步兵机器人选择了所有类型的升级加点，甚至更多，是当之无愧的"六边形战士"。

超高的属性值便意味着极大的开发难度。由于没有操作手，机器人进行的所有移动、攻击等动作都需要自主决策。虽然弱AI（在一个特定的问题上能够取得比人类更好的成绩）在特定领域已经击败人类，但是强AI（拥有各方面的智能）的诞生还为之过早，自动步兵算是向强AI探索的一个尝试。为了知道自己"在哪里"，自动步兵需要搭载SLAM系统以帮助自己构建整个地图的信息；为了能够自己决定"怎么做"，自动步兵要配备自主决策系统以确定当下应该执行的动作；为了知道要"往哪走"，自动步兵要能够进行路径规划。

参 考 文 献

[1] ASAMA H, MATSUMOTO A, ISHIDA Y. Design of an autonomous and distributed tobot system: actress[C]// IEEE/RSJ International Workshop on Intelligent Robots and Systems the Autonomous Mobile Robots and Its Applications. New York: IEEE, 2002.

[2] FUKUDA T, NAKAGAWA S, KAWAUCHI Y, et al. Structure decision method for self organising robots based on cell structures-CEBOT[C]// Proceedings, 1989 International Conference on Robotics and Automation. Scottsdale: IEEE, 1989.

[3] THORP N O, SINGER S J. The affinity-labeled residues in antibody active sites: II Nearest-neighbor analyses.[J]. Biochemistry, 1969, 8(11):4523-4534.

[4] LUO Y, YANG C J, ZHANG Y. SLAM data association of mobile robot based on improved JCBB algorithm[C]// 2020 IEEE 5th Information Technology and Mechatronics Engineering Conference (ITOEC). New York: IEEE, 2020.

[5] BONIN-FONT F, BURGUERA A. Towards multi-robot visual graph-SLAM for autonomous marine vehicles[J]. Journal of Marine Science and Engineering, 2020, 8(6): 437.

[6] KENNEDY J, EBERHART R. Particle swarm optimization[C]// ICNN95-International Conference on Neural Networks. New York: IEEE, 1995.

[7] DOUCET A, FREITAS N D, MURPHY K P, et al. Rao-blackwellised particle filtering for dynamic bayesian networks[C]//Proceedings of the Sixteeth conference on Uncertainty in artificial intelligence.[S.l.:s.n.], 2013.

[8] GRISETTI G, STACHNISS C, BURGARD W. Improved techniques for grid mapping with rao-blackwellized particle filters[J]. IEEE Transactions on Robotics, 2007, 23(1):34-46.

[9] ZHANG H, TAN J, ZHAO C, et al. A fast detection and grasping method for mobile manipulator based on improved faster R-CNN[J]. Industrial Robot, 2020, 47(2):167-175.

[10] ZHANG H, LI X, ZHONG H, et al. Automated machine vision system for liquid particle inspection of pharmaceutical injection[J]. IEEE Transactions on Instrumentation and Measurement, 2018, 67(6): 1278-1297.

[11] 卢笑. 智能车辆视觉鲁棒检测与识别方法研究[D]. 长沙：湖南大学，2015.

[12] 张楚金，王耀南，卢笑，等. 基于假设验证和改进HOG特征的前车检测算法[J]. 电子测量与仪

器学报，2015, 29(2):165-171.

[13] TAN X, ZHANG H, ZHOU X D, et al. Research on graph-based SLAM for UVC disinfection robot[C]//2021 IEEE International Conference on Real-time Computing and Robotics (RCAR).New York:IEEE, 2021.

[14] ZHOU X D, ZHANG H, TAN X, et al. A location method based on UWB for ward scene application[C]//2021 36th Youth Academic Annual Conference of Chinese Association of Automation (YAC).New York: IEEE, 2021.

[15] 张辉，王耀南，易俊飞，等.面向重大疫情应急防控的智能机器人系统研究 [J].中国学术期刊文摘，2021,27(5):27-36.

推荐阅读

模式识别：数据质量视角
作者：W. 霍曼达 等 ISBN：978-7-111-64675-4 定价：79.00元

深度强化学习：学术前沿与实战应用
作者：刘驰 等 ISBN：978-7-111-64664-8 定价：99.00元

对抗机器学习：机器学习系统中的攻击和防御
作者：Y. 沃罗贝基克 等 ISBN：978-7-111-64304-3 定价：69.00元

数据流机器学习：MOA实例
作者：A. 比费特 等 ISBN：978-7-111-64139-1 定价：79.00元

R语言机器学习（原书第2版）
作者：K. 拉玛苏布兰马尼安 等 ISBN：978-7-111-64104-9 定价：119.00元

终身机器学习（原书第2版）
作者：陈志源 等 ISBN：978-7-111-63212-2 定价：79.00元

推荐阅读

机器人学导论（原书第4版）

作者：[美] 约翰·J. 克雷格（John J. Craig） 译者：贠超 王伟
ISBN：978-7-111-59031-6 定价：79.00元

本书是美国斯坦福大学John J. Craig教授在机器人学和机器人技术方面多年的研究和教学工作的积累，根据斯坦福大学教授"机器人学导论"课程讲义不断修订完成，是当今机器人学领域的经典之作，国内外众多高校机器人相关专业推荐用作教材。作者根据机器人学的特点，将数学、力学和控制理论等与机器人应用实践密切结合，按照刚体力学、分析力学、机构学和控制理论中的原理和定义对机器人运动学、动力学、控制和编程中的原理进行了严谨的阐述，并使用典型例题解释原理。

现代机器人学：机构、规划与控制

作者：[美] 凯文·M. 林奇（Kevin M. Lynch） [韩] 朴钟宇（Frank C. Park） 译者：于靖军 贾振中
ISBN：978-7-111-63984-8 定价：139.00元

机器人学领域两位享誉世界资深学者和知名专家撰写。以旋量理论为工具，重构现代机器人学知识体系，既直观反映机器人本质特性，又抓住学科前沿。名校教授鼎力推荐！

"弗兰克和凯文对现代机器人学做了非常清晰和详尽的诠释。"

——哈佛大学罗杰·布罗克特教授

"本书传授了机器人学重要的见解……以一种清晰的方式让大学生们容易理解它。"

——卡内基·梅隆大学马修·梅森教授

推荐阅读

人工智能：原理与实践

作者：（美）查鲁·C. 阿加沃尔　译者：杜博　刘友发　ISBN：978-7-111-71067-7

本书特色

本书介绍了经典人工智能（逻辑或演绎推理）和现代人工智能（归纳学习和神经网络），分别阐述了三类方法：

基于演绎推理的方法，从预先定义的假设开始，用其进行推理，以得出合乎逻辑的结论。底层方法包括搜索和基于逻辑的方法。

基于归纳学习的方法，从示例开始，并使用统计方法得出假设。主要内容包括回归建模、支持向量机、神经网络、强化学习、无监督学习和概率图模型。

基于演绎推理与归纳学习的方法，包括知识图谱和神经符号人工智能的使用。

神经网络与深度学习

作者：邱锡鹏　ISBN：978-7-111-64968-7

本书是深度学习领域的入门教材，系统地整理了深度学习的知识体系，并由浅入深地阐述了深度学习的原理、模型以及方法，使得读者能全面地掌握深度学习的相关知识，并提高以深度学习技术来解决实际问题的能力。本书可作为高等院校人工智能、计算机、自动化、电子和通信等相关专业的研究生或本科生教材，也可供相关领域的研究人员和工程技术人员参考。